"陆地生态系统修复与

U0664198

CARBON NEUTRALITY ORIENTED
URBAN GREEN SPACE PLANNING AND DESIGN

面向碳中和的城市绿色空间规划设计

姚　朋　张大玉　杨冬江◎主编

中国林业出版社
CFPH China Forestry Publishing House

内 容 简 介

本教材立足国家"双碳"战略目标背景，面向风景园林、城乡规划等专业，系统介绍了面向碳中和的城市绿色空间规划设计基础理论和实践方法。内容共分7章，前3章针对全球气候变化背景、碳中和与城市绿色空间规划设计的相关概念和发展历程进行总体概述，第4章系统介绍不同尺度绿色空间碳排放、碳汇、碳储量评估方法，第5章从街区、中心城区和市域3个尺度层级介绍面向碳中和的城市绿色空间规划理论和方法，第6章基于设计全周期理念介绍面向碳中和的城市绿色空间设计理论和方法，第7章为典型案例。本教材着眼新时代人居环境建设科学前沿问题，致力服务国家"双碳"战略目标发展需求，同时兼顾理论总结与实践应用，对于完善学生知识结构和提升专业能力具有积极作用。适用于风景园林、城乡规划等专业本科生、研究生及相关工作者。

图书在版编目（CIP）数据

面向碳中和的城市绿色空间规划设计 / 姚朋，张大玉，杨冬江主编. -- 北京 ： 中国林业出版社，2025. 3.
（"陆地生态系统修复与固碳技术"教材体系）. -- ISBN 978-7-5219-2927-0

Ⅰ. TU985.1

中国国家版本馆CIP数据核字第2024FM9729号

策划编辑：康红梅
责任编辑：康红梅
责任校对：苏　梅
封面设计：北京反卷艺术设计有限公司

出版发行　中国林业出版社
　　　　　（100009，北京市西城区刘海胡同 7 号，电话 010-83223120，83143551）
电子邮箱　jiaocaipublic@163.com
网　　址　https：//www.cfph.net
印　　刷　北京印刷集团有限责任公司
版　　次　2025 年 3 月第 1 版
印　　次　2025 年 3 月第 1 次印刷
开　　本　787mm×1092mm　1/16
印　　张　13.25
字　　数　323 千字
定　　价　69.00 元

数字资源

《面向碳中和的城市绿色空间规划设计》编写人员

主 编 姚 朋 张大玉 杨冬江

副 主 编 王志芳 崔庆伟 肖 遥 邵 明

编写人员 （按姓氏拼音排序）

程欣慰（北京易景道景观设计工程有限公司）

崔庆伟（北京林业大学）

丁立南（北京林业大学）

杜建军（北京市林业工作总站）

胡盛劼（华南农业大学）

姬 鹏（北京市园林绿化局）

贾 瀛（中国城市建设研究院有限公司）

李安琪（北京甲板数字科技有限公司）

李长霖（北京甲板数字科技有限公司）

李彦达（中国城市建设研究院有限公司）

刘济姣（中国文化遗产研究院）

刘 玮（曲阜师范大学）

邵 明（北京林业大学）

王博娅（北京林业大学）

王小平（北京市园林绿化局）

王志芳（北京大学）

魏　方（北京林业大学）

吴　菲（北京甲板数字科技有限公司）

肖　遥（北京林业大学）

许　超（北京建筑大学）

杨冬江（清华大学）

杨　希［哈尔滨工业大学（深圳）］

姚　朋（北京林业大学）

张大玉（北京建筑大学）

张　萍（北京市林业工作总站）

张　熙（清华大学）

张振威（北京建筑大学）

赵文斌（中国城市建设研究院有限公司）

主　审　李　雄（北京林业大学）

杜春兰（重庆大学）

包志毅（浙江农林大学）

序　言

　　在全球气候治理迈入新阶段的背景下，碳中和已成为人类社会应对气候危机的核心战略。作为全球生态文明建设的引领者，中国以实现"双碳"战略目标的承诺彰显大国担当，这一承诺不仅是对国家可持续发展范式的重构，更是对构建人类命运共同体的深刻回应。城市作为碳排放的主体与低碳转型的主阵地，其绿色空间的规划设计范式革新，已然成为撬动碳中和目标实现的关键支点。

　　在传统城市规划中，绿色空间多被视为提升景观美学、改善生态环境的辅助性要素，而在碳中和目标框架下，绿色空间不仅是碳汇功能的重要载体，更是城市碳循环系统的调节器，其规划设计直接影响碳循环的效能。这也意味着城市绿色空间的角色亟须完成从"辅助者"到"驱动者"的跃迁，以系统思维融合生态科学、空间技术与社会经济等要素，构建兼具精准性与韧性的规划设计方法论。因此，如何从宏观布局、场地设计与建设管理等层面建立多维视角，重新审视城市绿色空间的全周期规划设计过程，成为当下风景园林学科专业面临的重要问题。

　　《面向碳中和的城市绿色空间规划设计》一书，既是对国家"十四五"规划中生态文明建设目标的积极响应，也为风景园林学科专业参与全球气候治理提供了解决方案。本书立足碳中和的时代命题，以"概念—方法—实践"为脉络，将城市绿色空间规划设计与应对气候变化的国家战略紧密结合，为城市绿色空间赋予了时代使命，也为风景园林学科专业的发展注入了新的活力。

　　本书主要从碳中和概念、评估方法、规划设计策略与实践示范案例4个维度进行了研究和论述。通过方法梳理，详细介绍了从样方尺度到城市尺度的碳排放、碳汇、碳储量评估方法，为城市绿色空间的规划设计提供了科学、全面的决策依据，推动从定性向定量的转变，提升了科学性和精准性；面向规划设计过程，本书通过对不同尺度城市绿色空间的深入分析，提出了一系列创新性的规划策略，这些策略不仅考虑了城市绿色空间的生态效能，还兼顾了社会、经济等多方面的综合效益，为城市绿色空间的可持续发展提供了切实可行的路径；在实践案例章节，本书精选了国内外多个具有代表性的典型案例，通过深入阐述这些案例的设计理念、实施过程与实际效果，展示了面向碳中和的城市绿色空间规划设计在不同地域环境、不同问题导向下的创新和应用，为读者提供了丰富的实践参考与借鉴。

在迈向碳中和的征程中，城市绿色空间肩负着重要使命，其不仅是城市的"绿肺"，更应成为碳中和进程的"引擎"。《面向碳中和的城市绿色空间规划设计》一书，以其创新性的理念、科学的方法体系和丰富的实践案例，对既有知识体系进行了系统梳理，更对未来前沿技术进行了前瞻探索。这不仅为城市绿色空间的规划设计提供了新方向和新思路，更为城市可持续发展贡献了智慧和力量。衷心期待本书能够成为学界的重要理论工具，为碳中和背景下的城市绿色空间规划设计提供必要的技术和方法支撑，为风景园林、城乡规划与环境设计学科专业的广大同仁开展教学和研究工作提供有益借鉴和参考。

重庆大学建筑城规学院院长
教育部长江学者特聘教授
2025年1月

前　言

　　21世纪以来，气候变化已成为全球性的重大挑战。随着工业化进程的加速，大量温室气体排放导致全球气候异常，极端天气事件频发，对人类生存环境和经济发展产生了深远影响。作为全球最大的发展中国家，中国正以"碳达峰、碳中和"战略目标为牵引，探索一条经济社会发展与生态保护协同共进的新路径。在这一进程中，城市作为碳排放的核心载体，其绿色空间的系统性规划与设计，已成为实现"双碳"战略目标的关键锁钥。

　　实现碳达峰碳中和，是以习近平同志为核心的党中央统筹国内国际两个大局作出的重大战略决策。我国向世界作出"双碳"战略目标承诺后，政策体系持续完善。2021年以来，中共中央、国务院先后印发《关于完整准确全面贯彻新发展理念做好碳达峰碳中和工作的意见》《2030年前碳达峰行动方案》等指导政策与行动指南，国家发展改革委、工信部等主管部门也相继出台重点领域实施方案与重点行业支持性政策。这一系列行动标志着我国"双碳"战略目标已从理念倡导迈向制度性实践。

　　城市绿色空间不仅是碳汇载体，更是连接自然系统与社会系统的空间纽带，从选址、规划设计到建设实施，再到管理运营，每一个环节都应充分考虑其在碳汇、碳排放中的作用与效能，实现生态效益、社会效益与经济效益的有机融合。只有如此，城市绿色空间才能真正成为城市可持续发展的绿色引擎，为实现"双碳"战略目标贡献力量。

　　本教材秉持风景园林学科内涵，力求以课程思政为引领，以社会需求为导向，突出学科交叉属性与专业实践特色。全书共包括7个章节。第1章为绪论，阐述相关概念与理论背景；第2章重点介绍碳中和理论及研究基础，系统梳理相关行业发展与研究内容；第3章阐述城市绿色空间规划设计概念、理论与发展历程；第4章为面向碳中和的城市绿色空间规划设计方法，重点介绍不同尺度下碳排放与碳汇的计量评估方法；第5章为面向碳中和的城市绿色空间规划，解析不同尺度下的规划对象、规划原理以及规划内容；第 6 章为面向碳中和的城市绿色空间设计，解析空间布局原则、专项设计要素、低碳科普和智慧系统应用；第 7 章结合典型案例，对城市绿色空间规划设计与建设管理的项目实践进行介绍。

本教材在编写过程中，得到了中国林业出版社的大力支持，也得到了许多专家学者的指导，编写团队涵盖了清华大学、北京大学、北京建筑大学等7所高校和北京市园林绿化局、中国城市建设研究院有限责任公司等6个行政主管部门与规划设计单位，在此向他们表示衷心的感谢。还要感谢参与本书编写工作的所有教师与研究生，正是大家通力合作，才能完成此作。同时，也期待本教材能够激发更多思考和讨论，推动城市绿色空间规划设计的理论技术创新与发展。

在当今时代，碳中和目标正深刻推动着城市发展范式发生根本性变革，绿色空间的规划设计已不再局限于工程技术范畴，而是成为重塑城市发展形态与生态的时代命题。希望本教材能够激发更多关于绿色空间规划设计的创新思考与实践探索，为实现城市可持续发展与碳中和目标提供有益启示与参考，更希望此教材能够推动更多从业者以科学精神与人文情怀为笔，以绿色空间为底，在城市经纬之间绘就一幅幅生生不息的碳中和画卷，在生态文明时代真正实现"诗意栖居"的理想。

受专业认知、实践能力和资源条件等因素所限，本教材尚有诸多问题和不足，文中观点也可能以偏概全甚至挂一漏万，不当之处请各位专家学者和业界同仁批评指正。

姚　朋

2024年6月

目 录

第3章　城市绿色空间规划设计 / 26

第6章　面向碳中和的城市绿色空间设计 / 129

第7章　面向碳中和的城市绿色空间规划设计案例 / 155

第 **1** 章

绪 论

本章提要

概述了全球气候变化问题和国际社会的主要应对举措，"碳达峰"与"碳中和"相关概念以及我国"双碳"战略目标承诺。介绍了城市绿色空间规划设计基本释义，通过解读其发展史与未来展望，阐述了城市绿色空间响应碳中和的科学原理，并强调开展面向碳中和的城市绿色空间可持续规划设计的重要意义。

全球气候变化对全球陆地、海洋生态系统及人类生存环境都造成了深远影响，是当今人类社会需要共同面对的一项重要挑战。自20世纪90年代以来，世界各国在《联合国气候变化框架公约》倡导下积极应对全球变暖问题。我国也于2020年正式提出"力争于2030年前达到二氧化碳排放峰值，2060年前实现碳中和"的"双碳"战略目标承诺。

城市绿色空间作为有植被覆盖的城市空间，在提升碳储量、增加碳汇和促进城市低碳发展方面发挥着重要作用。面向碳中和的城市绿色空间规划设计，需要适应未来城市可持续建设发展需求，充分结合新兴研究、实践成果，探索形成"双碳"战略目标导向下的绿色空间规划设计理论方法和技术途径。

1.1 全球气候变化

1.1.1 全球气候变化问题与挑战

人类对气候变化问题的关注由来已久。早在19世纪20年代，法国物理学家、数学家约瑟夫·傅里叶（Jean Baptiste Joseph Fourier）便提出"大气层像温室一样"的假设。

30多年后，美国科学家尤尼斯·牛顿·富特（Eunice Newton Foote）验证了傅里叶的假设，并首次揭示了二氧化碳和水蒸气在温室效应中的重要作用。这一发现是温室效应和现代气候科学的关键原理之一，也是理解气候变化的基石（Armstrong et al.，2018）。随着20世纪70年代末西方现代环保主义运动的蓬勃发展，气候变化研究走出实验室成为国际环保事业的议题之一（李岳岩、陈静，2020）。1972年，在联合国人类环境会议上，国际科学界关于气候变化的诸多倡议直接促成了1979年首届世界气候大会的召开。此后，全球气候变化问题从单纯的科学课题，逐渐演变为关乎人类生存和可持续发展的全球性命题，如今已成为涉及各国经济、能源、外交及安全利益的重要政治问题（李飞，2018）。

20世纪80年代之前，人们尚不确定温室气体增加所导致的变暖效应是否强于空气污染中空气颗粒物的降温效应，科学家们使用"不经意的气候改变（inadvertent climate modification）"一词来指代人类对气候的影响。1975年，随着华莱士·史密斯·布罗克（Wallace Smith Broecker）的论文《气候变化：我们正处于明显的全球变暖的边缘吗？》发表在《科学》杂志上，"全球变暖"（global warming）一词开始被人们广泛使用（Broecker，1975）。2000年之后，"气候变化"（climate change）一词应用越来越多，其较之全球变暖有着更加丰富的内涵。在常见用法中，气候变化是指气候平均状态统计学意义上的巨大改变或者持续较长一段时间（典型的为30年或更长）的气候变动。《联合国气候变化框架公约》将"气候变化"定义为："经过相当一段时间的观察，在自然气候变化之外由人类活动直接或间接地改变全球大气组成所导致的气候改变。"该定义将因人类活动而改变大气组成的"气候变化"与归因于自然原因的"气候变率"区分开来。

长期以来，气候变化对全球自然环境和人类社会造成了深远影响。2023年3月20日联合国政府间气候变化专门委员会（Intergovernmental Panel on Climate Change，IPCC）发布的第六次评估报告指出，全球温室气体排放的不断上升造成了全球气候的不断变暖：2020年全球温室气体净排放量分别较2010年和1990年增长12%和54%；2011—2020年全球地表温度比1850—1900年升高了1.1℃，同期人类活动导致的增温可能达到1.07（0.8~1.3）℃。地表温度上升加剧了永久冻土融化、冰川退缩和海冰减少，全球海平面不断上升，沙漠面积持续扩大。许多地区极端天气频发，出现更严重的风暴、降雨和干旱影响，同时热浪和野火也变得越来越普遍。大幅升温将加剧世界的陆地、淡水和海洋生态系统的脆弱性，导致生物习性改变，生境退化和生物多样性降低，甚至导致部分物种灭绝。据相关研究评估的4000多个物种中，约一半的物种已经向更高纬度或更高海拔迁移，并且2/3物种的春季物候已经提前。除此之外，气候变化还导致高温、强降水、风暴潮、病虫害、海岸侵蚀等自然灾害损失，并促发粮食和水短缺、经济衰退、战争冲突和难民迁徙等严重后果，从而进一步加剧人类社会的不平衡发展。

中国是全球气候变化的敏感区和影响显著区。根据《中国气候变化蓝皮书（2023）》及相关观测资料表明：近百年来中国年平均气温升高了0.5~0.8℃，近20年是20世纪初以来的最暖时期；其中西北、华北和东北地区气候变暖明显，冬季增温明显；

平均年降水量呈增加趋势，区域降水变化波动较大；极端天气与气候事件发生的频率和强度增大，1991—2020年中国气候风险指数平均值（6.8）较1961—1990年平均值（4.3）增加了58%；近50年来，中国沿海海平面平均上升速率为2.5mm/年，略高于全球平均水平；山地冰川整体处于消融退缩状态，且青藏高原多年冻土活动层厚度呈显著的增加趋势（中国气象局气候变化中心，2023；吴绍洪 等，2014）。

除了太阳辐射、火山活动以及大气与海洋环流变化等自然因素影响外，目前人们普遍认为自19世纪以来的人类活动，尤其燃烧煤炭、石油和天然气等化石燃料是导致当今气候变化的主要原因。IPCC第五次评估报告（AR5）的定量评估结果表明：人类活动极有可能导致了1951—2010年一半以上的全球平均地表温度（global mean surface temperature，GMST）上升。化石燃料燃烧和毁坏林地、草地或其他土地利用变化等人类活动导致大气温室气体浓度大幅增加（胡婷、孙颖，2021）。这些温室气体吸收来自太空的长波辐射，同时拦截地表向外放出的长波辐射阻止热量逃逸，从而使大气下层和地表温度升高，温室效应增强，从而引起全球气候变暖。根据《中华人民共和国气候变化初始国家信息通报》得知，1994—2004年中国温室气体排放总量的年均增长率约为4%，二氧化碳排放量在温室气体排放总量中所占的比重由1994年的76%上升到2004年的83%。

根据IPCC《综合报告》估测，全球温升将于2021—2040年突破1.5℃，从而给人类和自然系统带来不可逆转的影响与后果。气候变化已成为关乎人类生存与可持续发展的全球性问题，国际社会需要快速建立切实可行的减排措施，开展深入广泛的气候治理合作，以应对气候变化带来的各项挑战。

1.1.2　国际社会应对全球气候问题的重要举措

为了全面应对全球气候变化，国际社会自1979年首届世界气候大会以来不断加强国际合作，1988年成立联合国政府间气候变化专门委员会（IPCC），负责对气候变化科学知识的现状、气候变化对社会、经济的潜在影响以及如何适应和减缓气候变化的可能对策进行评估，从而为国际社会认识气候变化问题以及政府决策提供重要的科学依据。

1992年，国际社会在里约热内卢联合国环境与发展大会上签署了《联合国气候变化框架公约》，大会为全球各国提供了一个共同的平台，促进了国际间的合作和交流，推动了全球范围内的气候治理。之后每年一度的缔约方大会先后通过了包括《京都议定书》（1997年）、《巴厘岛路线图》（2007年）、《哥本哈根协议》（2009年）和《巴黎协定》（2015年）等一系列重要的应对气候变化合作协议。这些协议确立了所有发达国家与发展中国家"共同但有区别的责任"原则，通过开展气候谈判，采用自下而上的合作模式，敦促所有缔约方通过设立减排目标、制定政策措施、推动清洁能源发展、建立碳交易市场、加强森林保护恢复以及提升公众意识等举措促进减少温室气体排放。与此同时，公约也重视发展中国家的经济发展需求和特殊情况，主张通过资金和技术支持等方式，帮助这些国家适应气候变化并实现可持续发展。

　　欧盟自1997年《京都议定书》签订之后一直注重将自身的国际承诺转化为每个成员国的减排责任以及能源政策的细化目标，1991年通过"SAVE"计划促进实施能源效率政策和计划，2000年启动"欧洲气候变化计划"（European Climate Change Programme，ECCP），引入欧洲碳排放交易计划。2014年10月，欧盟首脑峰会通过《2020—2030年气候和能源政策框架》，并在2018年11月率先提出"建设碳中和大陆"。2021年，欧盟理事会和欧洲议会就《欧洲气候法》达成临时协议，又称"Fit for 55"立法提案，确立2030年欧盟的温室气体净排放要比1990年水平减少55%，内含13项具体立法提案，包含修订8项现有法律和5项倡议，涉及气候、能源和燃料、交通、建筑、土地利用和林业等一系列政策领域和经济部门。

　　日本政府积极参与气候变化国际合作，早在20世纪80年代就倡议成立"世界环境与发展委员会"，提出"地球环保技术开发计划"；2007年提出"美丽星球50"构想；2010年通过《气候变暖对策基本法案》，提出建立碳排放交易机制以及开始征收环境税；2018年，日本制定了战略能源计划，目标为：至2030年将可再生能源从17%增至22%~24%，核能从6%增至20%~22%。

　　除了主要发达国家和地区，许多发展中国家也做出了积极承诺，并开始付诸实施。例如，巴西在《联合国气候变化框架公约》第26次缔约方会议提出，2030年温室气体排放量在2005年基础上减少50%的新目标。作为亚马孙热带雨林的主要所在国，巴西承诺到2028年实现零非法毁林、到2030年恢复和重新造林$1800×10^4hm^2$。印度启动了"国家氢能使命"，计划使用绿色能源生产氢能以替代化石燃料，并在第26届联合国气候变化大会上启动了"绿色电网倡议——同一个太阳、同一个世界、同一个电网"，加速调动、推进绿色电网行动所需的技术和财政资源。越南近年来发展迅速，是极少数承诺在2040年或此后尽快逐步淘汰煤炭发电的国家之一。

1.2　碳达峰碳中和目标

1.2.1　碳达峰碳中和概念

　　碳达峰（peak carbon dioxide emissions）是指某个国家、地区或全球在特定时期内将二氧化碳等温室气体的排放量控制在一个顶峰水平之后开始逐步减少的过程，是二氧化碳排放量由增转降的历史拐点，标志着碳排放与经济发展实现脱钩。

　　碳中和（carbon neutrality）是指通过各种措施使得国家、企业、产品、活动或个人在一定时间内直接或间接产生的二氧化碳或温室气体排放总量实现正负抵消，达到相对"零排放"。

　　碳中和的概念最早出现于20世纪90年代，指的是植物在生长过程中吸收的二氧化碳量与燃烧所排放的二氧化碳量相等。1997年，英国未来森林公司（Future Forests）首次提出了碳中和作为商业概念，旨在通过各种能源技术在交通、家庭等领域实现碳排放的完全抵消。21世纪后，碳中和日益成为环保领域备受关注的话题。2010年，英国标准协会发布《碳中和承诺规范》（PAS 2060），在产品层面将碳中和定义为：产品全生命周期未导致排放到大气中的温室气体产生净增量（侯梅芳 等，2022）。2015年12月12日，《联合国气候变化框架公约》近200个缔约方一致同意通过《巴黎协定》，这是一份"具有法律约束力并适用于各方的"全球减排协议，为2020年后全球应对气候变化行动作出安排，其中明确提出了"碳达峰"和"碳中和"目标。

当前世界各国与国际组织正积极协调行动，推动人类社会向碳中和转型。为应对全球气候变化，全球有130多个国家提出了碳中和目标，其中少部分国家（如德国）将碳中和目标提前到2045年。联合国环境规划署发布推动能源、工业、建筑和城市、交通、农业和食品、森林和土地利用六大重点行业向碳中和转型的举措；国际能源署深入分析2050年全球能源行业实现净零排放的路径，呼吁各国政府加快清洁能源创新；国际可再生能源机构呼吁全球加快构建以可再生能源、绿色氢能和现代生物质能为主的能源体系；联合国全球契约组织提出全球企业实现碳中和的方案（曲建升 等，2022）。

1.2.2　我国"双碳"战略目标承诺与重要举措

气候变化是全球面临的重大挑战，同样关乎我国建设改革发展的全局。我国一贯高度重视应对气候变化工作，坚定不移走生态优先、绿色发展之路，是全球应对气候变化的重要参与者、贡献者、引领者。2020年9月22日，在第75届联合国大会一般性辩论上，中国正式提出"力争于2030年前达到二氧化碳排放峰值，2060年前实现碳中和"的"双碳"战略目标承诺。

（1）2030年前实现碳达峰

我国将在2030年前努力实现碳达峰，目标是确保二氧化碳排放在某个特定年份达到最高值，然后开始逐步下降。到2025年，绿色低碳循环发展的经济体系初步形成，重点行业能源利用效率大幅提升，单位国内生产总值能耗比2020年下降13.5%，单位国内生产总值二氧化碳排放比2020年下降18%，非化石能源消费比重达到20%左右，森林覆盖率达到24.1%，森林蓄积量达到$180 \times 10^8 m^3$，为实现碳达峰、碳中和奠定坚实基础。

到2030年，经济社会发展全面绿色转型取得显著成效，重点耗能行业能源利用效率达到国际先进水平。单位国内生产总值能耗大幅下降；单位国内生产总值二氧化碳排放比2005年下降65%以上；非化石能源消费比重达到25%左右，风电、太阳能发电总装机容量达到$12 \times 10^8 kW$以上；森林覆盖率达到25%左右，森林蓄积量达到$190 \times 10^8 m^3$，二氧化碳排放量达到峰值并实现稳中有降。

（2）2060年前实现碳中和

我国计划在2060年前实现碳中和，这意味着国家总碳排放将被抵消，达到"零排放"状态。到2060年，绿色低碳循环发展的经济体系和清洁低碳安全高效的能源体系全面建立，能源利用效率达到国际先进水平，非化石能源消费比重达到80%以上，碳中和目标顺利实现，生态文明建设取得丰硕成果，开创人与自然和谐共生新境界。

自提出"双碳"战略目标以来，我国在政策制定、技术创新、产业转型与能源结构调整等方面加快推进了一系列重要举措。在政策制定方面，2021年发布了《关于完整准确全面贯彻新发展理念做好碳达峰碳中和工作的意见》以及《2030年前碳达峰行动方案》，提出一系列政策措施和行动指南，旨在推动经济社会发展全面绿色转型。目前我国已构建完整的碳达峰碳中和"1+N"政策体系，推动制定重点领域、重点行业实施方案以及相关支撑保障方案。在技术创新方面，我国加快推进减碳、替碳、固碳和埋碳技术研发，尤其加强风能、太阳能、生物能等清洁能源领域技术研发力度，同时鼓励建筑、工业、交通运输等行业节能减排技术创新和推广应用。在产业转型方面，通过补贴、税收优惠等政策优化产业结构，鼓励清洁能源、节能环保产业发展，减少和限制高耗能、高排放产业发展，鼓励企业（尤其是能源密集型企业）改进生产工艺和设备，利用清洁技术实现单位产值所需能源的降低，从而促进能源利用效率的提升。在能源结构调整方面，我国逐步减少对传统能源的依赖，增加清洁能源在能源结构中的比重。目前我国可再生能源发电装机容量已超过 $11 \times 10^8 \text{kW}$，其中水电、风电、太阳能发电和生物质发电的装机容量均居世界领先地位，并已建成全球最大规模的清洁能源发电体系与电力基础设施网络。这些综合举措很好地促进了我国能源结构向更加清洁、可持续的方向转变，进而为"双碳"战略目标实现奠定了坚实基础。

1.3 城市绿色空间及其规划设计

1.3.1 城市绿色空间概念释义

城市绿色空间作为城市空间组成的基本要素之一，是指由具有光合作用的绿色植被与其周围光、土、水、气等环境要素共同构成的具有生命支撑、社会服务和环境保护等多重功能的城市地域空间（常青 等，2007），它是由园林绿地、城市森林、立体空间绿化、都市农田以及水域湿地等多元要素共同构成的一个庞大的绿色网络系统（李锋、王如松，2004）。狭义而言，城市绿色空间是指那些具有更多公共属性的城市绿色开放空间，它们不仅提供生态系统服务，为改善城市生态环境、保护生物多样性、改善公共卫生和缓解热岛效应发挥着重要作用，同时也为人们亲近自然、开展户外游憩活动创造了更多可能，极大提升了环境品质和城市活力，因此已成为城市建设可持续发展不可或缺的组成部分。

国外对城市绿色空间的研究始于19世纪初，文献中首次提到了"绿色空间"（green space）一词（成超男 等，2020）；19世纪中后期，欧美等早期资本主义国家出于公共健康需求，率先开展城市公园建设的实践探索；19世纪末，霍华德"田园城市"理念强调了城市建设与绿色空间协调发展的思想；第二次世界大战之后至20世纪末，更多国家将绿色空间发展纳入城市建设体系，并且越来越关注其在生态环境保护方面的重要作用。21世纪初，国外关于绿色空间的文献大量涌现，涉及生态学、医学、心理学、经济学、社会学与地理学等学科领域。这些研究强调了绿色空间在生态、社会和文化等多个层面上的重要价值，在城市发展中要充分考虑对绿色空间的保护和利用，以创造更加宜居、健康和可持续的城市环境。美国国家环境保护局（EPA）给予绿色空间的定义是"部分或完全被乔木、灌木、草本或其他植被覆盖的土地"（姚亚男、李树华，2017）。英国的"绿色空间，美好场所"（Green Spaces Better Places，2002）项目将绿色空间视作"自然与半自然覆盖形态为主的区域"，强调了绿色空间在维持生态平衡、提供自然栖息地以及增加生物多样性方面的作用（叶林，2016）。欧盟的城市绿色环境研究项目（URGE）对绿色空间的定义为：城市范围内为植被覆盖的直接用于休憩活动的场地；对城市环境有积极影响，具有方便可达性，并服务于居民不同需求；是城市基础设施的一部分，大于绿色空间的简单加和，是一个城市内开敞空间、公共与私人空间、花园、体育场地、小游园与乡村的林地及河漫滩地相互连接成的有机体（陈春娣 等，2009）。

我国对城市绿色空间概念的学术探讨始于20世纪80年代。张万佛（1981）在《人与绿色空间》一文中阐述了绿色空间对环境的净化和保护作用。谢儒（1986）在《浅论城市绿色空间的开拓》中指出城市绿色空间不仅包括城市地区的树木、山林、农田和河湖，而且包括各种园林绿地、屋顶花园、阳台绿化、垂直绿化、建筑内部绿化等一切用绿色植物来构成的城市空间。21世纪后，国内有关城市绿色空间的研究不断增多，主要涉及对城市绿色空间的特征、分类、结构与功能的探讨，而长期以来的快速城镇化和生态环境建设也促使城乡规划、风景园林、建筑学等学科领域开展了大量有关城市绿色空间规划设计的研究和实践工作。

1.3.2　规划设计概念释义

规划（planning）是指个人或组织制定的比较全面长远的发展计划，是对未来整体性、长期性、基本性问题的综合考量，以设计未来整体行动的方案。其作为一项普遍的活动，通常是为了实现预定计划目标而对规划对象系统性、条理性安排和组织的过程，最终形成一系列的规划成果，如文字报告、图册等。规划往往需要综合考虑各种现实因素，系统性地分析和处理各种信息和数据，运用不同领域的专业知识和技能，并使用多种技术手段来解决问题，如统计学、数学建模、图像处理技术等。因此，规划往往是一项复杂且理性的活动。

设计（design）指个人或组织根据具体的功能需求，创造性地解决实际问题，合理运用相关技术材料等条件，将某些设想以文字、影像、模型等形式直观展现，并确保其能够进行不断细化和周密安排而付诸实施的过程。设计活动不仅包括具体的手稿、草图和成果制作工作，也包括大量的研究、协商、反思、建模、交互调整和重新设计的漫长复杂过程，因此具有明显的目的性、创新性和可实施性特征。设计过程需要综合考虑美学、功能、政治、经济、社会、文化等因素，在发挥设计师主观能动性的同时也会受到诸多限制条件的约束。

规划和设计是两个相互关联但又有明显区别的概念。规划更注重对未来的整体性、长期性和基本性问题的思考，具有长远性、全局性、战略性和方向性特征，其核心在于设定明确的目标，形成具体的计划，并客观阐述面临的困难和需要的支持。在国土空间与城乡规划等领域，规划强调对环境的保护、资源的合理利用、社会经济问题的协调以及不同空间要素的布局优化和数量管控等内容。设计较之规划，其对象尺度一般更小，更注重设计工作的完整性、近期性和可实施性，旨在将规划构想和远期目标转化为可以操作的具体任务。在城市设计、建筑设计、室内设计以及风景园林设计等空间设计领域，设计需要考虑具体场地的空间布局、功能分区、交通组织、形态特征以及材料工艺等方面内容，同时也要积极衔接上位规划、后续施工和未来管理养护及运营等不同领域的实际需求。

规划设计在城市建设发展中发挥着至关重要的作用，它不仅为城市明确了发展目标和方向，而且能确保城市建设有序、高效地进行。通过合理的规划设计优化城市空间布局，明确城市功能分区，保护城市环境资源，提升城市空间活力，有助于解决交通拥堵、环境污染等城市病，保证城市经济、社会、文化、生态等方面的均衡发展。高质量的城市规划设计能够提升城市的整体形象和品质，吸引更多的投资和人才，从而增强城市的综合竞争力。

1.3.3　城市绿色空间规划设计的发展转变与展望

城市绿色空间规划设计作为城市建设不可或缺的重要组成部分，其实践对象从传统的花园、公园绿地向更加广泛的城市开放空间、绿色基础设施以及生态保育空间等范围拓展，所应用到的规划设计思想理论、方法流程和技术措施也在不断发展转变，从而对其从业人员提出了更高要求。

一方面，绿色空间规划设计从早期强调园林绿地的空间营造，逐渐向兼顾生态系统保护修复及生境群落营建转变。诸如环境污染、社会公平、生态安全、气候变化以及生物多样性保护等命题需要规划设计人员掌握更多的生态学、环境科学和社会科学理论知识，摒弃传统单一的规划设计模式，从更多维度思考绿色空间规划设计相关理念、原则和策略内容，进而实现人与人之间、人与自然之间的和谐共生。

另一方面，伴随现代科技的不断发展，加之实践对象的尺度规模和复杂程度逐渐增大，城市绿色空间规划设计正在从以前基于经验的定性判断向更加依赖数据的定量分析进行转变。3S技术、大数据、人工智能、智慧景观和数字景观等新兴领域的兴起，不断推动绿色空间规划设计及施工管理的技术革新。目前，人们获取城市绿色空间相关数据的精度和效率大大增强，可以为规划设计决策提供更为精准的科学依据。同时，可以通过环境监测系统、智能灌溉系统、节能照明系统等实现绿色空间的智能化管理和服务。

此外，伴随我国城镇化建设进程由增量发展转向存量更新，绿色空间规划设计在不同城市地域范围内面临的主要问题也不尽相同。尤其在我国确立"双碳"战略目标的时代背景下，如何通过跨学科合作，共同探索绿色空间规划设计的新理念、新方法和新技术，使其在面向碳中和的城市可持续建设中发挥更大作用，是目前从业者们需要面临的崭新课题。

1.4　面向碳中和的城市绿色空间可持续发展

1.4.1　城市绿色空间可持续发展的紧迫性与必要性

可持续发展（sustainable development）的概念首次在1980年的《世界自然保护大纲》中提出，并在1987年的《我们共同的未来》报告中得到了阐述和认同。可持续发展旨在平衡当代需求与后代福祉，强调经济、社会、资源与环境和谐共进。

建立适应与减缓气候变化的城市绿色空间可持续发展模式，既是应对气候变化危机的必然选择，也是推进碳中和的关键途径。在全球气候变化与我国快速城镇化发展的背景下，生态格局破坏、生物多样性降低、温室效应、大气污染、城市内涝等危机都反映出城市可持续发展的紧迫性（陈明星 等，2021）。在碳中和目标下，城市需转变资源环境利用方式，注重生态保护，倡导低碳生活，利用绿色能源，发展循环经济，以多元化手段实现碳中和。

城市绿色空间助力碳中和，近年来得到了诸多政策的响应。2021年3月《中华人民共和国国民经济和社会发展第十四个五年规划和2035年远景目标纲要》发布，将积极应对气候变化列为我国未来发展的重要内容，要求提升城乡建设、农业生产、基础设施适应气候变化能力，并强调推进新型城市建设目标，建设宜居、创新、智慧、绿色、人文、韧性、低碳城市。2021年10月，中共中央办公厅、国务院办公厅印发了《关于推动城乡建设绿色发展的意见》，指出要"落实碳达峰、碳中和目标任务"，到2035年，城乡建设全面实现绿色发展，碳减排水平快速提升，城市和乡村品质全面提升，人居环境更加美好，城乡建设领域治理体系和治理能力基本实现现代化，美丽中国建设目标基本实现。一系列政策的出台，表明了国家对城市绿色空间助力碳中和的高度重视，也为城市绿色发展指明了方向，为实现碳中和目标提供了坚实的政策保障。

1.4.2　城市绿色空间响应碳中和的科学原理

城市绿色空间作为城市生态系统的重要组成部分，是城市可持续发展响应碳中和目标的重要载体。总体上，城市绿色空间作用于碳中和的机制主要有以下3个方面。

（1）城市绿色空间作为碳库发挥碳存储功能

城市绿色空间是城市中最重要的碳库。Guo等（2024）研究整合了52个国家257个城市的420个观测数据，评价了城市绿地表层（0~20cm深度）有机碳密度的全球格局，利用随机森林模型（random forest model）绘制全球城市绿地表层有机碳密度，估算出全球城市绿地的平均有机碳密度为55.2Mg C·hm^{-2}（51.9~58.6），有机碳储量为1.46（1.37~1.54）Pg C，为未来持续城市化下的城市土壤碳储量评估提供了数据基础。

中国近40年的城市扩张是导致陆地碳储量变化的主要因素之一，作为中国城市群发展的领先者，京津冀、长三角和珠三角将继续面临巨大的碳储量损失（Liu et al.，2019）。Wu等（2023）通过识别京津冀地区的生态限制区，并结合土地利用需求预测和空间模拟，对京津冀城市群的陆地生态系统碳储量进行估算。研究结果表明，2030—2060年京津冀城市群至少有2899km²生态空间可能消失，其中33.66Tg的生态碳储量将以1.122Tg·a⁻¹的速度递减。因此，从碳储量视角开展重点区域土地利用变化预测，对协调与优化区域土地利用格局、提高区域生态系统未来固碳潜力、维持城市绿色空间碳库功能具有重要意义。

（2）提升城市碳汇功能

城市绿色空间提供城市主要的碳汇。城市绿色空间碳汇是指城市绿色空间中的植物通过光合作用，吸收大气中的二氧化碳并将其固定在植被和土壤中，从而减少大气中二氧化碳浓度的过程、活动或机制（王永华、高含笑，2020）。通过增加城市绿色空间，可以增加城市的碳汇容量，隔离和储存大气中的二氧化碳，从而实现直接固碳，有助于减少大气中的碳排放总量。

城市绿色空间碳汇具有多空间尺度的作用途径（刘颂、张浩鹏，2022）。在区域尺度上，城市绿色空间碳汇能力和土地利用类型关系较大；当前研究主要围绕碳汇能力评估、碳氧平衡分析以及时空动态变化规律展开，并呈现出由静态计量测算向动态变化规律分析转变的趋势（Liu et al.，2023）。中观尺度上，主要关注不同类型城市绿色空间（如公园绿地、居住区绿地等）的碳汇能力和作用机理（王敏、宋昊洋，2022），其中，绿地率、绿地类型、植被配植对绿地增汇效能影响较大（王敏、朱雯，2021）。微观尺度上，植物群落和植物个体是影响城市绿色空间碳汇能力的主要因素；植物群落的树种组成、郁闭度、层次结构、胸径、群落密度等都会对城市绿色空间碳汇能力产生明显影响（张丽、刘子奕，2023），植物个体研究主要关注不同植物个体碳汇能力的评估（林玮 等，2020）。因此，应采取综合规划设计途径，制定全面绿化政策与管理措施，最大化城市绿色空间的碳汇功能。

（3）促进城市低碳发展

城市绿色空间全生命周期科学施策和减碳、低碳发展，是助力碳中和目标的关键途径（赵彩君、刘晓明，2010）。城市绿色空间在全生命周期中产生的碳排放通常用碳足迹进行核算（杨阳、赵红红，2015）。碳足迹（carbon footprint）是指个人、组织或产品在生产和消费过程中释放到大气中的温室气体总量，以二氧化碳的等效单位衡量，用于评估对气候变化的影响。这一指标有助于指导减排行动，识别减排潜力，促进更具可持续性的选择。城市绿色空间产生碳足迹的方式主要集中在建设和管理过程。在建设阶段，绿化空间的建设需要大量的材料和能源，例如，运输植被、土壤和其他建材，导致大量碳排放；此外，施工机械的使用也会释放温室气体。在维护阶段，城市绿色空间的日常维护需要定期进行修剪、浇水、施肥等，这些活动要消耗能源和化学品，进而产生碳排放。因此，需要将低碳可持续的理念融入城市绿色空间营建的各个环节（钟乐 等，2015），建立城市绿色空间碳足迹评估模型，科学调控碳排放。通过采用可持续建设材料，提倡节能减排的维护方式，引导政府针对性地制定奖励补贴措施，推广绿色园林管理实践等都能有效减少城市绿色空间的直接碳排放（黄柳菁 等，2017；董楠楠 等，2019），将有助于实现城市绿色空间低碳可持续发展。

1.4.3 面向碳中和的城市绿色空间规划设计途径

面向碳中和的城市规划中强调城市绿色空间规划可以视为城市规划的一个子领域，重点关注城市中的绿色开放空间，通过多种设计途径促进城市可持续发展。这些途径包括：建立连续、多尺度的生态网络；合理配置和优化城市绿地、水系、湿地等生态基础设施；建设具有复合功能的城市绿地布局，提高土地利用效率；增加绿地覆盖率，改善城市微气候；优化城市交通系统，鼓励低碳出行方式；鼓励公众参与城市绿色空间规划与管理。

（1）多尺度构建可持续发展的绿色空间系统

从微观到宏观，构建多尺度的可持续发展绿色空间系统。在街区尺度，强调单个绿地的生态价值；在中心城区尺度，关注绿地网络的整体布局；在市域尺度，将城乡绿地视为一个整体系统，纳入城市向城乡过渡的自然生态本底。3个尺度层级相互依赖，共同构成城市的生态基础设施，促进城市可持续发展。

从微观的个体绿地到宏观的城市绿色网络的整体布局都与城市绿色空间规划息息相关。从宏观尺度上，1936年赫伯特·路易斯（H. Louis）提出的"城市边缘区"，是城市绿色空间的重要组成部分，将乡村纳入城市生态系统。在微观尺度上，"美国造园之父"奥姆斯特德（F. L. Olmsted）从生态角度将自然引入城市，还推动了美国自然风景园运动（刘滨谊 等，2001）。在多尺度绿色空间规划中，城乡绿地被视为一个整体系统，每个部分都与其他部分相互依赖，共同构成城市的生态基础设施。

（2）建设具有复合功能的城市低碳景观

城市绿色空间规划通过多学科、多部门合作，融合多种生态系统服务，建设具有复合功能的城市低碳景观。从生态功能角度，城市绿色空间是城市各种自然资源的储备库，是重要的自然碳汇。依托绿色空间，建立具有能量储存与调节、物流缓冲与阻滞的生态安全屏障，科学的规划引导控制措施是维持长期可持续发展能力的基石（钟祥浩，2008）。合理布局可以发挥城市绿色空间的隐性经济价值，有研究表明，城市绿化为城市创造的生态价值约为其绿化投入的3.42倍（吴人韦，2000）。城市湿地、森林和绿地作为城市自然碳汇主要来源，碳储存能力显著，自身也具有较高的经济价值。同时，立体绿化技术可以有效降低高聚合城市区域的建筑运行能耗。

文化功能方面，合理规划管控城市绿色空间不仅可以塑造城市的地域特色，还可以改善人居环境，增添其自然魅力（李王鸣 等，2000）。通过宣传教育、科普活动等方式提高公众对碳中和和绿色空间规划的认识和意识，鼓励市民积极参与城市的绿色建设和管理，引导居民开展低碳生活、降低城市能耗，间接实现碳减排。

（3）多环节整合实现全周期低碳建设

面向碳中和的城市绿色空间规划设计旨在实现规划低碳化，构建鼓励低碳消费的城市规划、政策和管理体系，合理安排城镇空间布局、产业结构组织及基础设施，从而实现城市空间紧凑化，增加城市绿色面积（叶林，2016）。

在项目建设方面，通过减少城市绿色空间的全生命周期碳足迹，促进项目建设自身的节能减排，构建绿色低碳的城市空间体系；城市绿色空间规划通过制定和实施精细化的城市绿地管控政策和措施，保护和管理绿地资源，从而确保绿地的健康和生态功能的发挥（杨振山 等，2015）。

在空间布局方面，绿色空间规划围绕植物、土壤、水体三大要素，增强城市绿地本身的碳捕获能力；绿地作为城市重要的自然碳汇，需加强城市范围内森林、湿地等生态敏感区域的保护和管理。

思考题

1. 全球气候变化的主要成因及其对人类社会造成的影响是什么？

2. 我国的"双碳"战略目标是什么，思考这一战略目标将对我国经济社会发展和生态环境建设带来哪些影响？

3. 什么是城市绿色空间？城市绿色空间响应碳中和的科学原理是什么？

4. 什么是规划和设计？目前我国城市绿色空间规划设计实践面临的机遇和挑战有哪些？

5. 请查阅资料并简述全球具有代表性的低碳城市绿色空间规划设计案例。

拓展阅读

《中国适应气候变化进展报告2023》.中华人民共和国生态环境部，2024.

《地球气候简史》.史蒂文·厄尔.东方出版社，2023.

《气候变化与人类未来》.比尔·盖茨.中信出版集团，2021.

《我们选择的未来："碳中和"公民行动指南》.克里斯蒂娜·菲格雷斯，汤姆·里维特·卡纳克.中信出版集团，2021.

《一本书读懂碳中和》.安永碳中和课题组.机械工业出版社，2021.

第2章

碳中和理论及相关研究

本章提要

全面剖析碳中和理论及相关研究，包括碳中和相关的概念，并阐释了国内外的相关政策。分析了能源、交通运输、建筑与城市规划、农林等相关行业的碳排放碳汇现状，阐述了控碳、减排、增汇和中和等核心策略的现状应用和发展前景。并简要介绍了碳排放量核算和碳汇量核算的具体方法。

在 深入探讨了全球气候变化的严峻挑战、碳达峰与碳中和的全球性目标以及城市绿色空间规划设计的基本概念之后，本章将深入探讨碳中和的理论基础与研究支撑。

2.1 基础理论与政策

2.1.1 碳中和概述

碳中和是全球气候变化应对策略的核心目标，要求减少温室气体排放的同时增强清除温室气体的能力，最终实现人类活动对气候系统影响的净零，依据整体循环过程，可以将其分为碳排放、碳汇、碳中和相关概念（图2-1）。

2.1.1.1 碳排放及相关概念

碳排放（carbon emissions） 指温室气体排放的总称或简称（杨明基，2015）。因为温室气体中最主要的是CO_2，故用碳（carbon）一词作为代表（中国科学院，"术语

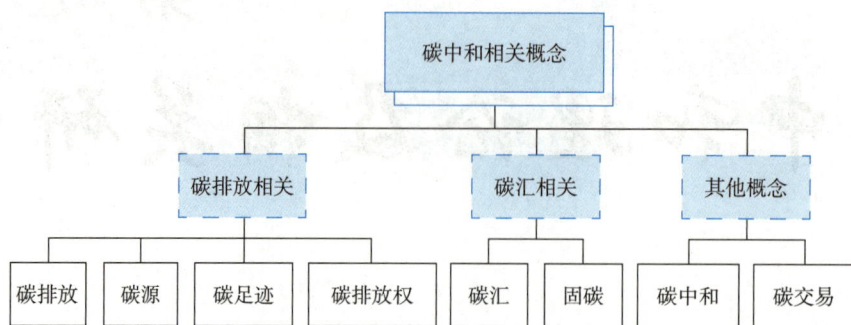

图 2-1　碳中和相关概念梳理

在线"服务平台）。

碳源（carbon source）　一般被认为是碳汇的对称，指CO_2的来源（杨明基，2015）。指向大气中释放碳的过程、活动或机制（王培红，2019）。

碳源既来自自然界，也来自人类生产和生活过程。自然界中主要的碳源是土壤、岩石、海洋与生物体。此外，工业生产活动、生活中也都会产生大量CO_2，大量的工业CO_2在空气中积聚，是导致全球气候变暖的重要因素（毛国旭，2020）。

碳足迹（carbon footprint）　指企业或个人在生产、经营、生活过程中因消耗能源或资源而产生的碳排放的总和（丁仲理，2022）。

碳足迹又称碳耗用量，作为一种用于测量机构或个人因每日消耗能源而产生的CO_2排放对环境影响的指标。通过确定碳足迹，了解碳排量，可以控制和约束个人和企业的行为，达到减少碳排放量的目的。温室气体排放渠道主要有交通运输、食品生产和消费、能源使用及各类生产过程。通常所有温室气体排放用CO_2当量来表示。碳足迹是最直观的环保新指标（王松霈，2013）。

碳排放权（carbon emissions rights）　是指在特定的排放交易体系下，授予排放者在一定时间内向大气中排放特定量的CO_2或其他温室气体的权利。这种权利通常以排放配额或信用的形式存在，可以在市场参与者之间进行交易，从而形成了碳市场。

碳排放权的主体主要有以下3种类型。

①国家　《联合国气候变化框架公约》和《京都议定书》都是从国际公平的角度出发，以国家为单位来界定各国的碳排放权的，在国家减排责任中区分了发达国家和发展中国家在不同阶段的国家碳排放总量的指标。以国家为主体的国家碳排放权虽然注意到了国家层面的公平，但是忽略了人与人之间的公平。

②群体　以群体为主体类型的群体碳排放权，主要是指各种企业或营业性机构在满足法律规定的条件下获得排放指标，向大气排放温室气体的权利。群体碳排放权具有可转让性，这是国际温室气体排放权交易制度建立的基础。

③自然人　以自然人为主体类型的个体碳排放权，是指每个个体为了自己的生存和发展的需要，无论在何处，都有向大气排放温室气体的自然权利。后京都时代碳排放权的分配更多地着眼于个体碳排放权问题（王松霈，2013）。

2.1.1.2　碳汇及相关概念

碳汇（carbon sink）　既包括自然界中有机碳吸收超出释放的系统或区域（《生态学名词》，科学出版社，2007），也包括从空气中清除CO_2的过程、活动、机制（《联合国气候变化框架公约》，1992）。

自然界碳汇主要存在于陆地生态系统CO_2总储存量中，森林约占39%，草原约占34%，农耕地约占17%。上述三大生态系统植被通过光合作用吸收了大气中大量的CO_2，减缓了温室效应。自然界中森林和草原是CO_2的重要吸收器、贮存库和缓冲器。森林和其他植被是地球上最大的自然碳汇之一（王松霈，2013）。

固碳（carbon sequestration）　又称碳封存或碳固定，是指通过自然过程或人为活动将大气中的CO_2转化为其他形式的碳，并将其长期储存在植物、土壤、海洋或其他碳汇中的过程。固碳的目的是降低大气中的温室气体浓度，从而减缓全球气候变化的速度和影响（崔世钢，2023）。

CO_2是植物生长的重要营养物质，植物把吸收的CO_2在光能作用下转变为糖、O_2和有机物，供给自身枝叶、茎根、果实、种子，并为生物界提供最基本的物质和能量来源。这一转化过程，就形成了生态系统的固碳效果（中国科学院，"术语在线"服务平台；王松霈，2013）。

2.1.1.3　碳中和其他相关概念

碳中和（carbon neutral）　指的是在一定时期内，通过减少温室气体排放和增加碳汇来平衡碳排放，实现净零排放的状态。

碳交易（carbon trading）　是一种关于碳排放权的交易，是促进全球温室气体减排、减少CO_2排放的市场机制。碳交易的基本原理是，合同的买方通过支付获得另一方的温室气体减排额，买方可以将购得的减排额用于减缓温室效应从而实现其减排的目标（杨明基，2015）。其起源于"总量控制和交易"（Cap-and-Trade）机制，国际"碳排放权交易制度"形成于2005年2月16日，《联合国气候变化框架公约》缔约国签订的《京都议定书》正式生效。该机制是一种市场化的环境政策工具，旨在通过市场激励措施来减少温室气体排放。碳交易有助于实现成本效益最高的减排路径，因为它允许那些减排成本较低的实体采取更多的减排措施，并通过出售排放权获得收益，同时那些减排成本较高的实体可以通过购买排放权来满足合规要求，而不是承担更高的减排成本。通过这种方式，碳交易有助于全球范围内的温室气体排放控制和气候变化应对（王松霈，2013）。

2.1.2　国际政策沿革

自1979年召开第一次世界气候大会以来，国际社会认识到温室气体对环境的影响作用。为应对气候变化，联合国政府间气候变化专门委员会（IPCC）这一科学机构成立于1988年，由成员国政府选出的科学家组成，旨在为全球气候变化问题提供科学的指导和建议，而后全球气候治理的30多年中，各国通过会议的召开和条约的缔结不断推进进程（表2-1），其中《联合国气候变化框架公约》《京都议定书》《巴厘岛路线图》和《巴黎协定》对各国政府应对气候变化的举措产生了巨大的影响（图2-2）（崔世钢，2023）。

表 2-1　全球气候治理进程的重要会议及成果

年份	事件	地点	主要内容和成果
1979	第一次世界气候大会	瑞士日内瓦	科学家警告大气中CO_2浓度增加导致地球升温，为应对气候变化指明方向
1988	联合国政府间气候变化专门委员会（IPCC）成立	—	由成员国政府选出的科学家组成，旨在为全球气候变化问题提供科学的指导和建议
1991	联合国开始制定《联合国气候变化框架公约》	—	启动多边国际谈判，确立了应对气候变化的最终目标和国际合作的基本原则
1992	联合国环境与发展大会	巴西里约热内卢	通过《里约热内卢宣言》《21世纪行动议程》，签署《联合国气候变化框架公约》和《生物多样性公约》
1995	《联合国气候变化框架公约》第一次缔约方会议	德国柏林	通过工业化国家和发展中国家《共同履行公约的决定》
1996	《联合国气候变化框架公约》第二次缔约方会议	瑞士日内瓦	呼吁各国加速谈判，争取在1997年12月前缔结"有约束力"的法律文件
1997	《联合国气候变化框架公约》第三次缔约方会议	日本京都	通过了《京都议定书》
1998	《联合国气候变化框架公约》第四次缔约方会议	阿根廷布宜诺斯艾利斯	促进《京都议定书》早日生效，制订工作计划
1999	《联合国气候变化框架公约》第五次缔约方会议	德国波恩	通过《京都议定书》细节时间表
2000	《联合国气候变化框架公约》第六次缔约方会议	荷兰海牙	因美国立场未能达成预期协议
2001	美国宣布退出《京都议定书》	—	—
2001	《联合国气候变化框架公约》第七次缔约方会议	摩洛哥马拉喀什	通过《马拉喀什协定》
2002	《联合国气候变化框架公约》第八次缔约方会议	印度新德里	通过《德里宣言》，强调应对气候变化必须在可持续发展的框架内进行
2003	《联合国气候变化框架公约》第九次缔约方会议	意大利米兰	推动《京都议定书》尽早生效，成果有限
2004	《联合国气候变化框架公约》第十次缔约方会议	阿根廷布宜诺斯艾利斯	议程涉及《联合国气候变化框架公约》生效10周年以来取得的成就和未来面临的挑战等重要问题的讨论
2005	《联合国气候变化框架公约》第十一次缔约方会议	加拿大蒙特利尔	启动《京都议定书》新二阶段温室气体减排谈判
2006	《联合国气候变化框架公约》第十二次缔约方会议	肯尼亚内罗毕	达成包括"内罗毕工作计划"在内的几十项决定

（续）

年　份	事　件	地　点	主要内容和成果
2007	《联合国气候变化框架公约》第十三次缔约方会议	印度尼西亚巴厘岛	通过《巴厘岛路线图》
2008	《联合国气候变化框架公约》第十四次缔约方会议	波兰波兹南	启动2009年气候谈判，决定启动"适应基金"
2009	《联合国气候变化框架公约》第十五次缔约方大会	丹麦哥本哈根	《哥本哈根协议》达成
2010	《联合国气候变化框架公约》第十六次缔约方会议	墨西哥坎昆	坚持"共同但有区别的责任"原则，确保2011年谈判继续
2011	《联合国气候变化框架公约》第十七次缔约方会议	南非德班	延长《京都议定书》的法律效力，建立"德班增强行动平台特设工作组"
2012	《联合国气候变化框架公约》第十八次缔约方会议	卡塔尔多哈	通过《多哈修正案》，确保《京都议定书》第二承诺期实施
2013	《联合国气候变化框架公约》第十九次缔约方会议	波兰华沙	德班增强行动平台基本体现"共同但有区别的责任"原则；发达国家再次承诺应出资支持发展中国家应对气候变化；就损失损害补偿机制问题达成初步协议，同意开启有关谈判
2014	《联合国气候变化框架公约》第二十次缔约方会议	秘鲁利马	细化2015年协议要素，为巴黎气候大会协议草案奠定基础
2015	《联合国气候变化框架公约》第二十一次缔约方会议	法国巴黎	通过《巴黎协定》，设定了将全球平均气温升幅控制在2℃以内，并努力限制在1.5℃以内的目标
2016	《联合国气候变化框架公约》第二十二次缔约方大会	摩洛哥马拉喀什	将《巴黎协定》承诺转化为行动
2017	《联合国气候变化框架公约》第二十三次缔约方大会	德国波恩	讨论2018年促进性对话、国家自主贡献等议题
2018	《联合国气候变化框架公约》第二十四次缔约方会议	波兰卡托维兹	通过《巴黎协定》实施细则
2019	联合国气候行动峰会	纽约联合国总部	展现各国政治决心，推动《巴黎协定》实体经济领域行动
2019	《联合国气候变化框架公约》第二十五次缔约方会议	西班牙马德里	就《巴黎协定》实施细则进行谈判
2020	国际社会开启全球气候行动	—	美国、中国等国家宣布碳排放达峰或碳中和目标
2021	中美气候会谈	中国上海	发表联合声明，强调气候变化领域合作
2021	第三十次"基础四国"气候变化部长级会议	—	肯定四国气候行动和成效，致力于实施其国家自主贡献（NDCs）
2021	中法德领导人视频峰会	—	同意共同构建全球气候治理体系
2021	领导人气候峰会	—	强调加强应对气候变化决心，争取实现将全球气候变暖幅度控制在1.5℃之内的目标

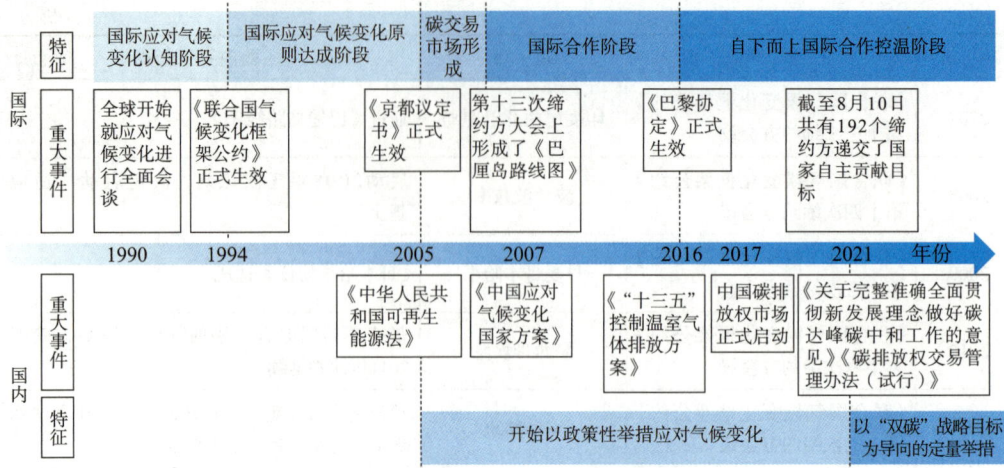

图 2-2　世界与中国应对气候问题政策沿革

　　《联合国气候变化框架公约》（UNFCCC）　是1992年在巴西里约热内卢联合国环境与发展大会上签署的，并于1994年生效。该公约确立了应对气候变化的最终目标和国际合作的基本原则，包括"共同但有区别的责任"原则、公平原则、各自能力原则和可持续发展原则。公约明确了发达国家应承担的减排义务和向发展中国家提供资金技术支持的责任，同时承认发展中国家在经济发展和消除贫困方面的优先需求。

　　《京都议定书》　是1997年在日本京都召开的UNFCCC缔约方第三次会议上通过的，并于2005年生效。议定书规定了发达国家在2008—2012年相对于1990年的温室气体减排目标，并引入了国际排放贸易机制（ET）、联合履行机制（JI）和清洁发展机制（CDM），为全球减排提供了灵活的合作框架。另外，《京都议定书》首次提出把市场机制作为解决温室气体减排问题的新路径，即将CO_2排放权作为一种商品，从而形成CO_2排放权的交易，简称碳交易。

　　《巴厘岛路线图》　是在2007年印度尼西亚巴厘岛举行的UNFCCC缔约方第十三次会议上通过的，旨在加强全球气候变化的应对措施。路线图强调了国际合作的重要性，并为谈判达成减缓全球变暖的新协议提供了框架，包括将美国纳入新协议的框架内，并设定了到2020年和2050年的温室气体减排目标。

　　《巴黎协定》　是2015年在巴黎气候变化大会上通过的，并于2016年生效。协定坚持公平原则、共同但有区别的责任原则、各自能力原则，并设定了将全球平均气温升幅控制在2℃以内且努力限制在1.5℃以内的目标。协定采用了自下而上的合作模式，要求所有缔约方以"自主贡献"的方式参与全球气候行动，并建立了强化的透明度框架和全球盘点机制，以促进各国提高减排力度和加强国际合作。《巴黎协定》的达成标志着全球气候治理进入了新时代，为解决气候危机奠定了基础（杨建初 等，2021）。

　　自1997年《京都议定书》提出碳交易的概念以来，碳排放权交易和碳税这两种碳定价形式逐渐对碳中和产生重要作用。2002年，荷兰和世界银行率先开展碳排放权交易。2005年1月，欧盟碳排放交易系统开始运行，包括所有成员国以及挪威、冰岛和列支敦士登，覆盖了该区域约45%的温室气体排放，涉及超过1.1万家高耗能企业及航空运营商。按照总量交易原则，欧盟统一制定配额，各国为本国设置排放上限，确定纳入排放交易体系中的产业和企业，向其分配一定数量的排放许可权。如果企业的实际排放量小于配额，可以将剩余配额出售；反之，则需要在交易市场上购买配额（方莹馨 等，2021）。2019年，欧盟碳排放交易系统覆盖的排放量较上一年下降9.1%，是10年来最大降幅；同年，欧盟拍卖的配额量同比减少36%，收入增加4.47亿欧元，成为支持应对气候变化投融资的重要来源。欧盟排放交易计划是世界第一个，也是迄今为止规模最大的用于减少温室气体排放的"安装级'总量控制与交易'"系统。世界银行的统计分析表明，截至2020年，全球共有61项已实施或者正在规划中的碳定价机制，包括31个碳排放交易体系和30个碳税计划；覆盖46个国家和32个次国家级司法管辖区，涉及120×10^8 t CO_2，约占全球温室气体排放量的22%（杨建初 等，2021）。

2.1.3　中国政策沿革

中国在应对气候变化方面持续展现坚定决心和积极行动。自2005年以来，通过立法、政策制定及市场机制创新，中国不断推动可再生能源发展，设定了明确的碳减排目标。特别是近年来，随着碳达峰碳中和相关政策的深入实施，全国碳排放交易市场的建立及碳排放权交易管理的规范化，中国在全球气候治理中发挥着日益重要的作用。

2005年，《中华人民共和国可再生能源法》颁布，设定了可再生能源使用比例的目标，并提供财政补贴和税收优惠，通过法律和政策支持，推动风能、太阳能等可再生能源的发展，这是我国应对气候变化走出的政策性举措的第一步。随后，政府在温室气体的排放和吸收、碳交易等减缓气候变化关键内容上提出了若干举措（表2-2）。

2021年对于中国在应对气候变化方面的政策发展具有里程碑意义。10月24日中共中央、国务院印发了《关于完整准确全面贯彻新发展理念做好碳达峰碳中和工作的意见》，国务院印发《2030年前碳达峰行动方案》，详细规划了实现2030年前碳达峰目标的具体措施。"实现碳达峰碳中和，是以习近平同志为核心的党中央统筹国内国际两个大局作出的重大战略决策，是着力解决资源环境约束突出问题、实现中华民族永续发展的必然选择，是构建人类命运共同体的庄严承诺。"（《光明日报》2024年8月15日6版）

同年，正式启动了全国碳排放交易市场。此外，2021年我国政府还推动建立绿色低碳循环发展经济体系，并发布了促进气候投融资的指导意见，旨在引导资金支持低碳和气候适应项目。

截至2021年6月，碳市场累计配额成交量为4.8×10^8 t CO_2当量，成交额约为114亿元。全国碳排放权交易市场已经建立，交易于7月16日启动，碳配额开盘价为48元/t，首笔成交价为52.78元·t^{-1}，第一个履约周期为2021年1月1日至12月31日，纳入发电行业重点排放单位2162家，覆盖约45×10^8 t CO_2排放量，中国碳市场成为全球规模最大的碳市场（杨建初 等，2021）。

表 2-2　中国应对温室气体的相关政策沿革

年　份	政策/事件名称	内容简述
2005	《中华人民共和国可再生能源法》	旨在促进可再生能源的开发与利用,支持低碳经济发展
2007	《中国应对气候变化国家方案》	是发展中国家颁布的第一部应对气候变化国家方案
2011	《"十二五"节能减排综合性工作方案》	明确"十二五"期间节能减排目标
2011	碳排放权交易试点工作启动	国家发展和改革委员会批准7个省市开展碳排放权交易试点
2013	《"十二五"控制温室气体排放工作方案》	明确了"十二五"期间我国控制温室气体排放的目标和措施等内容
2013	《国家适应气候变化战略》	提出适应气候变化的长期战略,包括生态系统保护和减灾能力建设
2014	《碳排放权交易管理暂行办法》	提供碳排放权交易的管理框架和规范
2014—2016	建立碳交易注册登记系统等	完成配套行政法规、技术标准制定,审查企业历史温室气体排放数据
2016	《"十三五"控制温室气体排放工作方案》	确立到2020年碳排放强度下降目标,并提出具体实施措施
2016	出台《关于切实做好全国碳排放权交易市场启动重点工作的通知》	强调全国碳排放权交易市场启动的重要性和具体工作要求
2017	《全国碳排放权交易市场建设方案(发电行业)》	标志着全国碳排放权市场的正式启动
2020	第75届联合国大会	习近平主席在第75届联合国大会一般性辩论上宣布中国CO_2排放力争于2030年前达到峰值,努力争取2060年前实现碳中和
2020	《全国碳排放权交易管理办法(试行)》(征求意见稿)	表明全国碳排放权交易市场建设进一步加速
2021	《碳排放权交易管理办法(试行)》	生态环境部公布管理办法,并印发配额分配方案和重点排放单位名单
2021	全国碳市场发电行业第一个履约周期启动	2000余家发电企业将分到碳排放配额,全国碳市场逐步扩大参与行业范围
2021	《关于完整准确全面贯彻新发展理念做好碳达峰碳中和工作的意见》	提出碳达峰和碳中和的顶层设计,明确时间表、路线图和重点任务
2021	《2030年前碳达峰行动方案》	详细规划实现2030年前碳达峰的具体行动,涵盖多个经济领域
2021	《关于加快建立健全绿色低碳循环发展经济体系的指导意见》	推动建立绿色低碳循环发展经济体系,促进经济社会全面绿色转型
2022	《减污降碳协同增效实施方案》	作为碳达峰碳中和"1+N"政策体系的重要组成部分,推动减污降碳协同增效
2023	《碳达峰碳中和标准体系建设指南》	根据《建立健全碳达峰碳中和标准计量体系实施方案》的相关要求,加快构建结构合理、层次分明、适应经济社会高质量发展的碳达峰碳中和标准体系
2024	《碳排放权交易管理暂行条例》	为我国碳排放权交易市场提供了法律依据和规范性框架,通过市场机制促进碳排放权的合理分配和使用

2.2　相关行业与领域

目前国际社会认可与碳中和息息相关的行业包括能源行业、交通运输行业、建筑与城乡规划行业及农林行业。根据世界资源研究所和《气候观察》联合发布的全球温室气体按行业分布情况显示，2018年全球温室气体排放总量达到494×10^8 t，其中73.2%的温室气体排放来自能源消耗，18.4%来自农业、林业和土地利用，5.2%来自工业过程，3.2%来自废物处理（图2-3）。

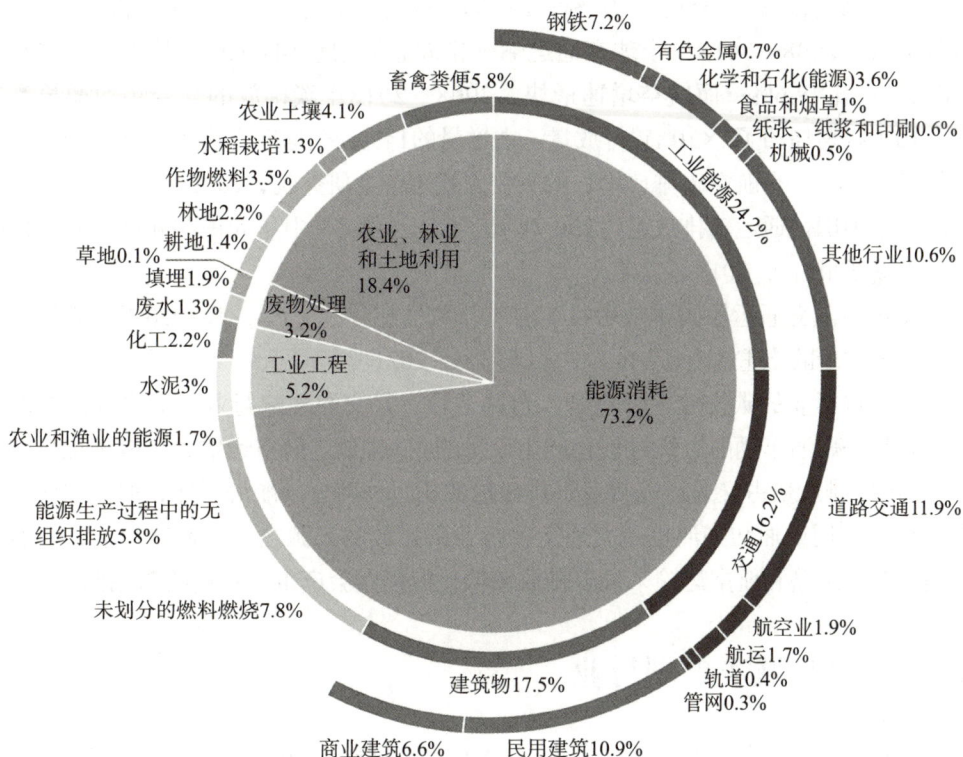

图 2-3　2018 年世界各产业碳排量比例（世界资源研究所，2020）

2.2.1　能源行业

我国近90%的碳排放由能源领域产生。当前我国仍保持以煤炭为主，石油、天然气和非化石能源为辅的能源供应体系，应对气候变化、减少碳排放已成为国际社会的共同课题（中金研究院，2021）。2014年中国能源活动的温室气体排放量为95.59×10^8 t CO_2当量，占总排放量（包括土地利用变化和林业）的85.3%。其中，燃料燃烧排放90.94×10^8 t CO_2当量，逃逸排放4.65×10^8 t CO_2当量。

能源行业与碳中和的关系至关重要，因为能源行业是全球温室气体排放的主要来源之一，尤其是CO_2排放。能源行业的碳排放主要包括两个方面，一是能源活动中的化石燃料燃烧，涉及煤炭、石油和天然气的使用，这是CO_2的主要排放源；二是油气系统中的甲烷逃逸排放。

2.2.2 交通运输行业

根据国际能源署的数据，2018年交通运输碳排放量为$82.6×10^8$t，由于交通运输碳排放量增速快于总体（1990—2018年交通运输碳排放量的复合年均增长率为2.1%，总体为1.8%），交通运输碳排放量占整体比重较1990年提升了2.2%（中金研究院，2021）。

从存量上看，2018年全球交通运输碳排放量中，公路碳排放量为$61×10^8$t，占比74.5%；航空和航运占比分别为11.7%和10.5%；铁路由于电气化程度高，占比仅1.1%。从增量上看，2008—2018年全球交通运输碳排放总体增量$14×10^8$t，其中公路增量为$11×10^8$t，占比78.6%；而航空增速最快，2008—2018年碳排放的复合年均增长率达3.4%，10年内增加约了$2×10^8$t碳排放量，占增量的14%；全球航空客运周转量的复合年均增长率达5.9%，是航空碳排放增长的主要因素（中金研究院，2021）。

2014年中国交通运输排放量为$730.7×10^4$t CO_2当量（《中华人民共和国气候变化第二次两年更新报告》，2018）。

2018年中国交通运输碳排放占社会总碳排放的比重达9.7%，较1990年交通运输占中国总碳排放量的比重提升了5%（中金研究院，2021）。

交通运输行业的碳排放主要包含：道路运输，是交通运输行业中的主要碳排放源之一，尤其是燃油车辆的燃烧过程会产生大量的CO_2排放。航空运输，飞机燃烧航空燃油产生的CO_2排放量占交通运输行业碳排放量的相当一部分。航海运输，船舶在航行过程中燃烧的船用重油和柴油也是交通运输行业碳排放的来源之一。铁路运输，虽然铁路运输相对于道路和航空运输来说碳排放较低，但仍然会产生一定量的CO_2排放。

2.2.3 建筑与城乡规划行业

2017年我国建筑业能源消耗总量为$6.95×10^8$t标准煤，其中建造消耗$8554.51×10^4$t标准煤，供暖消耗$29247.58×10^4$t标准煤，电力、煤气及水生产供应消耗$31668.27×10^4$t标准煤。以供暖为例，根据清华大学建筑节能研究中心的测算，2018年北方城镇供暖能耗为$2.12×10^8$t标准煤，产生碳排放量约$5.5×10^8$t，大约是建筑运行碳排放的1/4。我们按照当前城镇供水总量（以供水企业生产量为口径）测算，2019年城镇供水的耗电总量为191.2亿度（中金研究院，2021）。我国建筑能耗约占整个社会能耗的1/3，降低建筑能耗将显著改善社会整体能耗状况，同时对节能减排以及环境保护具有非常明显的效果。建筑领域碳减排已成为我国实现碳达峰、碳中和目标的关键一环。碳减排意味着行业内生产方式、技术水平、材料选择、商业模式等均将面临革新，绿色建筑及绿色金融等为建筑行业带来了新的发展机遇（杨建初 等，2021）。

建筑能源消耗包括建筑物的取暖、制冷、照明和电器使用等活动，如果主要依赖化石燃料，将产生大量的CO_2排放。建筑材料的生产和运输过程中也会消耗能源并产生碳排放，包括水泥、钢材、玻璃等材料的生产。建筑施工过程中使用的机械设备和运输工具燃烧化石燃料，同样会产生碳排放（《中华人民共和国气候变化第二次两年更新报告》，2018）。

2.2.4　农林行业

2014年，中国农业活动温室气体排放8.30×10^8t CO_2当量。2014年中国土地利用、土地利用变化和林业吸收CO_2量为11.51×10^8t，排放甲烷172.0×10^4t，净吸收11.15×10^8t CO_2当量。林地、农地、草地、湿地分别吸收8.40×10^8t CO_2、0.49×10^8t CO_2、1.09×10^8t CO_2、0.45×10^8t CO_2，建筑用地排放253.0×10^4t CO_2，林产品吸收1.11×10^8t CO_2，湿地排放甲烷172.0×10^4t（《中华人民共和国气候变化第二次两年更新报告》，2018）。

农业活动主要以碳排为主，具体内容包括：动物肠道发酵和粪便管理的甲烷和氧化亚氮排放，农业土壤的氧化亚氮排放，草原烧荒的CO_2、甲烷和氧化亚氮排放。林业活动则以碳汇为主，具体内容包括：林地、农田和草地转化所引起的生物量碳储量变化，通常表现为碳吸收，森林和其他木质生物质储量变化的碳吸收。

2.3　核心策略

控碳、减排、增汇和中和是实现碳中和目标的4个核心策略，它们共同构成了一个综合性的气候行动框架。控碳是基础，它涉及限制和管理工作中的碳排放，通过提升能效和优化生产流程来防止过多的温室气体进入大气。紧接着，减排策略旨在实际降低现有的温室气体排放量，这通常需要转型能源结构、推广清洁能源和实施碳捕捉技术。增汇则关注于增强自然和人工碳汇的能力，如植树造林和湿地恢复，以吸收更多的CO_2。这些措施相互支持，为实现碳中和打下坚实基础。最终，碳中和是这一系列努力的目标，即在一定时间范围内，通过减少排放和增加碳汇，达到净零排放，以稳定全球气候。这要求我们在经济、社会和技术层面上进行深刻的变革，以确保在不牺牲发展的同时，实现与自然和谐共生的目标。

2.3.1　控碳

控碳，作为实现碳中和目标的关键策略，涉及一系列管理和限制碳排放的措施。它不仅关注直接减少温室气体排放，还包括提高能源利用效率、优化能源结构和改进生产工艺等综合性工作。控碳的核心目标是减缓全球气候变化的速度，通过在能源、工业、交通、建筑和农业等多个领域的有效措施，最终实现净零碳排放。

在材料科学方面，研究人员正深入探索新型碳材料，如石墨烯的结构与功能，以及它们在能源存储、电子器件和环境应用中的潜力。这些材料的独特性质，如高导电性和高强度，为减少能源消耗和提高效率提供了新的可能性，从而有助于降低碳排放。

在环境管理方面，控碳的实践已经取得了显著进展。通过监测分析土壤和水体中的溶解有机碳，科学家们能够更好地理解碳循环过程，并评估人为活动对碳汇和碳排放的影响。这些研究成果促进了更有效的土地利用规划和环境保护政策，以实现碳排放的减少和生态系统的可持续管理。

在城市规划和可持续发展领域，控碳已经成为核心议题。城市规划者和政策制定者正在将环境知识整合到城市发展策略中，推动低碳交通、能源效率提升和绿色建筑的实施（Grimm et al.，2008）。这种新城市政治的兴起，不仅促进了温室气体排放的减少，也提高了城市的生活质量和经济竞争力。

2.3.2　减排

减排，作为全球应对气候变化的关键行动，指的是通过各种措施减少温室气体的排放量。这一过程对于实现碳中和目标至关重要，因为它直接关系到我们能否将全球平均气温升高控制在一个安全的阈值内。减排的目标是减少人类活动对气候系统的影响，保护生态系统的稳定性和可持续性。

在经济发展方式转变方面，减排已经成为推动绿色经济增长的重要动力。环境质量要求对节能减排政策的实现具有显著影响（蔡昉 等，2008），而温室气体的减排不仅是环境保护的需要，也是推动经济结构优化和产业升级的关键。通过城市化阶段的碳排放问题的研究（Dong et al.，2023），探讨影响因素和减排策略，为中国城市化进程中的碳排放管理提供了理论支持。

在工业发展领域，中国正积极寻求节能减排与工业发展的双赢路径（陈诗一，2010），在实施减排技术示范方面也取得了进展，通过各种分析模型评价不同减排技术的适应性与经济性，为工业减排提供了切实可行的方案。

2.3.3　增汇

增汇在碳循环中扮演着关键角色，有助于缓解大气中温室气体的积累，从而减缓全球气候变化的速度。其目标是通过增强自然碳汇的能力和创建新的碳汇，来抵消部分人为碳排放，实现碳排放与吸收的平衡。

在农业技术领域，探索能够提高农田土壤碳储存和减少温室气体排放的综合农业技术（Cui，2024）。研究表明，生物黑炭等改良剂的应用不仅能够提高土壤的碳稳定性，还能对农田土壤产生改良效应，从而在增加农业产出的同时，提升碳汇能力。中国农田生态系统碳增汇减排技术的研究进展表明，通过合理管理农田生态系统，可以有效调控碳循环，增强农田作为碳汇的功能（Gao et al.，2023）。

在生态系统方面，近海生态系统碳汇过程的研究揭示了海洋生态系统在碳循环中的重要作用，以及通过特定调控机制和增汇模式增强其对缓解气候变化的贡献。中国陆地生态系统碳收支与增汇对策的研究明确了不同生态系统的碳源汇时空格局，评估了在不同技术措施下的碳增汇潜力，为制定有效的增汇策略提供了科学依据。滨海盐沼湿地作为重要的蓝色碳汇，其功能和形成机制的研究有助于理解全球气候变化背景下碳汇的潜在变化趋势，为保护和恢复这些生态系统提供理论支持。

在城市建设方面，营建良好的城市生态系统不仅有助于提升居民生活品质，更有助于减缓全球气候变化。例如，通过种植新树木以扩展森林面积和进行森林恢复，能够提升自然界的碳吸收能力，同时，合理的森林管理确保了碳储存的可持续性。城市绿化活动，如在城市地区种植树木和创建绿地，不仅促进了二氧化碳的吸收（Gao et al.，2023），还改善了城市环境。湿地的恢复与保护工作也至关重要，因为湿地作为重要的碳库，能够捕捉和储存大量的碳。

2.3.4　中和

碳中和是一项全球性的挑战，其核心目标是通过减少温室气体排放和增强碳汇来平衡地球的碳循环，以应对气候变化带来的威胁。这一目标的实现基于科学共识，即人为温室气体排放是导致全球气候变暖的主要原因。为了控制全球平均气温的升高幅度，国际社会通过《巴黎协定》等多边协议，设定了具体的气候行动目标，包括将全球温度升高控制在2℃以内，并努力追求1.5℃的更低目标。

在全球层面上，已有130多个国家作出了碳中和承诺（清华大学，2023），并采取相应的政策和行动以实现这一目标。这些承诺和行动的实施，将转化为具体的碳减排成效，对全球气候治理产生积极影响。

思考题

1. 解释碳中和的概念，并讨论为什么实现碳中和对全球气候变化应对策略至关重要。

2. 通过梳理全球气候治理进程的重要会议及成果，分析世界各国在应对气候变化方面采取了哪些关键措施，并讨论这些措施对实现碳中和目标的潜在影响。

3. 本章中提到了能源、交通、建筑和农林等行业在实现碳中和中的作用，选择其中一个行业，讨论该行业当前面临的碳排放挑战，并提出可能的减排策略。

4. 展望未来碳中和可能的技术发展趋势，以及这些趋势如何帮助社会实现长期的气候目标。

拓展阅读

《碳中和经济学》. 中金研究院. 中信出版社，2021.

《碳中和导论》. 崔世钢等. 清华大学出版社，2023.

《碳达峰、碳中和知识解读》. 杨建初，刘亚迪，刘玉莉. 中信出版社，2021.

《中国碳中和通用指引》. BCG中国气候与可持续发展中心. 中信出版社，2021.

第3章
城市绿色空间规划设计

本章提要

深入研究城市绿色空间规划设计，介绍城市绿色空间、蓝绿空间等概念，阐述规划和设计的战略性、系统性、指导性和操作性。概述相关规划理论，如绿色基础设施、低影响开发等，并回顾国内外城市规划历程。

为应对气候问题，规划设计行业经过了长时间的理论与实践研究，通过城市蓝绿空间、城市开放空间、城市绿地等不同层面；国土空间、城市绿地系统等不同尺度的探索，提出了如景观都市主义、绿色基础设施、低影响开发到基于自然的解决方案、生态环境导向的开发模式等理论与实践途径。

总的来说，城市绿色空间规划设计随着人们对城市及生态环境问题的日益重视，其关注点逐渐从绿化、美化城市转变为城市的可持续发展。从项目层面转变为多学科、多层次的综合性规划研究。

3.1 概述

3.1.1 城市绿色空间相关概念

（1）城市蓝绿空间

城市蓝绿空间（urban blue-green space，UBGS）是城市绿色空间和水体的统称。该概念在城市绿色空间的基础上，增加了城市中的自然水体和人工水体，如河流、湖泊、湿地、水库、人工水景等。

蓝绿空间担负着城市生态循环过程中碳汇、氧源功能，在调节和改善局地气候环境方面发挥着重要作用。保护、恢复、建设城市蓝绿空间系统，提升城市内部通透性和微循环能力，已成为城市空间规划设计应对局地气候环境问题的重要途径。2016年，国家发展改革委、住建部会同有关部门共同制定《城市适应气候变化行动方案》，指出应加强构建气候友好型城市生态系统，通过绿楔、绿道、绿廊等形式加强城市绿地、河湖水系、山体丘陵、农田林网等各自然生态要素的衔接连通，构成"绿色斑块—绿色廊道—生态基质"的系统格局。2019年，自然资源部发布《关于全面开展国土空间规划工作的通知》提出，市级国土空间规划的审查要点中包含"城镇开发边界内，城市结构性绿地、水体等开敞空间的控制范围和均衡分布要求，以及通风廊道的格局和控制要求"。

（2）城市绿地

城市绿地是我国城乡规划建设领域一个专有名词，指在城市行政区域内以自然植被和人工植被为主要存在形态的用地。它包含两个层面的内容：一是城市建设用地范围内用于绿化的土地；二是城市建设用地之外，对生态、景观和居民休闲生活具有积极作用、绿化环境较好的区域。2018年住建部发布实施的行业标准《城市绿地分类标准》（CJJ/T 85—2017）将城市绿地分为城市建设用地内的绿地与广场用地和城市建设用地外的区域绿地两部分。城市建设用地内的绿地与广场用地包括公园绿地（G1）、防护绿地（G2）、广场用地（G3）、附属绿地（XG）4大类、11中类和6小类，城市建设用地外的区域绿地包括4中类和5小类（表3-1、表3-2）。

与城市绿色空间和蓝绿空间等学术名词不同，城市绿地是一个在城乡规划建设领域具有严格定义和法律效力的行业术语，因此具有更加明确的边界范围，同时也更强调其作为一种法定用地类型的管理属性。城市绿地是城市绿色空间最为核心的组成部分，对于构建健康良好的城市绿色空间体系起到重要的支撑作用。

表 3-1　城市建设用地内的绿地与广场用地分类和代码

类别代码			类别名称
大类	中类	小类	
G1			公园绿地
	G11		综合公园
	G12		社区公园
	G13		专类公园
		G131	动物园
		G132	植物园
		G133	历史名园
		G134	遗址公园
		G135	游乐公园
		G139	其他专类公园
	G14		游园
G2			防护绿地

（续）

类别代码			类别名称
大类	中类	小类	
G3			广场用地
XG			附属绿地
	RG		居住用地附属绿地
	AG		公共管理与公共服务设施用地附属绿地
	BG		商业服务业设施用地附属绿地
	MG		工业用地附属绿地
	WG		物流仓储用地附属绿地
	SG		道路与交通设施用地附属绿地
	UG		公用设施用地附属绿地

表 3-2　城市建设用地外的区域绿地分类和代码

类别代码			类别名称
大类	中类	小类	
EG			区域绿地
	EG1		风景游憩绿地
		EG11	风景名胜区
		EG12	森林公园
		EG13	湿地公园
		EG14	郊野公园
		EG19	其他风景游憩绿地
	EG2		生态保育绿地
	EG3		区域设施防护绿地
	EG4		生产绿地

（3）城市开放空间

城市开放空间（urban open space）属于建筑学领域的概念，是一个相对通用的概念，指城市中没有建筑物覆盖的开敞的公共空间，包括绿地、江湖水体、待建与非待建的敞地、农林地、滩地、山地、城市的广场和道路等空间。这些空间不仅是城市居民进行多样生活和活动的场所，也承担着调控城市生态系统、防灾避险、通风导流以及遏制城市无限扩张等多重功能，是城市生态与城市生活的多重载体。

3.1.2 规划设计相关概念

（1）国土空间规划

2019年，中共中央、国务院《关于建立国土空间规划体系并监督实施的若干意见》正式印发，标志着国土空间规划体系构建工作正式全面展开。

建立国土空间规划体系并监督实施，将主体功能区规划、土地利用规划、城乡规划等空间规划融合为统一的国土空间规划，实现"多规合一"，强化国土空间规划对各专项规划的指导约束作用，是党中央、国务院作出的重大决策部署。

从规划运行方面来看，规划体系分为4个子体系：按照规划流程可以分成规划编制审批体系、规划实施监督体系；从支撑规划运行角度有2个技术性体系，即法规政策体系和技术标准体系。从规划层级和内容类型来看，国土空间规划分为"五级三类"。"五级"是从纵向看，对应我国的行政管理体系，即国家级、省级、市级、县级、乡镇级。其中国家级规划侧重战略性，省级规划侧重协调性，市县级和乡镇级规划侧重实施性。"三类"指规划类型，分为总体规划、详细规划、相关专项规划。总体规划强调综合性，详细规划强调实施性，相关专项规划强调专业性。

国土空间规划体系是按照国家的总体改革要求进行的，新的空间规划体系更加注重落实新发展理念，促进高质量发展，更加注重坚持以人民为中心，更加致力于提高空间治理体系和治理能力现代化。具体来看，有利于实现"多规合一"；体现国家意志的约束性，国土空间规划自上而下编制，把党中央、国务院的重大决策部署，通过约束性指标和管控边界逐级落实到最终的详细规划等实施性规划上；强化规划权威；用先进技术支撑，利用最新的自然资源调查数据，应用全国统一的测绘基准和测绘系统，构建全国统一的空间基础信息平台；落实"放管服"改革。

（2）城市绿地系统规划

城市绿地系统规划是对各种城市绿地进行统一规划，系统考量，做出合理安排，形成一定的布局形式，以实现绿地所具有的生态保护、生活居住、生产需要，具有休闲和社会文化等功能的活动。根据《城市绿地系统规划编制纲要（试行）》《城市绿地系统规划》的主要任务，是在深入调查研究的基础上，根据《城市总体规划》中的城市性质、发展目标、用地布局等规定，科学制定各类城市绿地的发展指标，合理安排城市各类园林绿地建设和市域大环境绿化的空间布局，达到保护和改善城市生态环境、优化城市人居环境、促进城市可持续发展的目的。

市域绿地系统规划应当阐明市域绿地系统规划结构与布局和分类发展规划，构筑以中心城区为核心，覆盖整个市域，城乡一体化的绿地系统。

（3）其他规划设计

除此之外，还有其他重要的规划设计概念。如公园体系规划、城市绿道体系规划、公园城市规划、花园城市规划等。

公园体系规划 是围绕城市公园展开的整体性规划。它不仅关注单个公园的建设，更强调公园与公园之间、公园与城市空间之间的衔接与互动，形成一个有机整体，为市民提供优质的休闲环境。

城市绿道体系规划 侧重于构建连通的绿色网络。绿道不仅为市民提供骑行、散步的空间，还是城市生态的重要组成部分，有助于缓解城市热岛效应，提升城市的生态品质。

公园城市规划和花园城市规划 是将城市与自然环境深度融合的尝试。强调在城市建设中大量引入绿色元素，使市民仿佛置身于一个大型公园或花园之中，为市民创造一个宜居、宜游的生活空间。

3.2 相关理论与实践概述

工业革命后，随着城市化进程的加快，人与自然的矛盾日益凸显。城市膨胀带来的环境污染、生态破坏等问题日益严重，并影响到人们的身心健康。19世纪末，埃比尼泽·霍华德（Ebenezer Howard）提出了"田园城市"的概念和图解方案，以解决英国城市畸形发展和乡村衰落问题，被后世研究者认为是城市绿色空间生态规划发展的理论源头。20世纪50~60年代，人们开始广泛关注人类社会的长远发展与环境资源管理、环境污染治理的相关问题。一系列的官方文件，如《人类环境宣言》和《我们共同的未来》以及 "人居环境（human settlement）"（Ekistics: *an introduction to the science of human settlements*，1968），"可持续发展（sustainable development）"（*Our Common Future*，1987）等概念的提出，昭示着现代环境运动的全面展开。1969年，伊恩·伦诺克斯·麦克哈格（Ian Lennox McHarg）的《设计结合自然》（*Design With Nature*）出版，同年《美国国家环境政策法》（NEPA）制定并实行。土地适应性评价有了学术层面和法律层面的界定，开创了城市绿色空间规划的新纪元。其后，随着全球人口增长、自然系统和资源压力增大、全球气候变化等新的环境问题的产生和发展，城市时刻面临着新的挑战。城市绿色空间规划的理论思潮与实践范例不断更新与丰富，逐渐从单纯的美化城市环境转变为以生态保护和可持续发展为导向的综合性规划方法，从而应对城市的变化需求。

3.2.1 景观都市主义

景观都市主义（landscape urbanism）最初由哈佛大学查尔斯·瓦尔德海姆（Charles Waldheim）于1997年提出。都市主义（urbanism）是基于城市化过程和结果的经验、研究和干预（Louis，1938）。景观都市主义是以景观视角思考城市发展，能够更好地理解和表述当今城市的发展与演变过程，更好地协调城市发展过程中的不确定因素。同时，以景观作为城市研究的模型和媒介，成为重新组织城市形态和空间结构的重要手段。

景观都市主义的起源可追溯至20世纪70年代末。随着工业转型，美国城市空心化问题日益严重。与此同时，整个社会也在对工业文明带来的严重环境问题进行深刻的反省，人们希望能合理利用自然资源，实现可持续发展，重塑自然生态和人类社会的关系。在这种文化背景之下，风景园林逐渐替代建筑，成为城市发展过程中刺激发展的最基本要素，成为重新组织城市发展空间的最重要手段。

景观都市主义理论经过多年的发展与实践，证实对城市工业废弃地的改造更新、不断萎缩的城市中心区的复兴以及快速发展背景下的新城开发等问题都有很好的指导作用。代表性作品如巴黎市中心（Les Halles）集市改造工程、荷兰阿姆斯特丹国际机场的景观规划（Amsterdam Airport Landscape Planning）、加拿大多伦多的当斯维尔公园（Downsview Park）设计竞赛、纽约高线项目（High Line）等。这些案例都很好地诠释了景观都市主义的内涵并进一步促进了该理论的发展。

3.2.2 绿色基础设施

绿色基础设施（green infrastructure，GI）是相对于公路、下水道等"灰色基础设施"和学校、医院等"社会基础设施"而提出的有关城市自然生态和绿色空间的术语，旨在通过绿色基础设施框架的构建来突破传统生态保护的局限性，最终实现生态、社会、经济的协调和可持续发展。

绿色基础设施的提出始于19世纪末到20世纪初的美国自然资源与保护运动。奥姆斯特德（Olmsted）在"波士顿翡翠项链"规划中将绿色空间与城镇相融合，被认为是绿色基础设施思想起源的重要案例之一。1999年8月，美国保护基金会（Conservation Fund）和农业部森林管理局（USDA Forest Service）首次提出了绿色基础设施的概念，认为其是一种自然生命支撑系统，即一个由水道、绿道、湿地、公园、森林、农场和其他自然保护区域等组成的相互连接的网络，这一网络中各类要素共同维护自然生态过程，为社区和人群提升健康状态和生活质量。

自1999年绿色基础设施的概念正式提出以来，各国研究者对其内容和规划框架不断更新和丰富，逐渐形成了体现不同国家和区域城市发展特点的研究成果。具有代表性的有2006年英国西北绿色基础设施小组（The North West Green Infrastructure Think-Tank）提出的绿色基础设施的特征和规划设计程序，以及《加拿大城市绿色基础设施导则》（*A Guide to Green Infrastructure for Canadian Municipalities*）（Sebastian Moffatt，2001）中提出的绿色基础设施的生态学内涵和实施关键。2006年，美国环境和城市规划师马克·本尼迪克（M. Benedict）和爱德华·麦克马洪（E. McMahon）在著作《绿色基础设施：连接景观与设施》（*Green Infrastructure：Linking landscape and Communities*）中对绿色基础设施的描述是目前国内普遍使用的概念："具有内部连接性的自然区域及开放空间的网络，以及可能附带的工程设施，这一网络具有自然生态体系功能和价值，为人类和野生动物提供自然场所，如作为栖息地、净水源、迁徙通道，它们总体构成保证环境、社会与经济可持续发展的生态框架。"

总的来说，绿色基础设施是跨尺度、多层次、相互连接的网络空间体，是城市发展和生态稳定的有机结合体。绿色基础设施在完成传统基础设施的功能外，还要提供恢复城市生态、提高空气质量和维持生物多样性等生态服务。绿色基础设施能够突破传统生态保护的局限性，最终实现生态、社会、经济的协调和可持续发展。

3.2.3　低影响开发

低影响开发（low impact development，LID）的概念于20世纪90年代末在美国首次提出。它是指采用多种分散的源头控制措施，维持城市开发前后的水文特征一致的雨洪管理技术方法。

为了推广低影响开发，美国乔治王子郡发布了低影响开发规划设计手册（Coffman，1997），将其作为全国性的参考。随后，低影响开发理论与方法在世界范围内持续发展。相似的概念有新西兰的低影响城市设计与开发（low impact urban design and development，LIUDD）、澳大利亚的水敏城市设计（water sensitive urban design，WSUD）和欧洲的可持续城市排水系统（sustainable urban drainage systems，SUDS）。

低影响开发以场地自然水文条件、雨水自然循环过程为依据，通过分散规划设计一系列小规模雨水管理景观设施（stormwater landscape facilities，SLFs），构建雨水管理网络，实现对暴雨所产生的径流和污染的控制，减少开发行为对场地水文状况产生的影响。常见的雨水管理景观设施包括下沉式绿地、植草沟、渗透沟、雨水花园、透水铺装等渗透设施和湿地、池塘、绿色屋顶和集水罐等雨水滞留设施。

我国结合具体国情和规划需求，提出了海绵城市理论。在运用低影响开发措施建设城市生态环境的基础上进一步强调原有生态系统的保护、受损水体和其他自然环境恢复与修复的内容，提升城市适应环境变化和应对自然灾害等方面的"弹性"，下雨时吸水、蓄水、渗水、净水，需要时将储蓄的水"释放"并加以利用，使城市开发建设后的水文特征接近开发前，有效缓解城市内涝、削减城市径流污染负荷、节约水资源、保护和改善城市生态环境（《海绵城市建设技术指南——低影响开发雨水系统构建（试行）》，2014）。

3.2.4　环境影响评价与战略环境影响评价

环境影响评价最早在美国《国家环境政策法》（*National Environ-mental Policy Act*）中提出。该法案规定对可能显著影响环境质量的政府行为作出详细说明，识别、分析、评估人类活动可能对环境造成的影响。

战略环境影响评价（strategic environmental assessment，SEA）是面向政策、规划、计划方案的环境影响评价，是环境影响评价在战略层次的延伸和拓展。荷兰在1987年建立了法定的战略环境影响评价制度。随后，许多欧洲国家和国际组织也对其进行研究与探索性实践。与环境影响评价相比，战略环境影响评价倾向于考虑总体目标和政策，是对一个系统或一系列行为进行评价，评价区域性、全国性和全球范围的内容。而环境影响评价主要针对单一的行为或工程项目，评价地区性或区域性的内容。

目前，战略环境影响评价被认为是落实可持续发展理念的公认工具；是参与全球环境治理、落实国际公约，优化国土开发格局、保障生态安全的有力保障；是复杂动态环境系统的预测工具和多利益相关方的协商决策平台。其理论研究与实践在国际范围内广泛开展。

3.2.5　韧性城市

近年来，随着全球气候变化，城市应对未来不确定性的能力受到越来越多的关注。2002年，国际组织倡导地区可持续发展国际理事会（ICLEI）提出了"韧性城市"的概念，并将其定义为："对于危害能及时抵御、吸收、快速适应并作出有效反应的城市。"

2020年，党的十九届五中全会首次提出了韧性城市命题。并将韧性城市写入国家"十四五"规划和2035年远景目标纲要中。我国对韧性城市的普遍定义是："城市能够凭自身的能力抵御灾害，减轻灾害损失，并合理地调配资源以从灾害中快速恢复过来。长远来讲，城市能够从过往的灾害事故中学习，提升对灾害的适应能力。"（中国应急管理报，2020）韧性城市着重研究如何提升城市抵抗灾难的能力、灾后快速恢复的能力、资源合理调配能力以及对灾害的适应能力，如何设置城市关键功能设施的备用模块等问题。

国际上已经有大量的韧性城市规划实践探索。美国、日本、荷兰、英国等国家或机构已经形成了较完善的行动措施和国际经验，以应对火灾、地震、海啸、洪水、高温、干旱等挑战。主要策略包括：能源创新，关注城市水资源，打造循环经济，建造方式创新，打造自然型城市、数字型城市、网络化城市，公共基础设施技术提升等。

3.2.6　基于自然的解决方案

基于自然的解决方案（nature-based solutions，NbS）是进入21世纪后国际社会提出的新概念，在较短时间内得到了大部分国家的认可，具有迅速主流化的趋势。世界自然保护联盟（IUCN）于2016年首次将基于自然的解决方案定义为保护、可持续管理和恢复自然的和被改变的生态系统的行动，能有效和适应性地应对社会挑战，同时提供人类福祉和生物多样性效益。

2022年3月2日，第五届联合国环境大会通过了由欧盟提交的《关于支持可持续发展的基于自然的解决方案的决议》，其中将基于自然的解决方案定义为："采取行动保护、可持续管理和恢复天然或经过改造的生态系统，有效和适应性地应对社会挑战，同时对人类福祉、生态系统复原力和生物多样性产生惠益。"决议认可基于自然的解决方案具有成本效益，可为气候变化和生物多样性丧失等相互关联的全球危机提供解决方案，同时遵循社会和环境保障。决议着重指出"需要加强对基于自然的解决方案（包括陆地和海洋）的理解并加紧实施这些方案"。

为促进各方对基于自然的解决方案的理解和应用，国际组织开展了大量标准、指南和工具的开发工作。2020年正式发布的《IUCN基于自然的解决方案全球标准》和《IUCN基于自然的解决方案全球标准使用指南》，提出了基于自然的解决方案的准则及指标，倡导依靠自然的力量和基于生态系统的方法，应对气候变化、防灾减灾、社会和经济发展、粮食安全、水安全、生态系统退化和生物多样性丧失、人类健康等社会挑战。

3.2.7　生态环境导向的开发模式

生态环境导向的开发模式（eco-environment-oriented development，EOD）是以生态文明思想为引领，通过产业链延伸、组合开发、联合经营等方式，推动公益性较强的生态环境治理与收益较好的关联产业有效融合、增值反哺、统筹推进、市场化运作、一体化实施、可持续运营，以生态环境治理提升关联产业经营收益，以产业增值收益反哺生态环境治理投入，实现生态环境治理外部经济性内部化的创新性项目组织实施方式，是践行绿水青山就是金山银山理念的项目实践，有利于积极稳妥推进生态产品经营开发，推动生态产品价值有效实现（《生态环境导向的开发（EOD）项目实施导则（试行）》，2023）。

EOD项目的实施流程包括项目谋划、方案设计、实施主体确定、项目实施和评估监督5个阶段。核心理念可概括为：生态环境治理与产业开发之间密切关联、深度融合，两者相互促进、互为条件、彼此受益；通过关联产业增值收益平衡生态环境治理投入，在项目层面实现资金自平衡；生态环境治理与关联产业开发作为整体项目，由一个市场主体一体化实施，投资和收益主体一致；项目实施后生态环境质量明显改善并持续向好。例如，新疆哈密市政府利用哈密河田园休闲度假项目、哈密河流域沿岸现代生态农业项目3个关联产业的运营收益，持续反哺哈密河生态补水项目、哈密河南段生态保护修复两个生态环境治理项目。哈密河生态环境质量持续改善的同时，在EOD项目整体层面实现了资金动态自平衡。

3.3　国外发展历程

在国际视角下，城市绿色空间是一个逐渐发展的概念。城市中的绿色空间有着悠久的历史，早期人们将其视为宫苑、庭院、庄园等私人领域。直到19世纪英国伯肯海德公园（Birkenhead Park）建成，标志着绿色空间这一概念开始指称城市中公共的、开放的领域。城市绿色空间逐渐发展形成了现代的含义——一个居民和游客可以进入或未来可以进入的，被绿色覆盖或半覆盖的开放空间。

在19世纪以前，西方城市中的绿色空间以皇家宫苑、私人庭院及庄园和寺院庭院为主，并在很长时间内维持以古典主义为主的艺术形式。古代时期（公元前3000年）的宫苑、住宅庭院更多地与生活生产相结合，承担改善小气候环境、种植粮食作物及药材等功能。自古希腊开始，城市中出现具备公共属性、供市民集聚的林荫空间。古罗马城市规划了集会广场、市场和公共建筑附属花园。这些空间承担了现代城市公园的部分功能（朱建宁 等，2008）。中古时期（公元5~14世纪）主要以为宗教服务、生产生活为主要功能的寺院园林，和为封建统治者服务、以防御为主要功能的城堡庭院两种形态得以发展（祝建华 等，2011）。14世纪西欧国家受人文主义（Humanism）思潮影响，兴起文艺复兴运动（Renaissance，14~16世纪），城市规划思想发生转变，广场、非宗教性的公共建筑成为城市中的核心要素；另外出现了向自然环境开敞、延伸的台地式别墅花园，并形成巴洛克园林风格。本时期欧洲各国的一些皇家宫苑定期向公众开放（沈玉麟，1989）。绝对君主时期（16~17世纪），君权专制国家中的大型城市开展了大规模的改建扩建工程。古典主义建筑师与规划师受到古典主义园林中笔直规整的道路系统、人工向自然延伸等做法的启迪，尝试把整个城市作为完整的"园林"进行设计（张京祥，2005）。以法国巴黎为代表，城市中的宫苑、花园、林荫道等共同组成了大尺度绿色空间综合体。18世纪欧洲兴起的启蒙运动（Enlightenment）引起人们对自然更加浓厚的兴趣。英国的造园师们将自然美视为园林艺术的最高境界，颠覆了西方传统的古典主义美学思想，创造了英国自然风景式园林。自此西方绿色空间规划设计沿着规则式与不规则式两个方向发展。

19世纪下半叶，欧洲、北美掀起了城市公园运动，是城市绿色空间理论与实践发展的第一次高潮。表现为建设时序上城市绿色空间规划建设与城市规划建设相同步；结构上由单一走向系统；功能上由游憩观赏、改善城市卫生，走向改善城市生态、美化城市环境等更加多元的类型。

第二次世界大战后，欧亚各国在城市重建需求与经济快速复苏发展的双重驱动下，迎来了第二次城市绿色空间建设的高潮。这一时期城市绿色空间的规划设计一方面结合20世纪涌现的各种艺术思潮，积极探索符合新时代精神的艺术形式与风格；另一方面，在生态主义思潮的影响下，开始借助科学技术、系统分析的方法，探讨城市绿色空间的生态功能与价值。

3.3.1　19世纪中叶至20世纪中叶

工业革命后，随着城市人口的增加，交通堵塞、居住环境恶化等问题出现。英国率先意识到解决这些城市问题的必要性和迫切性。自1833年起，英国议会颁发了多项法案，准许动用税收进行城市基础设施的建设。在这一背景下，摄政公园（Regent Park）将公园与居住区联合开发，改善了居住区的舒适度和美观度，还带来了可观的经济效益。该模式为英国城市公园建设提供了新的视角，并开启了英国公园运动的序幕。随后，除伦敦以外，许多城市开始建设公园。其中，伯肯海德公园（图3-1）作为首个由政府出资建造，并向社会各个阶层开放的公园，被认为是世界上第一座真正意义上的现代公园。

同时期，法国巴黎的奥斯曼男爵（Baron Haussmann）在其主持的巴黎改建中，规划修建了大面积公园并配以大量公共开放空间，试图提升城市空间品质。在巴黎改建中出现了两类新的城市绿

图 3-1　伯肯海德公园（Jürgen Breuste，2022）

色空间类型：塞纳河沿岸的滨河绿地与宽阔的花园式林荫大道（杨赟丽 等，2019）。

19世纪40年代，沃克斯（Calvert Vaux）与奥姆斯特德设计的纽约中央公园（图3-2）作为全美各地的大型城市公园建设的开端，标志着美国公园运动的开始。纽约中央公园的建成意味着美国公园绿地的建设开始具有法律指引，开创了美国政府组织募集建设资金的公园营建模式，向世人证明了绿色空间与城市协同发展的价值。随后，奥姆斯特德与沃克斯开始推动公园系统的发展。他们在特拉华公园（Delaware Park）的设计中提出公园路（Parkway）概念，建成了美国第一个较完整的公园系统。随后，他们又规划了波士顿"翡翠项链"（Emerald Necklace）绿道体系，串联公园、街道、滨水绿带等多种城市绿色空间（图3-3），并使其发挥了水域生态保护的功能与价值（杨赟丽 等，2019）。随着美国工业化的推进，城市问题急速恶化，19世纪90年代开始美国城市出现了大规模人口向郊区转移的现象。为解决该问题，美国推行了城市美化运动（City Beautiful Movement）。这场运动以1893年在芝加哥举办的哥伦比亚世界博览会为开端，试图通过为城市创造一种新的物质空间形象和秩序，以恢复城市由于工业快速发展而失去的视觉美与和谐生活。城市美化运动深刻地影响了现代城市规划体系的形成（张京祥，2005）。英国社会活动家埃比尼泽·霍华德在汲取包含城市美化运动在内的西方国家城市化进程的经验后，于1898年出版了专著《明日：一条通向真正改革的和平之路》（*Tomorrow: A Peaceful Way to Real Reform*）（第二版更名为《明

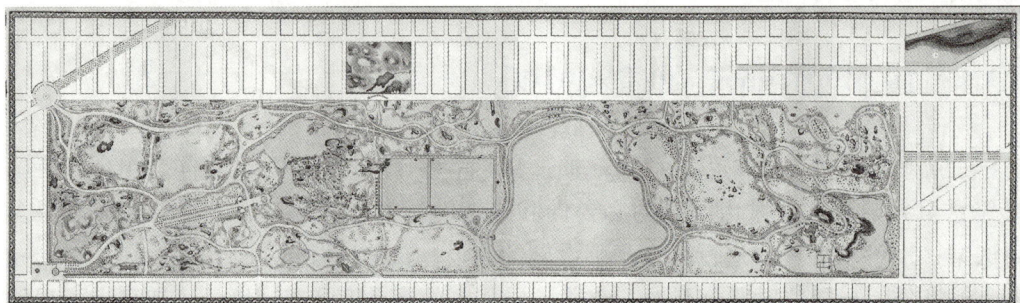

图3-2　美国纽约中央公园平面图（Metropolitan Museum of Art，2008）

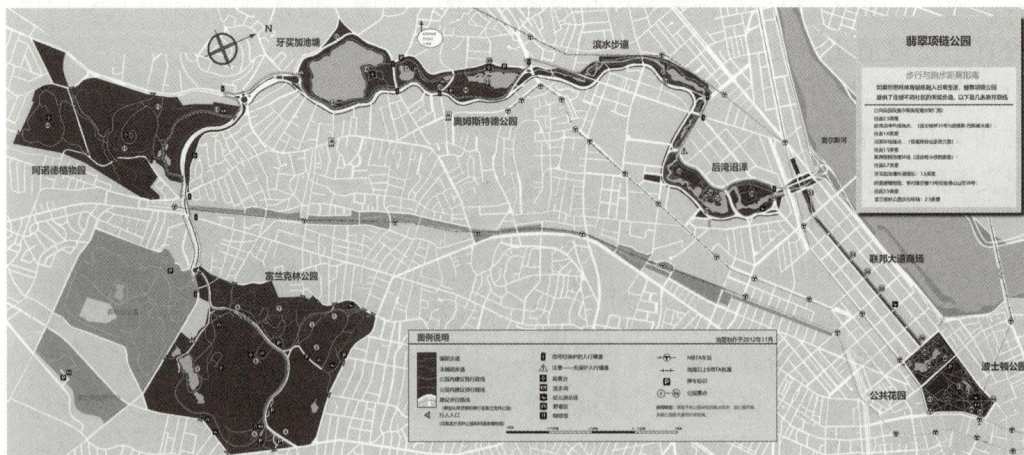

图3-3　波士顿"翡翠项链"（The Emerald Necklace）（The Emerald Necklace Conservancy，2025）

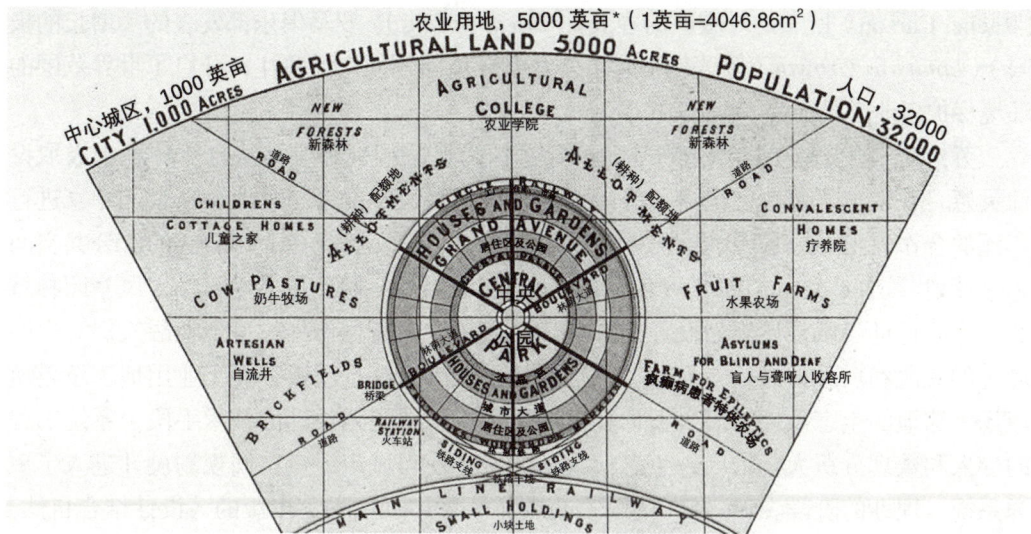

图 3-4　霍华德"田园城市"（Brighton Architecture Diray，2024）

天的田园城市》）。书中所提出的"田园城市"（Garden City）理论（图3-4），倡导了以绿带分割城市各个功能区域的思想，为遏制当时城市连片蔓延扩张的状况提供了一种城市结合自然的新规划模式（埃比尼泽·霍华德，2020）。

19世纪下半叶，出于对当时庸俗繁复的维多利亚风格的厌恶，以及对应用新工程技术的工业设计的恐惧，由约翰·拉斯金（John Ruskin）和威廉·莫里斯（William Morris）为首的一批社会活动家和艺术家掀起了工艺美术运动（Arts and Crafts Movement），提倡形式上简单朴素，功能上实用良好的设计，赞扬制作者与成品的情感交流和自然材料的美。至19世纪末，人们对工业化大生产的恐惧心理得以缓和，开始寻求利用新技术、新材料将装饰与结构相统一的设计方法。设计师从自然界中获取灵感，归纳出优美动感的自然曲线或几何直线两种线条形式作为建筑、园林营造的装饰样式（王向荣 等，2002；沈守云 等，2009）。这场新艺术运动（Art Nouveau）在城市绿色空间中的实践对象以家庭花园为主，面积较大的城市公园并不多。但正是在这场运动的影响下，现代建筑与风景园林从根本上颠覆了古典艺术的传统，为下个世纪现代艺术、建筑、风景园林的发展奠定了坚实的基础。

3.3.2　20 世纪中叶至今

20世纪40年代第二次世界大战爆发，许多国家在经历了战后的快速重建期后进入了经济和社会的快速发展期。五六十年代的20年间，美国迎来了经济发展的黄金时期，城市绿色空间规划设计也开始蓬勃发展。1961年，简·雅各布斯（Jane Jacobs）在《美国大城市的死与生》（*The Death and Life of Great American Cities*）中，指责现代主义和柯布西耶推崇的大尺度现代城市是对城市传统文化多样性的破坏。她的批判对现代城市规划理论起到了里程碑式的作用，促使规划师们开始思考规划的目的和服务人群。社会问题成为城市规划中重要的考虑因素。1962年美国海洋生物学家蕾切尔·卡逊

（Rachel Carson）所著的《寂静的春天》（*Silent Spring*）、罗马俱乐部发表的《增长的极限》（*Limits to Growth*）等著作引起了公众对环境问题的广泛关注，开启了世界范围的环境保护事业（吴志强 等，2010）。

劳伦斯·哈普林（Lawrence Halplrin）认为风景园林师应该从自然环境中汲取设计灵感，并创造了"生态记谱"的规划设计技术路径，推崇与其他科学家、专家进行广泛的合作，引导风景园林迈向生态规划设计的科学发展路径。1967年的"公共空间艺术计划"（The Art in Public Place Program）吸引了一些环境艺术家加入风景园林行业，进而推动了恢复性规划设计的形成。他们一方面通过作品的呈现唤醒人们对生态环境的关注和反思；另一方面通过风景园林手法来缓解、改善废弃工业用地、垃圾填埋场等棕地的生态条件。而大型计算机的出现革新了规划设计的技术手段，系统工程的导入和数理分析大量推广，生态学视角的融合使得城市绿色空间规划设计进入了更为系统、理性的阶段。1969年伊恩·麦克哈格（Ian McHarg）出版的《设计结合自然》（*Design with Nature*）标志着城市绿色空间规划设计有了生态学原理的支持。拉尔鲁（Lyle）和特纳（Tuener）在继承麦克哈格规划设计理论的基础上，尝试将绿地规划和自然生态系统保护相结合（李铮生 等，2006）。罗伯特·泽恩（Robert Zion）在审视当时高楼林立的发达城市后，提出应当在高密度建筑相互挤压的城市空间中设置一系列袖珍公园（Vest Pocket Park），向人们展示了20世纪乃至21世纪缓解高密度城市与稀缺城市绿色空间之间的尖锐矛盾的有效途径。

由于在战后发展经济时未重视环境问题，进入20世纪70年代后，气候变化、环境污染等问题的凸显让保护生态环境成为国际社会的共识。在规划设计行业中生态主义思潮开始兴起。西方各国相继对城市建设项目进行环境影响评估（environmental impact assessment）。1971年的联合国教科文组织发布的《人与生物圈计划》（*Man and the Bioshphere Programme*，MAB）提出了开展城市生态系统的研究，城市绿色空间成为表征城市中气候、环境变化的重要研究对象（王兆军 等，2015）。1976年人居（Habits）大会首次在全球范围内提出了"人居环境"（human settlement）的概念。1978—1980年联合国环境与发展大会正式提出"可持续发展"（sustainable development），并在《我们共同的未来》（*Our Common Future*）的报告中进一步界定了可持续发展的内涵，指出资源环境保护应当与经济社会发展兼顾。可持续发展的概念一是从规划理论上提出与研究生态城市，二是实践上减少人类活动对能源和原材料的使用。1984年，《人与生物圈计划》提出了"生态城市"规划的基本原则，生态城市的概念逐渐成熟。生态城市研究中出现的资源保护、生态设计原则、能源更新利用在城市规划和建筑设计中得到运用。在城市规划领域主要表现为对步行城市的探索和对新城市主义中居住区的研究。汽车的广泛使用在城市中引发了能源、空气污染等诸多问题，步行城市的探索正是基于这样的背景提出的。步行城市理论以解决城市交通问题为中心，试图围绕通行方式的转变对城市的结构、布局进行调整。新都市主义研究中出现的各种理论以美国建筑师彼得·卡尔索普（Peter Calthorpe）提出的"以公共交通为导向"的发展模式为代表（transit oriented development，TOD）。这一发展模式主旨为在社区中围绕交通布置商业设施，人们可以通过公共交通到达其他社区或市中心，社区中大量布置绿色开放空间。通过这种快捷的交通方式达到减少汽车使用所带来的环境污染、能源浪费等问题。在建筑设计领域，对生态城市相关理论的应用早期主要表现在尝试通过节能技术实现可持续建筑单体的设计与建造。随着可持续建筑理论的发展，其范畴逐渐向城市扩展，进而推动了可持续发展背景下的城市绿色空间规划设计（骆天庆 等，2008）。进入21世纪后，在气候变化背景下，城市绿色空间作为城市生态系统的主要组成部分，对当前气候问题与温室气体过量排放、城市温室效应等问题的缓解和改善有着至关重要的作用。风景园林师们展开积极探索，探讨如何通过有效的城市绿色空间规划，让城市绿色空间适应新世纪更加复杂的城市发展需求。

3.4　国内发展历程

城市绿色空间虽然不是我国本土的概念，但我国古代城市中存在着不同类型的绿色空间。这些绿色空间大多依托道路及建筑存在，主要有3类：一是古代城市道路及河流两侧的绿地；二是寺观园林；三是城市中或城市近郊依托山水池沼形成的风景游览地（图3-5）。这些绿地是古代城市居民游憩活动的主要场所之一，是我国城市绿色空间的雏形。

图 3-5　明代钱穀《兰亭修禊图》

1840年后，西方城市规划理念与城市公园理念传入我国。上海、天津首先建设了上海外滩公园、天津维多利亚花园（图3-6）等公园。随后，国内其他城市也开始建设城市公园，如齐齐哈尔的西仓公园，广州的中央公园、越秀公园，重庆中央公园等。同时，一些私家园林和皇家园林开始对公众开放，如上海的张园、徐园和北京的先农坛、社稷坛、颐和园等。该时期以点状的公园建设为主，尚未开展体系化的城市绿色空间规划。

新中国成立后，我国设立了以工业化为理论基础、以工业城市和社会主义城市为目标的城市规划学科，开始将城市绿地作为城市的有机组成部分整体考虑，城市绿色空间规划设计理念也随之产生，并随时代发展逐步发展。该时期，我国城市绿色空间

图 3-6　天津维多利亚公园（图片来源：天津档案方志网）

规划设计发展历程概括起来可分为3个阶段：1949—1978年，社会主义革命和建设时期；1978—2018年，改革开放和社会主义现代化建设新时期；2018年至今，中国特色社会主义新时代。

3.4.1　社会主义革命和建设时期

新中国成立后，中国的城市建设工作进入了统一领导、按规划进行建设的新时期。城市规划中出现针对城市绿化的专项规划内容，城市绿色空间规划设计进入起步阶段。1956年3月，毛泽东主席发出了"绿化祖国""实现大地园林化"的伟大号召，为实现这一目标城市绿化建设提出了"普遍绿化、重点美化"的工作方针，当时我国正处于经济恢复和城市建设初期，经济条件有限，城市绿化工作的重点在于服务工业生产，满足群众游憩需求，提升城市环境面貌。

第一个国民经济五年计划期间（1953—1957年），国内城市规划引入"苏联模式"。受苏联模式的影响，这一时期城市绿色空间规划的对象为城市内部的绿地，强调城市绿地的定额指标及绿地的分类分级，注重城市绿地布局，多以点、线、面相结合的方式构成城市绿地系统。该时期国内城市公园设计也普遍学习和参考苏联文化休憩公园规划理论，比较典型的有北京陶然亭公园（图3-7）、上海杨浦公园、广州越秀公园等。

为探索与我国国情更加适应的公园建设模式，一些学者和规划师尝试突破苏联模式，因地制宜地建设特色化的城市公园。如1952年开始建设的花港观鱼公园（图3-8），在其原址上按题造景，充分利用原有地形及景致，扩大金鱼园，增设牡丹园，开辟花港，恢复和发展历史上形成的"花""鱼""港"的景色。同时花港观鱼公园首次将西方的等高线技术应用于公园竖向设计，创新设计牡丹园假山与植物造景。花港观鱼公园结合本地自然条件和社会条件，大胆运用新技术和材料，同时把我国传统自然山水园的形式应用于现代城市公园创作中，对探索既有民族特色又有新时代特点的城市绿色空间设计理念起到开拓性作用。

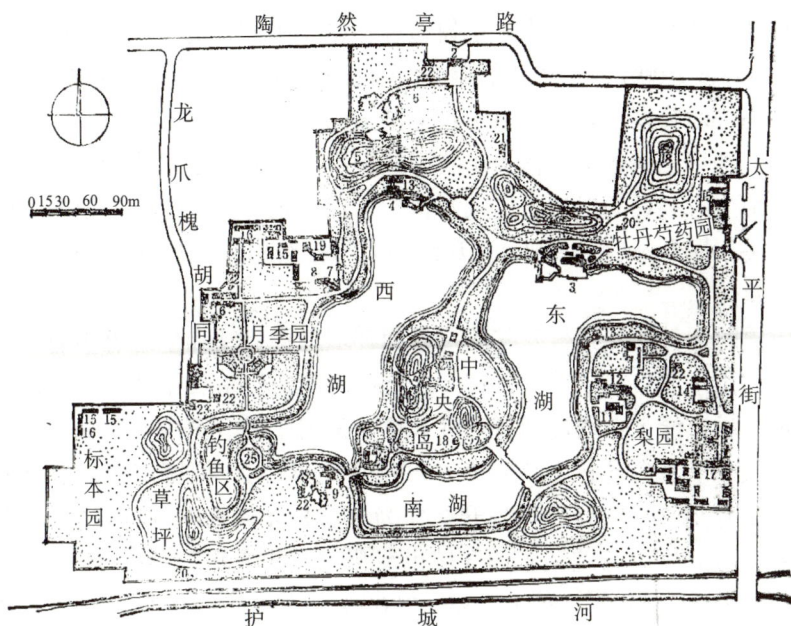

图 3-7　北京陶然亭公园平面图（刘少宗，1997）

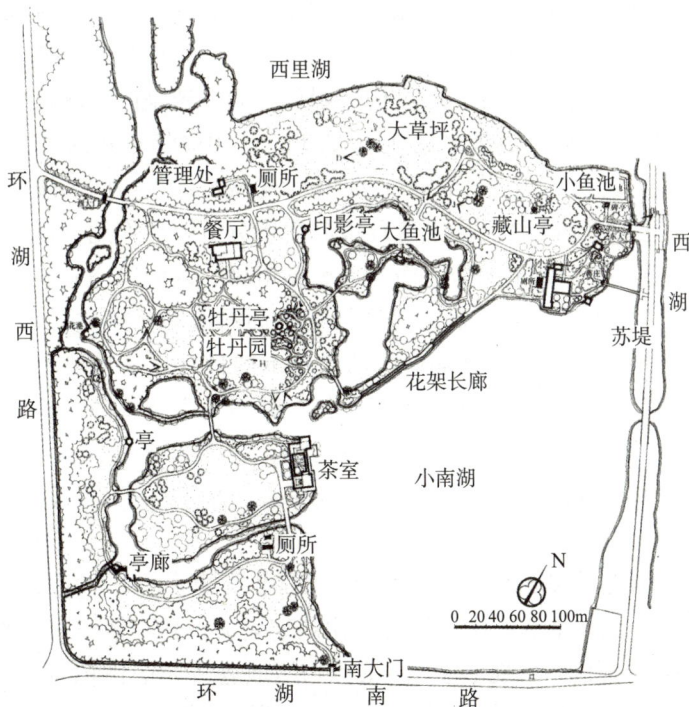

图 3-8　孙筱祥"花港观鱼"平面图

41

3.4.2　改革开放和社会主义现代化建设新时期

1978年12月，党的十一届三中全会在北京举行，我国开始全面改革开放。改革开放之初，国家提出既要抓经济建设，也要抓环境保护；强调既要注意经济规律，也要注意自然规律。邓小平同志提出"植树造林，绿化祖国，造福后代"的新举措、新目标和新使命。20世纪90年代，传统的粗放型增长成为我国经济发展的主要特征，资源相对短缺、生态环境脆弱、环境容量不足逐渐成为我国发展中的重大问题。以江泽民同志为核心的党的第三代领导集体提出我国经济社会发展要走可持续发展的道路，明确要求加强环境生态和资源保护。进入21世纪，以胡锦涛同志为总书记的党中央更加注重可持续发展，提出科学发展观，强调统筹人与自然和谐发展，强调建立资源友好型、环境友好型社会。

这一历史时期，国外先行发起的一系列环境保护运动和生态思潮涌入国内，我国先后提出了"山水城市""园林城市""生态园林城市"等城市建设理念，城市绿化得到空前重视，城市绿色空间规划设计进入快速发展阶段。国内城市绿色空间规划的编制体系日益健全。1992年国务院颁布《城市绿化条例》，把城市绿化建设纳入国民经济和社会发展计划，城市绿化规划开始作为城市总体规划的专项规划进行独立编制。2001年国务院颁布《国务院关于加强城市绿化建设的通知》，2002年国家建设部相继出台《城市绿地分类标准》（CJJ/T 85—2002）和《城市绿地系统规划编制纲要（试行）》，标志着我国城市绿色空间规划设计工作步入规范化和制度化的轨道。

随着改革开放的深入，国内城市绿色空间规划设计的理念逐渐发生转变，绿色空间规划设计的类型逐渐多样化。城市绿色空间规划开始从单一的强调绿化美化的功能性规划向以生态保护和可持续发展为导向的综合性、生态性规划转变，从注重绿色空间个体向注重绿色空间系统转变，通过构建绿色空间系统来改善城市生态环境。如北京市第一道、第二道绿化隔离地区的规划设计，自1986年正式启动第一道绿化隔离地区建设到2023年已初步形成总面积约203.2 km²的城市绿色空间系统，对北京市整体绿色空间格局构建、创建良好人居生态环境起着十分重要的作用。此外，城市绿色空间规划设计也不再局限于城市内部，而是拓展到市域、区域等不同层级，注重城乡一体统筹布局。如2009年广东省编制的《珠江三角洲绿道网总体规划纲要》，将整个珠江三角洲地区9个地级以上市的全部行政辖区范围内具有较高自然和历史文化价值的各类绿色空间串联起来，建设完善的配套设施，并对一定宽度的绿化缓冲区实施空间管制，融合环保、运动、休闲和旅游等多种功能，对维护珠三角区域生态安全、提高区域宜居性、扩大内需促增长、保护历史文化资源、推动珠三角一体化发展具有重大意义。

科技的飞速发展也为城市绿色空间规划设计提供了更多的技术手段。例如，地理信息系统（GIS）等现代技术的应用，使得绿化规划更加科学、精确和高效。如1983年，李嘉乐先生主持了中国最早、规模最大的北京市绿地遥感研究工作，纠正了前期"按树冠投影进行测算，覆盖面积不得超过绿地面积"的误区（图3-9）。

图 3-9 我国最早的北京市城市绿化遥感研究——1983 年北京朝阳公园航空遥感影像

3.4.3 中国特色社会主义新时代

2012年11月，中国共产党第十八次全国代表大会在北京召开，中国特色社会主义进入新时代。在这次大会上，生态文明建设首次纳入"五位一体"总体布局，凸显了生态文明建设在国家发展中的重要性。随后，党的十八届五中全会进一步确立了"创新、协调、绿色、开放、共享"的新发展理念。党的十九大继续深化生态文明建设，将"坚持人与自然和谐共生"作为新时代坚持和发展中国特色社会主义的基本方略之一，并将建设美丽中国作为社会主义现代化强国的重要目标之一。与此同时增强"绿水青山就是金山银山"的意识被正式写入党章，新发展理念、生态文明和建设美丽中国等内容也被写入宪法。2020年9月，中国在第75届联合国大会上正式提出"双碳"战略目标，标志着我国在全球应对气候变化事业中承担起了更大的责任，也体现了我国推动绿色低碳发展的坚定决心。随后党的二十大明确"到2035年基本实现社会主义现代化，广泛形成绿色生产生活方式，碳排放达峰后稳中有降，生态环境根本好转，美丽中国目标基本实现"。

党的十八大以来，面向生态文明建设、高质量发展及"双碳"战略目标的新要求，国内城市绿色空间规划设计进入新时代发展阶段，更加强调生态优先与可持续性观念，注重对自然环境的保护与恢复，注重与其他城市规划要素的衔接与融合，形成综合性、系统性的规划体系，最大程度地发挥城市绿色空间的生态效益。例如，北京市2022年编制的《北京市生物多样性保护园林绿化专项规划（2022—2035年）》，从城市绿色空间规划设计角度出发，通过建立完善生物多样性保护空间体系、推进重要生态系统保护与修复、营建人与自然和谐共生的城市家园、加强野生动物及其栖息地保护等方面对生物多样性保护进行整体统筹和系统谋划。

城市绿色空间不仅是生态空间，也是人们休闲、娱乐、交往的重要空间，是展示城市文化与魅力的空间。党的十八大以来，城市绿色空间规划设计坚持以人民为中心，注重人文关怀和文化传承，强调城市绿色空间的开放性、共享性、功能性及文化性。

例如，上海市杨浦滨江城市更新规划设计中，将黄浦江两岸45km岸线从工厂仓库为主的生产型岸线转变为以公园、绿地、开放空间为主的生活岸线。滨江区域随处可见利用旧厂房、老船坞等城市工业遗存改造而成的艺术馆、美术馆、城市景观构筑物等，不仅为人民提供了休闲游憩的场所，同时也为上海工业历史文化提供了展示的窗口。

与此同时，随着科技的不断进步，越来越多的新技术、新材料应用于城市绿色空间规划设计中。例如，利用物联网、大数据、云计算、移动互联网、信息智能终端等新一代信息技术手段可以对绿地资源进行监测和管理，提高规划实施的精准性和效率，实现园林绿化智慧化服务与管理。这一历史时期，我国在生态文明建设方面进行了大量的理论探索与实践探索，提出了一系列如海绵城市、公园城市、韧性城市、智慧城市、宜居城市等城市建设创新理念，这些新理念在新时代也都广泛应用于城市绿色空间规划设计中。以四川省成都市为例，作为全国第一个公园城市示范区，在《成都践行建设新发展理念的公园城市示范区总体方案》中，明确提出建立蓝绿交织公园体系、保护修复自然生态系统、塑造公园城市特色风貌等针对城市绿色空间规划设计的指导意见。

3.5 城市绿色空间低碳规划设计发展历程

3.5.1 节能减排与可持续发展

20世纪以来，随着温室气体排放研究的深入，人们开始将环境、气候变化、外交和安全等问题联系起来，寻求一种缓解气候变暖的有效方法被社会各界关注。

1989年5月，联合国提出了"可持续发展"的思想口号，为当代城市发展提出了关注生态环境、节能减排的要求。"可持续建筑"是该时期建筑与规划领域回应可持续发展的主要方法。可持续建筑指"一种开发模式，既可以满足我们这一代的需求，又不对后代满足他们自身需求的能力构成威胁。它的基本特征包括：尽可能使用天然材料、尽可能使用天然能源与可再生能源、采用节能技术和防止污染措施、建造地远离污染"（《蒙特利尔协议》，1989）。可持续建筑最初主要关注单体建筑物的绝热水平和环保材料、循环材料的运用，代表案例有塞恩斯伯里视觉艺术中心、柏林国会大厦改建工程、法兰克福商业银行、北京首都国际机场等。很多国家利用法规和财政补贴来促进可持续建筑的发展。

随着时代的发展，可持续建筑的概念逐渐从单一的建筑技术转变为社区和城市尺度的综合理念。例如，荷兰"国家可持续建筑包"、希腊"能源2001"等项目均在社区、城镇规划角度提出了可持续能源和气候设计的要求。英国伦敦贝丁顿零碳社区是世界上第一个零二氧化碳排放社区，使用了建筑与绿色空间结合的方式。项目建成于2002年，占地1.65hm²，位于英国伦敦西南的萨顿镇，由英国著名的生态建筑师比尔·邓斯特（Bill Dunster）设计，其设计理念是在不牺牲现代生活舒适性的前提下，建造节能环保的和谐社区。贝丁顿零碳社区采用热电联产系统为社区居民提供生活用电和热水，实现了能源供应零排放。为保证社区的能源供应，在规划时设计了一片3年生的70hm²速生林，每年砍伐其中的1/3，并补种上新的树苗，以此循环。树木成长过程中吸收了二氧化碳，在燃烧过程中等量释放出来，实现最终的零碳排。

"节约"是在城市绿色空间领域实现可持续发展的主要方式。"节约"包括土地集约、资源节约、能源节约、管理集约4个层面。如立体绿化、低影响开发、循环材料利用、工业设施改造、绿色基础设施、新能源园林、智慧园林等均属于"节约"的领域，国内外有许多优秀的设计代表，如法国巴黎雪铁龙公园、美国加利福尼亚科学博物馆太阳能绿色屋顶设计、日本高雄旗津风车公园、美国拜斯比公园垃圾填埋场改造等。我国在2006提出了"建设节约型园林"的号召，很多城市对市域园林进行了专题研究。以北京为代表，通过使用乡土植物和耐旱植物、节水灌溉、再生水应用、雨水收集与利用、降低景观用水量等节水措施；使用太阳能、利用浅层地热等节电措施；使用生物病虫害防治方法，回收利用石材等降低建设经费的方式以及完善绿地种植结构、完善绿地功能等集约土地的方式达到节约型园林建设的目的。代表性公园有北京奥林匹克森林公园、柳荫公园、青年湖公园、月坛公园、地坛公园等。2010年，《城市园林绿化评价标准》（GB/T 50563—2010）成为国家标准。同年住房和城乡建设部发布新修订的《国家园林城市申报与评审办法》《国家园林城市标准》，从行业规范的角度进一步强调节能减排，完善城市绿地系统规划，建立动态监管体系，加大城市中心区、老城区等人口密集地区园林绿化建设力度，不断提高城市绿地分布的均衡性，指导各地加强城市山体、水体、湿地等自然资源和生物多样性保护工作。

3.5.2 面向碳中和的绿色空间规划设计

2015年，《巴黎协定》提出在21世纪下半叶全球实现碳中和的目标。在碳中和背景下，出现了很多以低碳排、零碳排为理念的绿色空间设计案例。代表性的案例有日本十胜川千禧森林园、美国西雅图布利特中心、新加坡萨玛萨特市城市屋顶农场等。国内有以"零碳"为主题的公园，如北京温榆河低碳公园、北京通州城市绿心森林公园、上海李子公园、成都未来科技城七号再生水厂等。其中，深圳零碳公园是我国第一个参考地方标准建设的零碳主题公园，建成于2023年，占地约$18.53 \times 10^4 m^2$，位于广东省深圳市龙岗区国际低碳城核心区。设计以自然生态为基底，力求对自然山体的最小介入，依势而建，实现土方平衡。同时运用低影响开发、低碳植物设计、低碳工艺材料、低碳能源利用、海绵城市设计及低碳科普运营等方式，达到降低碳排放的目的。

可持续建筑的理念进一步发展，其范畴从建筑转变为跨越绿色空间规划设计、环境评价、可持续性评价、区域生态规划等多个领域的可持续设计。在社区和城市规划层面有着广泛的应用，关注自然友好和生态智慧的城市营造方式、交通的便捷性、城市的多元化和多样化、城市绿色开放空间的系统性构建和保护、城市与环境的和谐与兼容、城市衰退的干预与更新、紧凑合理的土地利用方式等问题。代表案例有阿联酋阿布扎比马斯达尔城、丹麦哥本哈根奥雷斯塔德新区、马来西亚槟城南岛等。其中，美国加州大学默塞德分校是一个以"三重净零"为目标的社区。"三重净零"指校园最终产生与其使用一样多的电力，产生零垃圾填埋零废物并实现温室气体零排放。加州大学默塞德分校位于旧金山圣华金河谷，占地面积910英亩。规划采用适应当地气候与自然景观的布局方式以及综合的可持续措施实现了碳中和。包括成体系的遮阴和降温设计、环境系统设计、可再生能源与基础设施设计、高效的交通与运输系统、废物的回收利用、节水和水循环系统、研究与教育策略、社区参与等多个层面。对其中的绿色空间来说，规划设计考虑了校园景观的整体布局与加利福尼亚州中央山谷景观的协调，借用周边自然景观形成校园的特征。在室外环境设计中主要使用节水设计、保护原有环境植物、雨洪管理、能源管理、废弃物管理、构建慢行体系和社区参与的手段达到减排目的。

在规划层面上，很多国家从规划体系、策略落实和技术方法层面探讨了可持续城市低碳发展的途径，如美国纽约、英国伦敦、法国巴黎、日本等城市和国家。各国规划的核心内容包括：

①将应对气候变化目标全面纳入空间规划全过程和各层级；

②构建应对气候变化的目标、策略、指标和行动体系，明确总目标和分目标，并落实为具体策略、指标和行动；

③关注建筑物、交通、能源、资源循环利用等领域的减排增汇；

④注重规划多级传导，强调从规划编制、实施监测到评估的全过程管理；

⑤采用多情景模拟分析、碳排放核算、动态循环修正等技术方法。

城市蓝绿空间是城市主要的碳汇空间，同时蓝绿空间是城市的通风廊道，也有缓解热岛效应的功能，可以起到减碳的作用。以英国《绿化评估导则》（UGF）（表3-3）和日本《社会·环境贡献绿地评价体系》（SEGES）（表3-4）为代表的规划导则，从规划指标的角度对城市绿色空间进行评价与建设指引，并结合建筑、能源、经济、交通等其他领域共同达到减排增汇的目标。

表 3-3　英国《绿化评估导则》（UGF）评价因子

地表覆盖类型	分数
保留或新建的半自然地表植被（如乔木林、林地、物种丰富的草地）	1
保留或新建的湿地或开放水域（半自然的，不含氯的）	1
基质最小深度150mm的密集型屋顶绿化或构筑物上的植被覆盖	0.8
种植在连续树池中的乔木，其种植池最小土方量小于或等于成年树木树冠垂直投影面积的2/3	0.8
基质最小深度80mm（或植被覆盖层下60mm）的简单屋顶绿化	0.7
种植花色丰富、花形多样的多年生植物	0.7
雨水花园及其他由植被构成的可持续排水要素	0.7
树篱（一排或两排成熟灌木）	0.6
种植在土方量小于成熟树木树冠垂直投影面积2/3的种植池的乔木	0.6
绿墙—模块化系统或种植于土壤中的攀缘植物	0.6
地被植物	0.5
宜人的草地（单一品种、定期修剪的草坪）	0.4
种植景天或其他轻质系统的简单式屋顶绿化	0.3
水景（含氯）或未种植植物的滞留塘	0.2
透水铺装	0.1
不透水表面（如混凝土、沥青、防水材料、石材）	0

表 3-4　日本《社会・环境贡献绿地评价体系》（SEGES）评价认证体系因子

大分类	小分类	评估项目	评价认证体系					
			培育绿地		创造绿地		城市绿洲	
			民间经营者所有的，有创新性的优秀绿地（300m²以上）		伴随着城市开发或建筑开发，带来良好经济价值或社会价值的优良绿地（3000m²以上）		舒适且安全的城市绿地系统	
规划设计	规划构思	把握自然环境特征	5	7	10	28	4	4
		制定绿地规划	1		8		—	
		潜在自然环境保护与恢复	1		10		—	
	绿地质量	草地树木的配置	5	10	—	—	4	10
		水体的配置	—		—		—	
		针对生物栖息环境和移动路径的考量	5		—		6	
规划设计	绿地数量	草地、林地面积	1	1	—	—	4	4
		水体面积	—		—		—	
维护管理		管理规划的制定和修正	5	21	17	25	6	22
		可持续的维护管理办法	7		—		4	
		明确维护管理负责人	1		5		—	
		动植物监测计划的制定	1		—		4	
		动植物监测计划的实施	4		—		4	
		珍稀物种的保护	1		3		—	
		防止外来物种入侵	1		—		—	
		化学物质的妥当管理	1		—		4	
效果及范畴		使用者的舒适度	—	42		39	4	42
		防灾效果	8		5		4	
		确保亲近自然的空间	12		8		18	
		区域协调	7		10		6	
		绿地信息公示	5		3		10	
		生态系统保护	10		13		—	
		培养从事生物多样性保护的人员参与绿地管理	5	5	—		4	4
		屋顶、墙体绿化的营造	4	14	—	11	—	14
		与周边地区形成生态网络	5		3		10	
		形成良好景观	5		8		4	

TOD是可持续城市另一项重要的理论举措。TOD意为以公交为导向的发展模式。该理论认为必须将城市扩张与有序的公共交通等绿色交通方式结合起来，通过创建结构合理、功能健全、用地集约的城市来应对城市无序蔓延、交通堵塞和环境问题，最终达到碳中和的目的。在TOD视角下，城市绿色空间是营造"适宜步行的街区和人行尺度的街区"的核心部分。城市绿色空间提供可达的公园、社区中心和公共空间，同时改善步行的舒适度。而绿色空间的布局则和街区的尺度息息相关。在"自行车网络优先"的原则下，则要考虑城市绿道网络和绿色基础设施的整体布局和多尺度的设计，以达到提供游憩、促进绿色出行和构筑区域生态安全网络的作用。

TOD在国际上已经发展多年，代表案例有：美国科罗拉多州丹佛市斯泰普尔顿（Stapleton）社区、加利福尼亚州圣马科斯圣埃利霍乡村中心（San Elijo Hills Village Center）、阿拉米达县（Alameda County）重建总体规划、加利福尼亚州圣马特奥市梅度湾（Bay Meadows）等。近年来，我国也开展了不少TOD实践。2010年初，可持续城市项目[中国可持续能源项目（China Sustainable Energy Program）]与彼得·卡尔索尔普及昆明市政府共同合作，开展了首个示范项目，即昆明市呈贡新城控规项目。呈贡新城位于昆明市中心西南15km处，占地160km²。控规在总规的基础上，采用城市网格和"小街区"规划。除对交通和用地的改变外，规划将城市中心主干道路改造成一系列线性公园。这一核心区的带状公园连接了公园、市政设施、学校和公共设施，形成多功能的小街区。在小街区中所有的公用设施都位于社区不超过500m的步行范围内。"线性公园""邻里公园"和"社区公园"等绿色开放空间均可通过纯步行街道和车流较少的安静生活道路轻松到达。在呈贡新城项目取得成功后，可持续城市项目还积极推动了国家的TOD相关标准法规及政策研究工作，包括2014年住建部编制的《TOD规划设计导则》，以及有关出版物《TOD在中国面向低碳城市的土地使用与交通规划设计指南》（2013）等。

目前，面向碳中和的规划设计方法还处于探讨和深化阶段。但随着更多城市的探索，城市绿色开放空间规划设计发展将不断拓展和提升，最终助力实现碳中和的目标。

思考题

1. 19世纪以前西方城市中的"绿色空间"以哪些形式为主？其与19世纪以后的"绿色空间"的本质区别是什么？

2. 19世纪以后城市绿色空间的发展可以划分为两个阶段，分别是什么？时代背景如何？在功能和艺术形式上发生了什么样的转变？

3. 国内城市绿色空间规划设计在3个不同时期的政策背景是什么？

4. 国内城市绿色空间规划设计在3个不同时期的主要特征是什么？

5. 本章列举了若干以生态保护和可持续发展为导向的综合性规划理论方法，请查阅相关文献并结合实际案例，谈谈这些理论方法是如何运用在实际规划设计中的。

拓展阅读

《西方现代景观设计的理论与实践》.王向荣，林箐.中国建筑工业出版社，2002.

《西方城市规划思想史纲》.张京祥.东南大学出版社，2005.

《中国古典园林史》.周维权.清华大学出版社，2008.

《中国城市建设史》.董鉴泓.中国建筑工业出版社，2004.

《中国城市规划史》.汪德华.东南大学出版社，2014.

《景观生态规划设计案例评析》.王云才.同济大学出版社，2013.

《现代生态规划设计的基本理论与方案》，骆天庆，王敏，戴代新.中国建筑工业出版社，2008.

第4章

面向碳中和的城市绿色空间碳排放、碳汇、碳储量评估方法

本章提要

概述城市绿色空间规划设计的常用尺度，重点介绍样方尺度、绿地尺度、城市尺度下，城市绿色空间中碳排放、碳汇与碳储量计量评估方法。在此基础上，对不同尺度绿色空间的规划设计思路与方法进行归纳说明。

城市绿色空间的碳排放、碳汇与碳储量评估，是面向碳中和的城市绿色空间规划设计的基础性工作，贯穿规划设计项目始终，并为之提供决策依据与验收标准。在实践过程中，由于受数据来源、试验条件及精度要求等方面的制约，从样方到城市绿地系统，不同尺度下城市绿色空间的碳排放、碳汇与碳储量评估所需方法亦有所不同。因此，规划设计人员应当根据研究范围的空间尺度，选用适宜的评估方法，从而为面向碳中和的城市绿色空间规划设计提供数据支撑。

4.1 多尺度评估方法概述

实现对碳排放、碳汇、碳储量的精准评估，是面向碳中和的城市绿色空间规划设计的基础。现有碳排放与碳汇计量评估方法种类繁多，依据测度的对象划分，包括碳排放量评估、碳汇计量评估、碳储量评估3个方面。

（1）碳排放量评估

1995年，IPCC发布《IPCC国家温室气体清单指南》，随后在1996年、2006年、2019年均发布了修订版本，对能源、工业过程和产品使用、农业林业和其他土地利用、废弃物等不同经济部门的温室气体排放评估进行指导。

2011年5月，我国发展和改革委员会颁布《省级温室气体清单编制指南（试行）》，

并于2013—2015年，先后颁布3批共24个行业的企业温室气体排放评估方法与报告指南。相关标准共同构成了我国国家级和省级温室气体的计量方法体系。国内外碳排放量评估方法主要有三大类（刘学之　等，2017）：

第一类是用于支撑碳交易市场的CO_2排放量评估方法，主要依据为IPCC等机构发布的方法学和指南体系，并为世界各国公认，主要包括排放因子法与实测法等。

第二类是基于投入产出法和生命周期评价法的碳排放量估算方法，应用于测算产品每个生产步骤以及整个生命周期的温室气体排放量，主要包括生命周期评价法和投入产出法等。

第三类是基于因素分解法的碳排放量模型计量方法，主要通过建模来分析相关因素与碳排放量之间变化的相互影响并估算未来碳排放量。

（2）碳汇计量评估

国内外对于碳汇的计量监测主要有同化量法、微气象法、模型法、遥感估算法（张桂莲　等，2022）。

同化量法　依据植物的生理过程，通过测定植物叶片光合生理指标，如净光合速率、蒸腾速率、胞间CO_2浓度、气孔导度等，计算植被净同化总量、净固碳量，结合叶面积、绿量等参数得到植物固碳量。

微气象法　依据生态系统物质循环过程，通过测量近地层湍流状况和被测气体的浓度，从而获得该气体的通量值（Liu et al.，2018），该方法以小气候特征监测为基础，可直接对绿地与大气之间的CO_2通量进行连续、动态的观测，广泛应用于碳通量变化及其环境响应机理的研究（于贵瑞　等，2011）。

模型法　是基于经验数据或样地实测的树木信息，模拟树木生长或直接建立树木模型，通过输入植被信息或通过遥感影像识别植被，从而对碳汇量进行估算（于洋　等，2021）。

遥感估算法　通过分析遥感数据产品，或以遥感影像为数据源，结合实地调查数据和相关模型，对大范围空间的碳汇进行评估，主要包括反演估算与模型模拟两种方法（刘毅　等，2021）。

（3）碳储量评估

碳储量的评估研究可以采用基于生物量的计算方法，即直接或间接测定森林植被的生产量与生物现存量，再乘以生物量中碳含量百分比推算而得。生物量计算公式如下：

$$BT = BA + BB \tag{4-1}$$

式中　BT——整体生物量；

　　　BA——地上生物量，即所有的地上活物质，包括树干、树桩、树枝、种子和叶；

　　　BB——地下生物量。

特别地，在森林生物量研究中，目前主要评估其地上生物量（张志　等，2011）。

国内外针对碳储量（或生物量）的估测常采用样地清查法与遥感估测法。其中样地清查法通过获取植被的调查数据（如树种、垂直结构、林分高度和林分密度等），结合各类树种的单木异速生长方程进行估算，常用方法包括平均生物量法（MBM）和IPCC法等。基于遥感估测的方法主要基于光学遥感数据、SAR数据、激光雷达数据或多源遥感数据对植被生物量进行反演估测（张志 等，2011）。此外，根据经验数据，利用CENTURY模型、InVEST模型等方法也能对研究范围的碳储量进行估测（王振坤 等，2023）（表4-1）。

表 4-1 不同尺度碳评估常用方法汇总

适用尺度	方法名称	功能用途	特 点
样方尺度	CO_2分析仪法	可测定CO_2的量，进而计算植物呼吸速率	测量精度高，准确度高；操作简单快捷
	气相色谱法	测定土壤呼吸速率	可同时重复多点测定多个样品，操作相对简单，但改变了近地微气象条件
	同化量法	测定植物碳汇	数据直接具体，准确性较高，操作简便，但存在一定的不确定性
	微气象法	测定碳通量	可对碳通量实施长期、连续、高精度且非破坏性的定点监测，但对下垫面的要求很高
	直接测量法	测算碳储量	精度较高，适合小范围生物量研究
	平均生物量法	测量碳储量	精度较高，适合小范围生物量研究
	异速生长模型	测算碳储量	数据收集过程简单，操作方便
	TOC分析仪测定法	可测定土壤碳储量	操作简便，快速准确，稳定性高
绿地尺度	植被呼吸作用计量模型	测算植被碳排放量	适用范围广泛，但需要大量的实地观测数据
	土壤呼吸作用计量模型	测算土壤碳排放量	适用范围广泛
	生产、建造、使用、维护碳足迹量化方法	测算人类活动碳足迹	评估过程较为直观
	蓄积量法	测算植被、土壤碳储量	能够综合考虑生态系统中植被、土壤等各个组分的碳储量，但误差较大
	生物清单法	测算植被碳储量	数据获取烦琐，需要消耗大量的劳动力，且不能连续进行碳储量记录
	CITYgreen	测算植被碳储量、碳汇量	精确度较高，但对于不同地区的适用性有限
	i-Tree模型	测算植被碳汇量	精确度较高，但需要大量的数据支持
	Pathfinder系统	测算植被碳汇量	能够整合和分析大量的数据，但结果受输入数据质量影响较大
	NTBC	测算植被碳储量、碳汇量	精确度较高，但对于不同地区的适用性有限
	生命带法	测算土壤碳储量	研究范围广泛，但误差较大
	遥感技术估算法	测算土壤碳储量	具备高精度、高效率、信息较全面等优势
	DNDC模型	测量碳汇量	适用范围广泛，可改造成适应多用途的综合模型
城市尺度	IPCC	测算碳排放量，评估碳排放趋势	提供标准化的方法和参数，成本较低，数据易获取，适用性广泛，能够满足多种碳排放评估需求
	IOA	测算直接碳排放，评估间接碳排放	全面考虑经济活动对碳排放的贡献，适合评估间接碳排放，揭示隐藏的碳排放
	碳排放网格地图法	测算城市或区域的碳排放总量	空间时序一体化，多尺度适用，灵活性和操作性强

（续）

适用尺度	方法名称	功能用途	特　点
城市尺度	CASA	测算陆地生态系统植被NPP，研究生态系统碳循环	简单易用，适用范围广泛，数据获取便捷，更综合考虑环境因素
	BIOME-BGC	模拟生态系统碳循环，测算植被生产力	更贴近实际生态系统，适用性广泛，多尺度的扩展性能满足多种研究尺度的需求
	InVEST	评估生态系统服务功能量及经济价值	可操作性、灵活性和适应性较高，适用于多种生态系统，结果呈现方式更为直观
	CENTURY	模拟生态系统碳循环，预测土地利用变化对生态系统的影响	综合考虑多种因素，对气候变化敏感，能够模拟长期变化趋势

然而，由于测度原理各异，不同方法和模型的适用空间尺度具有差异性，部分方法或模型能够兼具碳排放、碳汇或碳储量的测度功能。下文从适用的空间尺度对计量评估方法进行划分，包括样方尺度（含植株个体）、绿地尺度、城市尺度（含区域及更大尺度），并介绍不同尺度下城市绿色空间的规划设计思路。

4.1.1　样方尺度

样方是用于调查植物群落而随机设置的取样地块，要求尽量小，并且能包含大多数物种。一般草本样方在$1m^2$以上，灌木样方在$10m^2$以上，而乔木的样方通常大于$100m^2$（董鸣，1997）。在这一尺度下开展碳相关计量评估，能够较直观了解植物个体、群落以及小范围环境中的碳排放、碳汇、碳储量特征，便于从微观层面对城市绿色空间的减排固碳施加干预。

样方尺度下，碳评估重点主要包括植物和土壤呼吸作用产生CO_2、植物通过光合作用吸收CO_2，以及植被与土壤碳储量等方面的测度，并基于此提出面向碳中和的城市绿色空间规划设计策略。

植物呼吸指植物在有氧条件下，将碳水化合物、脂肪、蛋白质等有机物氧化，产生能量、CO_2和水的过程（李合生，2006）。土壤呼吸指土壤释放CO_2的过程，主要由土壤微生物和植物根系产生，另有极少部分来源于土壤动物的呼吸和化学氧化。土壤呼吸的强度受到植被和微生物等生物因素、温度和湿度等环境因素以及人为因素等多种因素的影响（钱宝 等，2011）。在样方尺度下，国内外学者常采用CO_2分析仪对植物的呼吸作用进行监测，用气相色谱法测度土壤呼吸强度，从而计算出样方内植被和土壤的碳排放强度。

植物光合作用，指绿色植物吸收光能，把CO_2和水合成有机物，同时释放O_2的过程（李合生，2006）。在样方尺度下，国内外学者常采用同化量法对植物的光合作用强度进行监测，或利用微气象法对环境中CO_2通量进行监测，结合植物呼吸作用与光合作用过程，计算出植物的碳汇强度。

碳储量的估测研究普遍基于生物量进行计算，即通过测定森林植被的生产量与生物现存量，再乘以生物量中碳含量百分比推算而得（张志 等，2011）。在样方尺度下，通过直接测量法或利用激光雷达扫描并生成激光点云，可以测出样方中的生物量；或利用平均生物量法、异速生长模型，根据随机抽取的典型植物，推导出样方的总生物量，进而推算样方中的碳储量。另外，针对土壤碳储量，也可以利用TOC分析仪进行测度（钱宝 等，2011）。

4.1.2　绿地尺度

城市绿地是城市绿地系统的基本构成单元（马锦义，2002），在城市碳氧平衡中有不可替代的作用（王保忠 等，2004）。这一尺度下，参考《公园设计规范》（GB 51192—2016），本书重点关注2hm^{2}以上、300hm^{2}以下的城市绿地，从而适应公园规划设计与建设管理的需要。

这一尺度下，碳评估内容主要包括城市绿地在全生命周期视角下的碳排放、碳汇与碳储水平的测度。国内外学者关注城市绿地在规划设计、施工养护等过程中的碳排放（王斌 等，2022），考虑场地环境因素、规划设计因素、管理养护因素对碳循环的影响，通过构建绿地全生命周期清单分析框架，运用Pathfinder系统、i-Tree模型等对景观营建各阶段的碳排放和碳汇因素进行汇总，得出绿地全生命周期的碳排放和碳汇量（王晶懋 等，2022）。

4.1.3　城市尺度

城市是创造人类物质和精神财富的核心，也是诱发生态问题最为集中的地方。城市绿地的丰富性、可达性、空间分布及形态配置等要素，对城市生物多样性、固碳释氧能力等方面具有重要影响。然而，中心城区绿地规模小且破碎化程度高，外围城市绿地多呈现集中连片的特征，其空间分布的不平衡直接影响到CO_2的吸收效率。

城市尺度包括城区、市域、区域及更大的空间范围，其碳评估方法与原理具有相似性。这一尺度下，常规的计量评估手段难以快速全面捕捉研究区域内的有效信息，往往需借助面板数据或遥感技术，实现碳排放、碳汇和碳储的估测。国内外学者采用CASA模型、BIOME-BGC模型、IPCC法等展开了诸多研究，这些方法普遍具有高效、快捷的优势，能兼容多种环境情景。受样本选取和数据来源制约，不同方法的测度结果具有一定差异（谢立军 等，2023）。因此，实践应用中有必要筛选合适的评估方法，或进行交叉检验来提升精度，同时制定统一的评估标准体系，完善碳系统的评估机制。

4.2　基于样方尺度的评估方法

样方尺度下的研究能够较直观了解植物个体、群落以及小范围环境中的碳循环过程，便于从微观层面对城市绿色空间的减排固碳施加干预，其研究成果是城市绿地尺度、城市尺度相关研究的基础（李明辉 等，2003）。

本节重点介绍样方中植物和土壤参与碳循环过程的测度方法：在碳排放量评估方面，国内外学者常采用CO_2分析仪法和气相色谱法分别监测植物和土壤的呼吸作用强度，进而计算其碳排放强度；在碳汇计量评估方面，常采用同化量法和微气象法对植物的光合作用强度进行监测；在碳储量估测方面，常用直接测量法、平均生物量法、异速生长模型法来评估样方内植物的碳储量。之后，从提升绿地植物的碳汇能力、维护绿地土壤碳汇功能两个方面提出城市绿色空间规划设计策略。

4.2.1　碳排放量评估方法

植物和土壤都会通过呼吸作用产生CO_2。植物碳排放测定方面，以传统的广口瓶法（小篮子法）和目前使用较为广泛的CO_2分析仪法为主；土壤碳排放测定方面，以静态气室法和静态碱液吸收法应用较多，其中前者需用到气相色谱仪。

4.2.1.1　植物呼吸速率测定

呼吸作用是活细胞在一系列酶的催化下，把有机物氧化分解并释放能量的过程，也是高等植物的重要生理功能。呼吸作用停止，意味着生物体的死亡。呼吸速率（呼吸强度）是反映植物呼吸作用强度的指标，常用的测定方法有红外线CO_2分析仪法、广口瓶法（小篮子法）和氧电极法等（李合生，2006）。下面介绍前两种方法。

（1）CO_2分析仪法

CO_2分析仪利用待测气体与特定吸收剂反应，生成稳定产物，根据反应前后吸收剂体积或质量变化，计算出气体中的CO_2含量。主要操作步骤如下（方精云 等，1995）：

选择适量样木，在测完地径、胸径、树高、枝下高、年龄等生长因子后，将根、茎、叶、枝等器官进行分离，并称其总重量。然后，对根、茎、枝等器官按粗细不同进行分级，并称取各径级鲜重。

茎呼吸量测定（图4-1）：从每一径级中锯取20cm长的材料，测定其中央直径和鲜重后，材料的两端涂上凡士林。然后，连同温度计一起迅速将材料放入塑料桶中，用胶条或凡士林密封。之后，将CO_2分析仪的吸气管插入塑料桶内，测定桶内的CO_2浓度。根据两次测定的浓度差计算观测时间内试样所释放的CO_2量。

枝和根呼吸量测定：从每一径级的枝条和根系中，选取适量试样进行测定，方法同茎呼吸量测定。

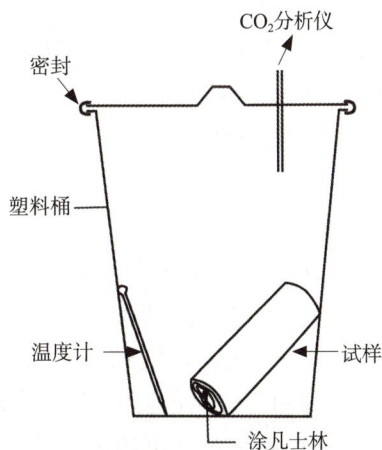

图 4-1　茎呼吸量测定示意图
（方精云 等，1995）

叶呼吸量测定：在样木伐倒后器官分离前，均匀混合不同部位的叶并在遮光条件下测定。

计算得到各器官呼吸速率。

方法评述：CO_2分析仪采用红外光谱技术，测量精度高，灵敏度高，能够有效排除其他气体的干扰，确保测量结果的准确性。该方法操作简单，方便快捷，便于开展试验研究。

（2）广口瓶法（小篮子法）

该方法利用氢氧化钡溶液吸收CO_2，通过测算剩余氢氧化钡的量，推算植物呼吸释放的CO_2。首先需要将一定量的氢氧化钡溶液放入广口瓶中，并将装有植物材料的小篮子悬挂或放置在瓶内。植物呼吸释放的CO_2被氢氧化钡溶液吸收，形成碳酸钡沉淀。最后通过滴定操作，计算出植物呼吸释放CO_2的量。

广口瓶法操作简便、成本较低，适用于测定少量植物样本的呼吸速率，但该方法的测定结果易受环境、温度影响，在测定过程中需加以控制。

4.2.1.2　土壤呼吸速率测定

土壤呼吸又称土壤总呼吸，指土壤中微生物和植被地下部分产生CO_2的过程，即土壤释放CO_2的过程（Luo et al.，2007；Singh et al.，1977）。土壤呼吸强度通常根据土壤表面释放CO_2量来确定，常用的方法有气相色谱法。

气相色谱法是静态气室法中最常用的方法。静态气室法一般是用观测箱盖住一定面积的被测土壤表面并密封，使土壤排放的CO_2进入收集容器，从而进行测定和计算，由此得到单位时间内土壤释放的CO_2量（魏书精 等，2014；黄奇 等，2023）。其主要步骤如下：

①测定前需整平地面，清理地表植物和凋落物。

②监测采样时将箱体扣入底座。可以在箱内安装小风扇，使气体混合均匀。采样箱侧面设有采气管。一段时间（如10min）后，用气泵抽取采样箱内一定体积的气体样品（如200mL）存于专用铝箔气袋，依次再经过相同时间采集相同体积的气体两次，带回实验室测定。

③使用气相色谱仪测定气体样品中CO_2浓度，并计算土壤呼吸速率，公式如下：

$$R_s = \frac{H}{V_0} \times \frac{P}{P_0} \times \frac{T_0}{T_a} \times \frac{\Delta c}{\Delta t} \tag{4-2}$$

式中　R_s——土壤呼吸速率（$\mu mol \cdot m^{-2} \cdot s^{-1}$）；

　　　H——静态箱高度（m）；

　　　V_0——标准状态下的气体摩尔体积（$0.0224m^3 \cdot mol^{-1}$）；

　　　P和T_a——样地的气压（kPa）和气温（K）；

　　　P_0和T_0——标准状态下的大气压和绝对温度，分别为101.3kPa和273.2K；

　　　$\frac{\Delta c}{\Delta t}$——气体浓度的变化率（$\mu L \cdot L^{-1} \cdot s^{-1}$）。

④计算土壤呼吸年碳排放量，公式如下：

$$土壤呼吸年碳排放量 = R_s \times 60 \times 60 \times 24 \times 30 \times 12 \times 12 \times 10^{-6} \quad (4\text{-}3)$$

式中　土壤呼吸年碳排放量——单位为 $gC \cdot m^{-2} \cdot a^{-1}$；

　　　R_s——土壤呼吸速率（$\mu mol \cdot m^{-2} \cdot s^{-1}$）。

方法评述：运用静态气室法测定土壤呼吸能够同时进行多样品的重复测定和多点测定，便于对气体通量变化较大的土壤进行测量，操作相对简单。但该方法的不足是改变了近地面微气象条件，测量范围也较小（魏书精 等，2014）。

4.2.2　碳汇计量评估方法

样方尺度下植物碳汇测算要求精度较高，在测量步骤和设备选择上都相对精细，主要有植物同化量法和环境微气象法等。

4.2.2.1　植物同化量测定

同化量法即通过测定植物叶片光合生理指标，如净光合速率、蒸腾速率、胞间CO_2浓度、气孔导度等，计算植被固碳量，常用于小尺度环境评价植物固碳能力、筛选高碳汇物种、分析植物光合作用影响因子等（张桂莲 等，2022）。主要操作步骤如下（薛海丽 等，2018）：

①估算样方内每种植物的绿量　筛选样方内典型植物，并针对每种典型植物选择一定数量的样本。测定其株高、胸径和冠幅。利用植物绿量回归模型估算绿量（总叶面积）（陈自新 等，1998）。

②测定每种植物的光合速率与蒸腾速率　固定时间间隔（如每月）选取晴朗无云的一天，采用便携式光合测定系统，利用开路法测定完全展开叶片的瞬时净光合速率。测定时间范围为整个白天时段，起止时刻应视测量当日太阳照射时间而定，并设置重复试验。

③计算固碳释氧　利用积分法，估算植物在测定当日的净同化总量：

$$P_d = \sum_{i=1}^{j} \left(\frac{p_{i+1} + p_i}{2 \times (t_{i+1} - t_i)} \times \frac{3600}{1000} \right) \quad (4\text{-}4)$$

式中　P_d——植物叶片净同化总量（$mmol \cdot m^{-2} \cdot d^{-1}$）；

　　　p_i——初始瞬时光合速率（$\mu mol \cdot m^{-2} \cdot s^{-1}$）；

　　　p_{i+1}——下一点瞬时光合速率（$\mu mol \cdot m^{-2} \cdot s^{-1}$）；

　　　t_i——初测点的瞬时时间（h）；

　　　t_{i+1}——下一测点时间（h）。

植物叶片日固碳量：

$$W_d(CO_2) = P_d \times \frac{M(CO_2)}{1000} \quad (4\text{-}5)$$

式中　W_d（CO_2）——植物叶片固定CO_2的质量（$g \cdot m^{-2} \cdot d^{-1}$）；

　　　M（CO_2）$= 44g \cdot mol^{-1}$。

根据光合作用反应方程：

$$6CO_2 + 6H_2O \rightarrow (CH_2O)_n + 6O_2 \tag{4-6}$$

植物叶片日释氧量为：

$$W_d(O_2) = P_d \times M(O_2) / 1000 \tag{4-7}$$

式中　W_d（O_2）——植物叶片日释放O_2的质量（$g \cdot m^{-2} \cdot d^{-1}$）；

　　　M（O_2）——其值为$32g \cdot mol^{-1}$。

单株植物日固碳量和释氧量分别为：

$$G_d(CO_2) = S \times W_d(CO_2) \tag{4-8}$$

$$G_d(O_2) = S \times W_d(O_2) \tag{4-9}$$

式中　G_d（CO_2）——单株植物日固碳量（$g \cdot d^{-1}$）；

　　　G_d（O_2）——单株植物日释氧量（$g \cdot d^{-1}$）；

　　　S——绿量（m^2）。

④利用Excel对试验数据进行统计和分析，利用SPSS软件对每种植物的单株日固碳释氧水平采用Word Method离差平方和法进行聚类分析。

方法评述：同化量法通过测量植物叶片的光合生理指标量化植物的碳汇能力，具有较高的准确性。该方法操作简便、成本相对较低，无须复杂的设备和烦琐的操作步骤。另外，同化量法能够评估不同植物种类的固碳能力差异，可以筛选出具有高碳汇能力的物种，为生态恢复和碳汇造林提供优质植物资源选择。但如果将测度结果推算至更大空间尺度，则误差会被放大，结果可信度降低（王修信 等，2019）。

4.2.2.2　环境微气象测定

微气象法通过测量近地层湍流状况和被测气体的浓度，获得该气体的通量值（Liu et al.，2018）。该方法以小气候特征监测为基础，可直接对绿地与大气之间的CO_2通量进行连续、动态观测，广泛应用于碳通量变化及其环境响应机理的研究（于贵瑞 等，2011）。早期常用空气动力学方法和热平衡法测量CO_2通量，如今涡度相关法应用较广，成为世界上CO_2和水热通量测定的标准方法。

（1）涡度相关法

涡度相关法是微气象法的代表，通过在林冠上方直接测定CO_2的涡流传递速率，计算出CO_2的量，其操作步骤如下（Vesala et al.，2012）。

①选择站点，在站点内建设观测塔，塔高应足以避免地面附近湍流的影响，同时确保传感器能够捕捉到冠层以上的气流信息。

②安装涡度相关系统，包括三维风速仪、温湿度传感器、CO_2浓度分析仪等。

③校准仪器，设定数据采集频率和时长，获取数据。

④对采集到的原始数据进行预处理，包括异常值剔除、数据插补等。

⑤利用涡度相关原理，通过风速、温湿度和CO_2浓度数据计算CO_2通量。对通量数据进行质量控制和不确定性分析，确保结果的准确性。

⑥通过长期观测CO_2通量数据，结合生态系统生物量、土壤碳库等信息，间接估算碳储量的变化。

方法评述：涡度相关法属于微气象学的经典方法之一，可以对地表碳通量实施长期、连续和非破坏性的定点监测，有利于长期开展碳通量观测，且可在短时间内获取CO_2通量与环境变化信息（于贵瑞 等，2006；聂道平 等，1997）。但该方法对下垫面的要求很高（Chen et al.，2019），在复杂地形和大气不稳定地点测定的结果误差较大。

（2）空气动力学法

在涡度相关法广泛应用以前，测定群落—大气间能量和物质通量主要利用空气动力学法（梯度法）。该方法基于能量和物质通量在垂直方向梯度分布规律，通过测定群落上部两个高度的H_2O和CO_2浓度梯度，依据相似性理论间接计算H_2O与CO_2通量。该方法较适于长期观测（于贵瑞 等，2006）。

4.2.3　碳储量评估方法

植被和土壤是生态系统碳库的重要组成部分。在样方尺度，针对植被碳储量，主要采用直接测量法、异速生长模型法评估；针对土壤碳储量，主要在采集土壤样品后利用TOC分析仪测算。

4.2.3.1　植物碳储量评估方法

（1）直接测量法

直接测量法即直接采集收获生物体后进行称重的方法。主要操作步骤如下（国家林业局应对气候变化和节能减排工作领导小组办公室，2008）。

①选择有代表性的林分，进行每木检尺，测定胸径、树高、冠幅、枝下高等数据，根据各径级的平均胸径、树高、冠幅、活枝下高，采用分层切割法，测定各器官鲜重。同时采集少量各器官样品，称取样品鲜重，然后在≤70℃条件下烘干至恒重，测算样品含水率和各器官干重，推算出该植株的生物量，再乘以含碳系数，即得到该植株的碳储量。

②以实测样地的生物量与该类型绿色空间面积为基础，结合含碳系数，即可推算出该类型绿色空间的碳储量，该方法即为平均生物量法（Whittaker et al.，1975；Botkin，1978）。值得注意的是，平均生物量法适用于尺度较小的城市绿色空间，当研究区域空间范围较大时，测算结果的准确性难以得到保障（张志 等，2011；石小亮 等，2014）。

方法评述：直接测量法测定的数据准确可靠，常作为真值与其他方法的估计值进行比较，但此法费时费力且具有较大的破坏性，在实际操作中较少用于测定乔木层生物量，常用于测定林下植被生物量。

（2）异速生长模型

异速生长方程法是通过建立林木生物量与胸径、树高等林木易测因子之间的回归方程，进而推算立木含碳量的方法（董利虎 等，2020）。异速生长理论研究起源于相对生长概念的提出（Huxley J S，1932），此后，国内外大量学者用异速生长方程拟合生物量模型。在众多文献中，$Y = aX^b$ 的幂函数形式的异速生长模型最为常见（王天博、陆静，2012）。主要操作步骤如下（国家林业局应对气候变化和节能减排工作领导小组办公室，2008）。

①测量单株林木的生物量与生理指标，建立单株生物量关于胸径（DBH）或关于胸径和树高（H）的异速生长方程；随后逐株计算样地内林木的生物量，累加计算样地水平单位面积生物量和碳储量。

②为降低评估成本，也可以通过文献资料选择适用的生物量异速生长方程。应尽可能选择来自所在地区的方程，否则须先对其适用性进行验证。

方法评述：运用异速生长模型法推算含碳量由于只需测定胸径、树高等易测因子，因此方便快捷，但需考虑树种生长阶段性和地域性的差异（张桂莲 等，2022）。

4.2.3.2　土壤碳储量评估方法

土壤碳储量评估常采用TOC分析仪，即总有机碳（total organic carbon，TOC）分析仪，其可以直接便捷地测量有机物含量。测量方法包括化学氧化法和高温燃烧法两种方法，后者应用较为普遍。该方法的原理是将样品中的有机碳通过高温灼烧转化为 CO_2，运用仪器中的非分散红外检测器测定 CO_2 浓度，并换算为TOC浓度（田英姿 等，2003）。下面以高温燃烧法为例介绍主要操作步骤（赵仁竹 等，2015）。

①采集土壤样品，迅速带回实验室，剔除动、植物残体和石块，用四分法取出适量土壤样品，经风干、研磨和筛选处理后制成待测样品储存备用。

②用适量的消解剂（如酸类消解剂），将样品在高温条件下消解为液体并进行稀释，过滤得到清澈的消解液。

③将清澈的消解液注入TOC分析仪中，仪器通过高温氧化将消解液中的碳转化为 CO_2，并测量产生的 CO_2 的量。根据测量结果，计算出样品中有机碳含量。

方法评述：TOC分析仪操作简便、快速准确、稳定性高；无须多种试剂，只需加酸即可，试剂损耗小；由于燃烧温度高，不受样品基体影响，可更加充分地将有机碳氧化，得到的结果较为准确。

4.2.4　样方尺度绿色空间优化方法

在样方尺度下，植物个体和群落特征，以及土壤条件，对于样方的碳汇能力具有重要影响，通过科学的规划设计，并结合适当的管理养护，能够使样方持续、有效地吸收 CO_2。

4.2.4.1　提升绿地植物的碳汇能力

植物能够将大气中CO_2固定于绿地碳库，合理的配植可以提升植物的碳汇能力。

（1）选择碳汇能力强的植物

绿地植物固碳能力受到植被条件和人为因素影响（刘颂 等，2022）。研究表明，拥有更大叶面积、更高生物量、更长寿命的木本植物在全生命周期中碳汇效果更好（Anjali et al.，2020）。非木本植物虽然固碳效率高，但受制于生长周期较短（部分为一、二年生植物），加之人为修剪、更换频率高，其碳汇能力很难得到有效发挥（史琰 等，2016）。因此，通过增加碳汇能力强的植物的比重，可以提升样方的碳汇水平。

（2）优化植物群落结构

植物群落结构特征对木本和草本植物的生长速度、物候特征、凋落物产量以及质量、抗病虫害能力等方面有不同程度的影响，进而影响城市绿地固碳能力（刘颂 等，2022）。优化物种组合方式可以促进种间互利共生并削弱种间竞争，充分发挥植物群落整体的固碳效益。

一般情况下，结构层次更复杂的群落能更好地利用环境资源，并具有较高的固碳能力（平晓燕 等，2013），适当提高栽植密度将提高植被的水分和养分利用率，增强植被地上、地下生产力，进而提升固碳能力（Mexia et al.，2017）。但栽植密度并非越高越好，密度过高将导致植物的长势受到限制，从而制约碳汇能力的发挥（依兰 等，2019）。此外，在植被覆盖下，土壤因免于太阳直射而减少温度升高与水分蒸发，为土壤生物活动提供了适宜的水热条件，加速了凋落物分解，增加了有机碳积累（Sarah et al.，2004）。因此，在群落层面，根据当地的气候和环境条件，科学营建并优化植物群落结构，能够在一定程度上提升植被的碳汇能力。

（3）维持树木长时间碳累积能力

确保树木长时间碳累积是提升城市绿地碳汇能力的关键（刘颂 等，2022）。在树木生命初始阶段，速生树种比慢生树种能固定更多的碳。但长期来看，随着速生树种成熟，慢生树种将累积更多的碳（Montagnini et al.，2004）。从兼顾经济与碳汇效益的角度出发，将速生树种的轮伐期控制在10~25年将取得较大收益（根据地区及树种的不同，轮伐期会存在一定差异）（储安婷 等，2023；Chen et al.，2020；王小涵 等，2023），而慢生树种的轮伐期则相对较长（Chen et al.，2020；罗上华 等，2012）。因此，加强对植物生长潜力的评估与管理，能够在较长时间内维持较高的植物碳汇水平。

4.2.4.2　维护绿地土壤碳汇功能

相较于自然土壤，城市绿地土壤发育受人类活动（如建设过程中对土壤的翻动、搬运、压实、覆盖及管理使用过程中施肥、灌溉、踩踏等活动）影响显著，导致土壤理化性质及物质循环过程呈现不同特点（罗上华 等，2012）。相关研究表明，人为压实作业会大幅增加土壤容重（王小涵 等，2022），而不透水铺装则阻碍了土壤与大气的物质循环，从而抑制了土壤呼吸等碳循环过程（Raciti et al.，2012），不利于土壤碳汇功能的发挥。因此，减少人为活动因素对土壤理化性质的负面干扰，保护土壤碳循环过程，增强土壤有机碳积累能力，将有助于城市绿地土壤保持高效的碳汇功能（刘颂 等，2022）。

4.3 基于绿地尺度的评估方法

在绿地尺度上，绿色空间碳汇的计量评估和影响因素，以及绿色空间的设计方法是3个关键要素，需要综合考虑植被、土壤、水体等因素，从而有效地优化城市绿色空间的规划和布局，以共同促进城市绿地的碳汇功能提升。

4.3.1 碳排放计量评估

城市绿地碳排放涵盖了人类活动和自然要素两个方面。人类活动包括交通运输、工业生产、建筑施工等，这些活动释放出大量的CO_2和其他温室气体，对城市绿地的碳排放产生显著影响。同时，自然要素如土壤、植被也会通过呼吸作用释放碳，植被通过光合作用吸收CO_2，对城市绿地碳平衡起着重要作用。

4.3.1.1 自然要素碳排放量化方法

城市绿地的自然要素碳排放评估主要针对植被呼吸作用和土壤呼吸作用的碳排放进行评估。

（1）植被呼吸作用计量模型

植物通过呼吸作用将光合作用中获得的碳分子氧化，释放CO_2。植被呼吸是陆地生态系统中的重要碳循环过程之一，植被呼吸作用计量模型是用来估算植被呼吸速率的模型（肖复明 等，2005）。其核算公式如下：

$$R = \left(\Delta C \times \frac{V}{A} \right) \left(\frac{44}{22.4} \right) \left(\frac{273}{273+T} \right) \left(\frac{P}{101325} \right) \tag{4-10}$$

式中　ΔC——植被测前、后气体交换CO_2浓度差（$\times 10^{-6}$）；
　　　V——气体流量（$L \cdot min^{-1}$）；
　　　A——体积（cm^3）或重量（g）；
　　　44——每mol CO_2重量（g）；
　　　22.4——标准状态下，每mol CO_2气体体积（L）；
　　　T——测定时的温度（℃）；
　　　273——（绝对温度）（k）；
　　　P——测定时的气压（Pa）；
　　　101325——标准大气压（Pa）；
　　　R——植被的呼吸速率CO_2（$mg \cdot m^{-3} \cdot min^{-1}$）或（$mg \cdot kg^{-1} \cdot min^{-1}$）。

植被呼吸作用计量模型建立在植物生理学和生态学理论的基础上，考虑了温度、光照、植物生理状态、植被类型和结构等因素对植被呼吸速率的影响，适用范围广泛。可是，这些模型需要大量的实地观测数据来支持参数的统计，由于环境的变化，结果可能存在误差。

（2）土壤呼吸作用计量模型

土壤呼吸作用计量模型用于计算城市绿地中土壤呼吸效率。土壤呼吸是指土壤中微生物和土壤动物分解有机物从而释放CO_2的过程，是碳循环中的一个重要环节（吴亚华 等，2016）。其核算公式如下（黄奇 等，2023）：

$$R_s = ae^{bT} \tag{4-11}$$

式中　R_s——土壤呼吸速率（$\mu mol \cdot m^{-2} \cdot s^{-1}$）；

a、b——拟合参数；

T——5cm深度土层土壤温度（℃）；

e——土壤呼吸速率的温度敏感性系数。

土壤呼吸的年碳排放量公式如下：

$$R_t = R_s \times 60 \times 60 \times 24 \times 30 \times 12 \times 12 \times 10^{-6} \tag{4-12}$$

式中　R_t——年排放量为年土壤呼吸碳排放量（$g\,C \cdot m^{-2} \cdot a^{-1}$）；

数字60、60、24、30、12、12、10——$60s \cdot m^{-1}$、$60min \cdot h^{-1}$、$24h \cdot d^{-1}$、$30d \cdot m^{-1}$、$12m \cdot a^{-1}$、碳元素摩尔质量$12g \cdot mol^{-1}$和$10^{-6}mol \cdot \mu mol^{-1}$。

4.3.1.2　生产、建造、使用、维护碳足迹量化方法

在整个城市绿地建设的生命周期中，每个阶段都有对应的材料使用和能源消耗清单，分别计算出每个阶段的碳排放和碳汇量，然后进行汇总，得出城市绿地全生命周期的总碳排放量（王晶懋 等，2022）。其核算公式如下：

$$C = C_1 + C_2 + C_3 + C_4 \tag{4-13}$$

式中　C——城市绿地全生命周期碳排放总量（t）；

C_1——城市绿地材料生产阶段碳排放总量（t）；

C_2——城市绿地建造阶段碳排放总量（t）；

C_3——城市绿地日常使用阶段碳排放总量（t）；

C_4——城市绿地维护管理阶段碳排放总量（t）。

（1）城市绿地生产阶段碳排放

城市绿地建设产生碳排放的过程有搅拌混凝土砂浆、铺平场地、压实地面、切割木材和石材、材料运输等，从原材料生产、加工，到产品出厂并运输到施工现场，每个环节都会导致温室气体排放（表4-2）。《环境管理生命周期评价要求与指南》（GB/T 24044—2008）为碳排放的计算提供了标准和方法（李昱烨 等，2024），其核算公式如下：

$$C_p = \sum_{i=1}^{n} M_i \cdot N_i \tag{4-14}$$

式中　M_i——第i种城市绿地材料的用量（kg）；

　　　　N_i——第i种城市绿地材料的碳排放因子。

表 4-2　常见城市绿地材料生产阶段碳排放因子表 [《环境管理生命周期评价要求与指南》（GB/T 24044—2008）]

材料类别	碳排放因子
C30混凝土	29 kg CO_2 e · m^{-3}
C50混凝土	385kg CO_2 e · m^{-3}
混凝土砖（240mm×115mm×90mm）	336kg CO_2 e · m^{-3}
蒸压粉煤灰砖（240mm×115mm×53mm）	341kg CO_2 e · m^{-3}
黏土空心砖（240mm×115mm×53mm）	250kg CO_2 e · m^{-3}
天然石膏	32.8kg CO_2 e · t^{-1}
页岩石	5.08kg CO_2 e · t^{-1}
黏　土	5.08kg CO_2 e · t^{-1}

（2）城市绿地建造阶段碳排放

城市绿地建造阶段的碳排放主要由两部分组成（表4-3）。一部分是材料运输过程中车辆的耗油量，另一部分是建设期间使用的机械耗油量和耗电量（陈自新 等，1998），其核算公式如下：

$$C_{b1} = \sum_{i=1}^{n} D_i \cdot T_i \cdot E_i \qquad (4\text{-}15)$$

$$C_{b2} = \sum_{i=1}^{n} F_i \cdot R_i \cdot W_i \qquad (4\text{-}16)$$

式中　C_{b1}——材料运输阶段的碳排放量（t）；

　　　　D_i——第i种城市绿地材料的运输距离（km）；

　　　　T_i——第i种城市绿地材料的运输能源消耗量（t）；

　　　　E_i——运输第i种城市绿地材料所使用车辆的碳排放因子。

　　　　C_{b2}——施工建造阶段的碳排放量（t）；

　　　　F_i——第i种城市绿地建造机械的单位台班能耗量（kW · h）；

　　　　R_i——第i种城市绿地建造机械的台班量（h）；

　　　　W_i——第i种城市绿地建造机械的碳排放因子。

表4-3　常见城市绿地建造阶段碳排放因子表 [住建部《建筑碳排放计算标准》（GB/T 51366—2019）]

材料类别	碳排放因子/(kg CO_2e · t^{-1} · km^{-1})
轻型汽油货车运输（载重2t）	0.334
中型汽油货车运输（载重8t）	0.115
重型汽油货车运输（载重10t）	0.104
轻型柴油货车运输（载重2t）	0.286
中型柴油货车运输（载重8t）	0.179

（续）

材料类别	碳排放因子/（kg CO$_2$e·t^{-1}·km^{-1}）
重型柴油货车运输（载重10t）	0.162
电力机车运输	0.010
内燃机车运输	0.011
铁路运输（中国市场平均）	0.010
液货船运输（载重2000t）	0.019
集装箱船运输（载重200TEU）	0.012

（3）城市绿地使用阶段碳排放计算公式

城市绿地日常使用阶段产生的碳排放主要源于各种照明设施的电量消耗（表4-4）。一些照明设备的使用时间存在差异，如大多数路灯和地埋灯（Wang et al.，2020）。其核算公式如下：

$$C_u = \sum_{i=1}^{n} Q_i \cdot H_i \cdot J_i \qquad (4-17)$$

式中　Q_i——第i种照明设备的数量；

　　　H_i——第i种照明设备每年消耗的能源消耗量（kW·h）；

　　　J_i——第i种照明设备的碳排放因子。

表 4-4　常见城市绿地使用阶段碳排放因子表

材料类别	碳排放因子/（t CO$_2$·MWh^{-1}）
高杆灯	0.89
草坪灯	0.89

（4）城市绿地维护阶段碳排放计算公式

城市绿地维护阶段的碳排放主要来自植物的养护管理工作，包括补种、修剪、灌溉、施肥以及病虫害的防治（表4-5）。此外，还包括植物补种过程中轻型货车的耗油量，其他养护管理措施将根据绿地类型和植物生长情况而定（黄柳菁 等，2017；杨云峰 等，2024）。城市绿地维护阶段碳排放核算公式如下：

$$CE_{mai} = \sum_{i=1,\ j=1,\ k=1,\ p=1} \left(T_i \times Q_i \times C_i + T_j \times Q_j \times C_j + D_{kp} \times Q_k \times C_k \right) \qquad (4-18)$$

式中　CE_{mai}——管理养护碳排放（kg CO$_2$）；

　　　Q_i——第i种材料的总消耗量（kg），其碳排放因子为C_i（kg CO$_2$·kg^{-1}）；

　　　Q_j——第j种施工工序化石燃料的总消耗量（L）；

　　　C_j——化石燃料的碳排放因子（kg CO$_2$·L^{-1}）；

　　　D_{kp}——第k种交通工具，第p次行驶路程（km）；

　　　Q_k——百千米油耗（L·0.01km^{-1}）；

　　　C_k——化石燃料碳排放因子（kg CO$_2$·L^{-1}）；

　　　T_i，T_j——每年每种管理措施的次数（次·a^{-1}）。

表4-5　常见城市绿地维护阶段碳排放因子表[住建部《建筑碳排放计算标准》（GB/T 51366—2019）]

材料类别	碳排放因子/($t\,CO_2 \cdot TJ^{-1}$)	材料类别	碳排放因子/($t\,CO_2 \cdot TJ^{-1}$)
焦　炭	100.60	柴　油	72.59
原　油	72.23	石油焦	98.82
燃料油	75.82	喷气煤油	70.07
汽　油	67.91	天然气	55.54

4.3.2　碳汇计量评估

城市绿地将大气中的CO_2吸收并固定在植被与土壤当中，通过量化城市绿地的碳汇，可以评估城市绿地的碳汇效率和绿地系统的碳汇功能。在城市绿地尺度下，包含植物碳汇和土壤碳汇两类计量模型（王迪生，2009）。

4.3.2.1　植被固碳功能量化方法

该方法通过设立典型样地获取植被相关信息从而准确测定植被碳储量。其优点是直接、技术简单；缺点是只考虑地上部分而忽略了土壤呼吸和地下生物量等因素，不能反映季节和年变化，并且耗费劳动力多。该方法可分为蓄积量法和生物清单法（石铁矛 等，2023）。

除对样地进行实测外，还可以通过建立数学模型来预测植物固碳量，进而模拟和预测不同情景对植物固碳能力的影响，此类模型有CITYgreen、i-Tree系统和美国树木效益网络计算器（National Tree Benefit Calculator，NTBC）等。

（1）蓄积量法

蓄积量法是评估生态系统碳储量的重要方法。随着技术方法的不断改进和完善，蓄积量法的应用范围逐渐扩展到城市绿色空间相关领域。

蓄积量法利用木材蓄积量数据求得生物量，从而换算出绿地的固碳量。其具体原理是对绿地主要树种进行抽样并实测，求得主要树种的平均容重（$t \cdot m^{-3}$），并利用木材蓄积量数据求得生物量，利用碳质量与生物量之间的转换系数来求得城市绿地植被的固碳量。具体而言，植被的固碳量（CF）为树木生物量固碳量、林下植物固碳量、林地固碳量的总和，其核算公式如下：

$$CF = \sum(S_{ij} \cdot C_{ij}) + \alpha \sum(S_{ij} \cdot C_{ij}) + \beta \sum(S_{ij} \cdot C_{ij}) \qquad （图4-19）$$

式中　$C_{ij} = V_{ij} \cdot \delta \cdot \rho \cdot \gamma$；

S_{ij}——第i类地区第j类森林类型的面积（km^2）；

C_{ij}——第i类地区第j类森林类型中生物量的碳密度（$g \cdot cm^{-3}$）；

V_{ij}——第i类地区第j类森林类型中单位面积的蓄积量（t）；

α——林下植物的碳转换系数；

β——林地的碳转换系数；

δ——生物量的扩大系数；

ρ——容积系数；

γ——含碳率（%）。

在森林碳固定过程中，需要考虑不同因素的换算系数。林下植物的固碳量换算系数，通常表示为α，一般取值约为0.195。整个林地的碳固定量换算系数，通常用β表示，一般取值约为1.244。要将森林全部生物量蓄积转换成干重，则需要考虑容积密度，通常用ρ表示，IPCC的默认值为0.5。将生物量干重转换成固碳量时，需要考虑含碳率，通常用γ表示；森林树种含碳率可根据相关文献查到。

蓄积量法是评估森林碳储量的综合手段，囊括植被与土壤等多方面，支持长期生态碳储量监测。该方法虽能追踪碳储量变化，但也存在局限，如转换系数仅基于树种划分，忽略其他变量，导致结果精度受限，伴有误差与不确定性问题。

（2）生物清单法

结合森林资源普查资料与生态学调查资料而进行的研究方法称为生物量清单法（刘艳丽，2023）。其通过记录和统计绿地中的生物种类及其数量，从而获取有关生物多样性的信息。生物量清单法通过选择研究区域、采样和调查、物种鉴定和数据整合和分析等一系列步骤来对生物物种进行识别和记录。生物清单法揭示了绿地中生物多样性的状况和变化趋势，其在城市绿地设计等领域具有重要的应用价值。评述如下：

生物清单法通过对生物样本的鉴定和记录，可以比较不同地区或不同时间段下生物多样性的变化趋势，适用于各种生态系统类型和研究尺度。然而，生物清单法的数据获取难度高，需要消耗大量的劳动力，且不能连续进行碳储量记录，计算结果不能反映季节和年度变化的动态效应。此外，地区差异、时空差异等也会影响研究结果的准确性，因而需要不断地进行改进和完善。

（3）CITYgreen

2009年，American Forests组织开发应用了城市绿地设计及分析软件CITYgreen。它是一种基于ArcView平台的城市绿地生态效益评价模型，采用地理信息系统（GIS）和遥感（RS）技术为基础。该模型由数据库和生态效益分析两个模块构成，彼此协作以模拟植被的生长情况。其评估的植被固碳效益包括植被碳存储量和年碳固定率，这些指标受植被覆盖率和植被固碳系数的影响（Liu et al., 2012）。评述如下：

CITYgreen的优势在于其基础数据库拥有300多种树木信息，数据的多样化使得模型能够更好地适应各种环境条件，该模型能够估算每棵树木的生态效益（图4-2）。但是在使用时需要修正或更新一些参数以适应不同地区的需求。同时，考虑到不同类型的植物碳储存系数的不同，在确定植物碳储存系数的类型时，需要通过实地的样方调查，碳储存、碳排放系数

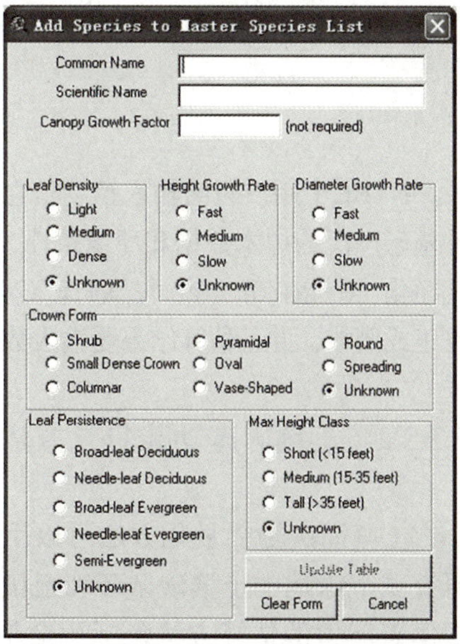

图 4-2　CITYgreen 树种更新模块

可根据相关文献查到，以此来记录样方内每棵树木的名称、胸径、冠幅、健康状况等参数，操作相对复杂。

（4）i-Tree模型

i-Tree模型是美国林务局2006年推出的，专为城市林业分析与生态效益评估设计，核心模块包括i-Tree Streets和i-Tree Eco。i-Tree Streets服务于行道树管理，依据实时环境数据评估树木年度效益，而i-Tree Eco则聚焦城市森林碳汇总评（刘阳 等，2020）。两者均能生成详尽报告与图表，展示森林结构、功能及其经济与环境贡献，如碳储存、节能减排和空气净化效果。

i-Tree在评估城市绿地生态系统服务价值上具有一些优势和限制。一方面，其供给人们判断城市绿地生态效益的途径；另一方面，该模型的应用也受到一些限制，其需要大量的数据支持和专业知识，从而增加了操作的难度。此外，其在城市绿地生态价值方面存在一定的主观性和不确定性。

（5）美国树木效益网络计算器NTBC

NTBC在i-Tree的基础上开发，并在操作界面、技术路线、数据输入等方面都进行了简化。NTBC利用树木的高度和胸径来对研究对象的地上生物量进行估算，并将其转换为固定的碳量，以此对研究对象的碳固定情况进行评估（图4-3）。同时，系统根据用户输入的植物信息和环境条件，来估算不同树种的年固定碳量（于洋 等，2021）。

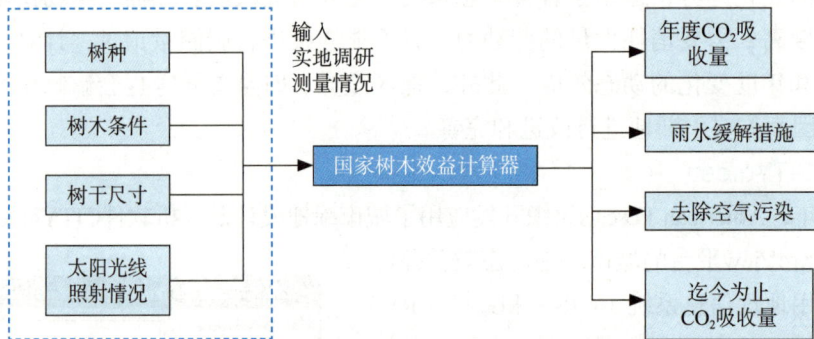

图4-3 NTBC操作方法示意图（祝月茹 等，2023）

NTBC中用户只需输入植物信息和所处环境即可快速获取树木的效益数据，并且软件基于广泛的树木数据和环境条件，能够提供各种树种的效益估算，包括气候调节、空气净化、碳储存等。然而，NTBC对于不同地区的适用性有限，所以需要进行一定程度的修正或调整，并且估算结果受输入数据的准确性和完整性影响比较大（王敏 等，2021）。

4.3.2.2 土壤固碳功能量化方法

土壤固碳功能量化方法可以用来评估城市绿地中土壤吸收和储存碳的能力，是研究城市绿地中土壤碳循环和土壤碳储量变化的重要工具。在城市绿地尺度下，土壤固碳能力的估算方法包括生命带法、遥感技术估算法和DNDC（denitrification-decomposition，反硝化-分解）模型等。

（1）生命带法

尽管生命带法通常用于大尺度范围，但其一定程度上仍适用于城市绿地的研究。生命带法是按生命地带土壤有机碳密度与该类型分布面积计算土壤有机碳蓄积量。在利用该方法计算时，对于没有实测容重数据的土层，其容重根据土壤有机碳的密度与深度关系来拟合求出（周国模　等，2006）。

生命带法不仅能估算总体土壤有机碳储量，还能深入了解各种生态地带类型的土壤有机碳储量情况，这使得研究范围更为广泛。该方法的缺点在于数据来源的广泛性、可靠性不足，容易导致计算结果的显著差异。

（2）遥感技术估算法

遥感技术估算法通过地理信息系统（GIS）软件建立土壤空间数据库，进而进行土壤有机质质量分数的计算。此方法涉及采集典型土壤剖面的数据，包括各土层的有机质质量分数、厚度以及容重等信息，并建立相关的土壤有机质属性数据库。通过GIS的空间分析功能，可以对各类土壤的有机碳储量进行准确计算（甘海华　等，2003）。

利用遥感技术支持的GIS估算法，凭借精度高、时空统一、高效快速、调查全面等优势，能够有效解决因调查费时费力导致的结果精度不佳、不可靠的问题（高君亮　等，2016）。

（3）DNDC模型

DNDC模型由美国新罕布什尔大学开发并推广，是一种用于研究氮、碳从土壤表层逃逸进入大气的主要反应的模型。该模型分为两个部分，第一部分由3个子模型组成，分别是城市绿地中土壤环境子模型、植物生长子模型和有机质分解子模型，用于预测城市绿地的土壤温度、土壤湿度、酸碱度等在植物和土壤系统中的动态变化，根据输入的气象、土壤、植被、土地利用和农田等状况来管理数据；第二部分包括硝化反应、反硝化反应和发酵反应3个子模型，用于预测微生物在这些化学反应中的参与速率（卢欣晴　等，2024）。

DNDC模型适用范围广泛，可用于不同环境下的模拟，DNDC模型的输入参数相对容易获取且模型的输出过程清晰明了，易于改造成适用于其他用途的综合模型。但是，该模型存在一些不足之处，如在低氮施用量或者不施氮的情况下，模拟效果较差（贾海霞　等，2019）。

4.3.3　碳汇的影响因素

从全生命周期视角来看，城市绿地的植被、土壤、水体的碳汇过程受到多种因素的综合影响。具体而言，这些因素可以分为场地环境因素、规划设计因素和管理养护因素3个方面。

4.3.3.1　场地环境因素

城市绿地碳汇与植被自身的生长有直接关系，而植被生长往往受多种环境因素的影响，其中包括光照、温度、湿度、季相、空气质量和土壤条件等。光照提高植被光合效率及生长速度，提升碳汇能力（朱文泉 等，2007）。适宜温度促进生长及增加碳汇，温度过高则抑制光合作用，减损碳汇能力。适宜湿度确保植物水分平衡，利于生长。季相更迭通过改变光照、温湿度等，周期性调节植物生长节律及生理活动，造成碳汇季节性波动（李鑫豪 等，2023）。空气质量问题，如高污染物浓度，可损害植物叶片，干扰呼吸与光合作用。土壤特性，包括酸碱度、质地、养分含量，对根系发展及养分吸收至关重要，直接影响植物生长及绿地碳汇功能。

城市绿地土壤碳储量显著高于植被碳储量（张伟畅，2012），受土壤特性、地表状况、城市环境和人为活动多方影响（罗上华 等，2012）。土壤自身属性涵盖了土壤质地、厚度、生物量、含水量等方面，这些特征影响土壤的物理、化学和生物学性质，从而影响有机碳的贮存和固定能力。地表覆盖方面包括植被组成、类型以及土地利用变化，不同类型和密度的植被对土壤有机碳的积累和分解产生不同影响，而土地利用变化则会影响土壤碳的储存和释放。在城市环境因素中，空气质量和局部微气候变化可影响土壤中碳的循环过程，土壤污染可能影响土壤中微生物的活性，这些因素都可能降低土壤中有机物的合成、分解、净化功效，从而影响碳的转化和固定过程。有效的绿地管理和养护措施有助于促进土壤有机碳的积累，而人类踩踏和过度开发建设可能导致土壤结构破坏和有机碳的释放，从而降低土壤的碳汇能力（Zhang et al.，2021）。此外，城市绿地随时间演进，植被生长促进土壤湿润，增强了微生物活性，土壤碳密度随之增加（许信旺 等，2017）。

水体碳汇对城市绿地的总体碳汇能力至关重要，其受水环境特性和生物多样性双重因素影响。水体的物理化学属性——流速、水深、温度、酸碱度等，直接作用于有机碳的存释过程。富营养化，由矿物质过多引起，会破坏生态平衡，干扰碳分布与积存（Lin et al.，2021）。生物多样性丰富的水生态系统，稳定性高，生态位与功能群多样化，有利于有机碳的积累与循环（柳星 等，2023）。水体生物多样性和水体环境往往是相互作用的，水体环境的改变会直接影响水体中的生物多样性，如水体中的无机碳对水生生物存在明显的施肥效应（Jansson et al.，2012）。而生物多样性的变化也会反过来影响水体的环境，比如某些水生植物能够影响水体的水质和透明度，从而改变水体的光照条件和生态位分布。

4.3.3.2　规划设计因素

在规划设计层面，城市绿地的碳汇与绿地自身特性有密切关系，其制约因素包括但不限于植被的种类、种植密度、群落结构（包志毅，2011）、水体、湿地、绿地的面积，以及绿地间的连通性等方面。

植被种类的选择与应用直接决定了城市绿地的碳汇水平。乔木寿命长，其固碳期就相对较长；灌木生长虽然速度快，但碳固定的周期相对较短；草坪相比乔木和灌木，具有较高的固碳效率，但在很短时间内会由于修剪或更替将碳释放（Townsend et al.，2010）。植被的生长阶段同样影响碳汇性能，如木本植物在成长初期固碳速率快，随树龄增长碳储量增加直至成熟后渐缓（Nowak et al.，2002）。植被密度与群落结构设计至关重要，高密度与多层次结构能极大提升单位面积的碳存储潜力，合理控制植被密度不仅避免植被间过度竞争，还促进了健康生长，增强了整体碳汇效果。

绿地类型及其覆盖范围显著影响碳汇表现。水体与湿地作为城市绿化的组成部分，其存在扩大了生态系统的碳汇功能。城市规划需重视构建连贯的绿地网络，以促进生态要素流动，增强碳循环的稳定性和持久性，实现生态系统层面的碳汇最大化（赵彩君，2010）。

4.3.3.3　管理养护因素

城市植被养护管理措施是维护城市绿地的重要手段，包括移植、灌溉、施肥、病虫害防治、修剪以及废弃物处理等多个方面。具体而言，移植、灌溉、施肥以及病虫害防治等措施有助于改善植被生长环境，促进植物生长，进而提升城市植被的碳固存能力。修剪与城市植被碳固存之间的关系比较复杂，修剪会造成植被生物量减少，但合理修剪又能促进植物生长（Sajdak et al.，2014）。有研究表明，老枝残叶修剪的比例越高，对乔木生物量年增长的负面影响越小（温家石 等，2010）。然而，养护活动伴随碳足迹，灌溉与草坪维护尤为突出，减弱了绿地的净碳汇效能（Jo et al.，1995）。

植被废弃物处理是碳循环不可或缺的部分。城市中，废弃物填埋能长期锁定约40%的碳，超越自然环境下的快速分解（史琰，2016）。再利用方面，废弃物转化为木制品或生物质能源，可有效应用于发电和供暖，策略性降低了城市碳排放（Shi et al.，2013），体现了城市植被管理在促进碳固存与减排方面的综合潜力。

4.3.4　绿色空间要素设计方法

植被、土壤、水体是城市绿色空间的主要组成要素，这些要素不仅是城市生态系统的重要组成部分，也是绿色空间碳汇的重要载体。对这些要素提出合理的设计优化策略，能够有效提升城市绿地的碳汇效能。

4.3.4.1　植被设计方法

城市绿地植被的增碳设计方法可以从植被类型、植被群落和立体绿化等方面考虑。

不同类型植被的碳汇能力差异显著。一般而言，乔木因深根性与长生长周期展现出优越的碳汇能力，尤其在幼年至中年期，碳吸收效果显著，成熟期则有所下降（王敏 等，2015）。构建群落时，应借鉴乡土植被的自然模式，利用其自维持与更新能力，搭配乔木、灌木、藤本和草本植物，既增加生物多样性，又提升碳汇效率，同时减少了维护成本（Waller et al.，2020）。

植被群落的优化配置核心在于生态位的有效利用，通过科学规划不同植物的生理特性和营养结构，促进资源如光照、水分、土壤养分的高效利用，显著增强碳汇能力

（王旭东 等，2016）。设计时需注意植被密度的合理控制，既发挥自然群落的自组织能力，又适度采用人工干预手段，如疏解、互补、重构，以形成稳定、功能完善且动态平衡的植物群落（车生泉 等，2009）。

立体绿化技术，如屋顶绿化、垂直绿化，为增碳汇设计提供了新视角。屋顶绿化不仅降低建筑能耗，还通过植被覆盖减少太阳辐射吸收，改善微气候，增加碳汇（Zaid et al.，2018）。垂直绿化则拓展了绿化空间，利用建筑物立面等增加植被覆盖，创造更多碳汇机会。然而，设计实践中过度追求植物多样性、高密度景观和复杂维护管理，可能会因增加水分需求和管理投入而产生额外的人为碳足迹，反而削弱了城市绿地的净碳汇效应（李惊，2022）。因此，平衡美学、生态与经济考量，是实现城市绿地高效碳汇设计的关键。

4.3.4.2 土壤设计方法

提升土壤碳汇能力涉及增加碳输入与减少碳分解两方面（王凡 等，2020）。具体措施包括添加生物炭，城市废弃物、植物废弃物堆肥及覆盖种植土等，以改良土壤结构，促进碳存储（钱新锋 等，2012；张伟畅 等，2012）。针对硬质地面，采用透水透气铺装材料有助于碳元素渗入土壤。植物通过根系分泌物调控土壤微生物，减缓有机碳分解，混植多年生草本、暖季型草及豆科植物能显著提升土壤固碳效率（Fornara et al.，2008）。

竖向设计对土壤碳汇同样关键，地形不仅塑造景观空间，也为生态演替奠定基础。适宜的地形设计能优化排水系统，减少维护成本与碳排放（林雪岩，2012）。值得注意的是，城市绿地随经济发展迭代升级，地形作为基础框架，初期建设需谨慎规划，因其改动将影响既有植被、排水系统及地下管线，带来高昂的改造成本。因此，初始地形设计需前瞻考虑其对绿地长远发展的支撑作用。

4.3.4.3 水体设计方法

鉴于矿物质对水体富营养化的负面影响，导致碳汇能力降低，因此维持水体清洁成为维护碳汇功能的基本前提。净化水体不仅能够减少外源性污染物的输入，同时提供适宜的环境条件，促进水体中生物的生长和碳的固定。相关研究表明，生物滞留池、透水铺装、浅沟、初雨弃流池等雨水收集方式有助于减缓雨水径流的速度和流量（张伟 等，2011；姜利杰 等，2016），能够有效过滤雨水中的污染物，增强水体的自净能力，为水中生物提供更适宜的生存环境。

除了采取收集雨水的措施外，改善水下土壤、水生植物、浮游生物以及岸线的生态功能也是提升水体碳汇能力的有效途径。水下土壤的健康状况和水生植物的丰富程度直接影响水体的生态系统平衡和碳循环过程。此外，生物多样性较高的湿地具有较高的碳汇价值，湿地中的水体、植物、土壤可以构成复杂且稳定的生态系统，均会影响其碳汇能力。其中，雨水花园作为人工湿地，固碳能力强，建造碳足迹低，应用潜力大，但选址与维护（如控制杂草与清理淤泥）需谨慎以保障碳汇效果。

4.4　基于城市尺度的评估方法

　　城市尺度的规划设计方法起源于环境科学、城市规划和景观设计等多个领域的交汇，这一研究领域随着全球气候变化议程的推进而逐渐发展壮大。早期研究侧重于识别城市活动对环境的影响，包括碳排放的来源及其量化，而后期的研究逐渐转向探索减少城市碳足迹的策略和技术，如增加城市绿化、提升能源效率和推广可持续交通系统等。

　　当前，面向碳中和的城市尺度规划设计方法的研究重点已经转移到如何综合利用城市规划和设计手段实现碳排放的大幅度减少甚至达到碳中和。这包括城市碳排放与碳汇的测算、碳系统的全生命周期的研究、开发和应用低碳技术、优化城市绿色空间布局以增强碳汇效能、提升公共交通系统效率等方面，相关的思想与技术仍在不断地探索与创新。

4.4.1　城市碳汇计量评估

　　在应对全球气候变化的宏大叙事中，城市作为人类活动的核心区域，其碳汇能力的计量与评估显得尤为关键。城市碳汇计量评估，作为一种科学、系统的工具，旨在定量化评价城市生态系统对碳的固定与储存能力，为城市绿色发展与低碳转型提供有力支撑。通过深入分析城市绿地、水体等自然要素以及建筑、交通等人工系统的碳汇效应，城市碳汇计量评估模型不仅能够揭示城市碳循环的内在规律，还能为城市规划者和管理者提供科学的决策依据，推动城市实现可持续发展，在应对全球气候变化，达成"双碳"战略目标等方面具有重要意义。

　　在此背景下，深入研究城市碳汇计量评估模型的理论基础、实践应用及未来发展方向，可以为全球城市的低碳发展贡献智慧和力量（表4-6）。

表 4-6　方法分类总结

方法类型	所需技术方法、仪器或模型	所需数据	适用尺度场景	优　点
遥感模型法	CASA模型、BIOME-BGC模型等	遥感、气象、土壤、陆地生态系统类型等数据	区域及更大	快速估算大尺度空间碳汇
系数法	吸收系数法	蓄积量、生物量、转换因子	全尺度	时间连续性强，资料覆盖范围广
模型法	CENTURY模型、InVEST模型、k-NN模型、EDCM模型等	植被特征、场地特征、气象、样方碳储量等数据	从植株到区域	大尺度空间估算较为准确，适应多种情景
成品数据法	无	无	区域及更大	较易获得

4.4.1.1 遥感模型法

遥感模型法利用遥感技术获取的数据，通过算法处理和分析，估计地表的碳储量或植被的碳吸收能力。这种方法能够覆盖广阔的地理区域，适用于大尺度的碳汇评估，具有范围大、更新频率高、综合成本低等优势，但是存在其模型相对复杂、缺少对林龄的考量、精度不足等问题。

（1）CASA模型

CASA（Carnegie-Ames-Stanford Approach）模型以植被净初级生产力（NPP）作为碳汇的衡量指标，是融合生态生理过程和光能利用率的生态—遥感耦合24模型（朴世龙 等，2001）。该模型细致地考虑了自然环境状况和植被特性，基于资源平衡理论的基础，利用归一化植被指数、气象要素、太阳辐射、土壤类型等数据实现陆地生态系统植被NPP的估算。

作为区域性净初级生产力估算模型，CASA模型估算过程中只需光合有效辐射和光能转化率两个参数，这是影响NPP的两个驱动因子，这两个因子的计算过程可利用太阳辐射、NDVI、降水量与平均温度等指标进行换算，容易处理和估算。模型利用遥感技术所覆盖的地域范围比较大且时空分辨率很高，适用于大尺度的研究。然而，由于模型参数的确定往往依赖于经验数据和专家知识，而且对遥感数据的依赖程度较高，这在一定程度上限制了模型的应用范围（王丹丹 等，2019）。

CASA模型所估算的 NPP 主要由植物所吸收的光合有效辐射（APAR）和实际光能利用率（ε）组成（Potter et al.，1993）（图4-4），在空间分析中，$APAR$和ε通常以像元为基本单位进行栅格计算，公式如下：

$$NPP(x,\ t) = APAR(x,\ t) \times \varepsilon(x,\ t) \tag{4-20}$$

式中　t——时间；

x——空间位置；

$APAR(x, t)$——像元x在t月吸收的光合有效辐射（$MJ \cdot m^{-2} \cdot a^{-1}$）；

$\varepsilon(x, t)$——像元x在t月的实际光能利用率（$gC \cdot MJ^{-1}$）；

$NPP(x, t)$——像元x在t月的植被净初级生产力（$gC \cdot m^{-2} \cdot a^{-1}$）。

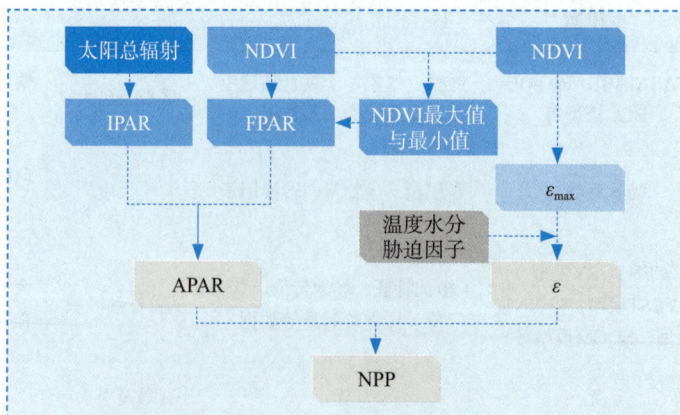

图 4-4　CASA 模型基本框架

植被吸收的光合有效辐射取决于总太阳辐射和光合有效辐射分量（fraction of absorbed photosynthetically active radiation，FPAR）（朱文泉 等，2005），模型表达如下：

$$APAR_{x, t} = S_{x, t} \times FPAR_{x, t} \times 0.5 \qquad (4-21)$$

式中　$S_{x, t}$——像元 x 在 t 月所受到的太阳总辐射量（$MJ \cdot m^{-2} \cdot mo^{-1}$）；

$FPAR_{x, t}$——植被层对入射光合有效辐射的吸收比例；

0.5——植被所能利用的太阳有效辐射（波长 $0.38 \sim 0.71um$）占太阳辐射的比例。

其中 FPAR 和归一化植被指数（normalized difference vegetation index，NDVI）、比值植被指数（simple ratio，SR）表现出较好的线性关系：

$$FPAR_{x, t} = \min \left[\frac{SR - SR_{\min}}{SR_{\max} - SR_{\min}}, 0.95 \right] \qquad (4-22)$$

式中　$SR_{\min}$ 和 $SR_{\max}$——各植被类型 $NDVI$ 的 5% 和 95% 下侧百分位数；

$SR_{x, t}$ 可由 $NDVI_{x, t}$ 求得：

$$SR_{x, t} = \frac{1 + NDVI_{x, t}}{1 - NDVI_{x, t}} \qquad (4-23)$$

式中　$NDVI_{x, t}$——像元 x 在 t 月的 $NDVI$（表4-7）。

表 4-7　不同植被类型最大光能利用率参数（陈乐 等，2023）

植被类型	落叶针叶林	常绿针叶林	落叶阔叶林	常绿阔叶林	灌丛	草地	荒漠	栽培植被
最大光能利用率（$\varepsilon_{\max}$）	0.485	0.389	0.692	0.985	0.429	0.542	0.542	0.542

（2）Biome-BGC模型

Biome-BGC模型是一个生物地球化学循环模型，主要用来模拟陆地生态系统的碳、氮、水分等物质的循环过程。

其主要以生态系统中3个最重要的循环——水循环、碳循环和营养物质的循环为基础进行模拟（图4-5）。其主要针对这3个关键循环中的光合作用、呼吸作用、碳氮分配、蒸发蒸腾、冠层辐射、植物对矿化氮的吸收、物候等进行控制以达到准确模拟生态系统水、碳通量的目的。该模型根据输入的研究区气象驱动数据，以天为时间单位

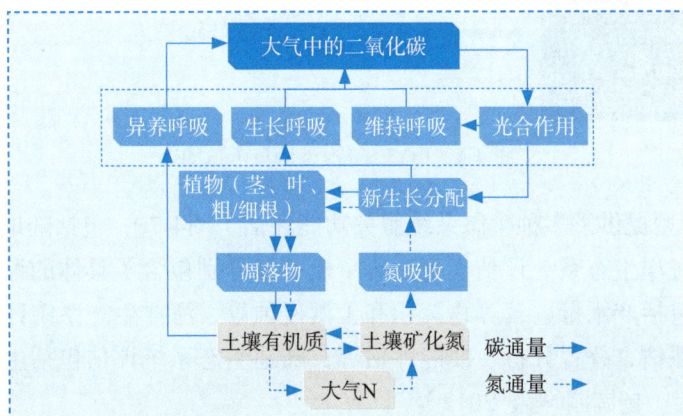

图 4-5　Biome-BGC 碳循环示意图

对系统中各种物质含量及成分进行模拟更新，进而控制系统中植被的生长过程（刘秋雨 等，2018）。

4.4.1.2 模型法

模型法是一种强大的分析工具，通过构建计算机模型来模拟和预测生态系统的各种过程，包括InVEST 模型、K-NN模型等。这些模型能够综合考虑气候、土壤、植被和人类活动等多种影响因素，精确估算碳排放量，为环保政策制定、碳排放权交易以及可持续发展提供科学依据。

（1）InVEST模型

InVEST（Integrated Valuation of Ecosystem Services and Tradeoffs）是美国自然资本项目组开发的、用于评估生态系统服务功能量及其经济价值、支持生态系统管理和决策的一套模型系统，它包括陆地、淡水和海洋3类生态系统服务评估模型。它通过特定的生产方程，量化不同土地利用或景观类型下生态系统服务的供给状况，进而对利益相关者所需的服务和价值进行评估，旨在指导利益相关者在政策制定和制度选择时，将自然资本或生态系统服务纳入环境管理和可持续发展规划决策体系中，促进社会经济目标与自然、环境保护协调发展（Finn et al.，2011）。

利用InVEST模型的方法是对复杂问题的简化处理过程，不仅能快速简便地量化评估生态系统服务功能，而且有助于发现生态系统服务的本质（韩晋榕 等，2013）。因此，InVEST模型十分适于对多目标及多服务的系统进行分析评估（图4-6）。

图4-6 InVEST 模型运算示意图

InVEST 模型提供了多种生态系统服务功能评估（图4-7），包括陆地与淡水生态系统评估模型、海洋生态系统评估模型。每个模型又分别包含了具体的评估项目。淡水生态系统评估包括产水量、营养物沉积和土壤侵蚀等，海洋生态系统评估包括水产养殖、生境风险评估、叠置分析、波能评估等；陆地生态系统评估包括生物多样性、授粉和木材生产等（杨园园 等，2012）。

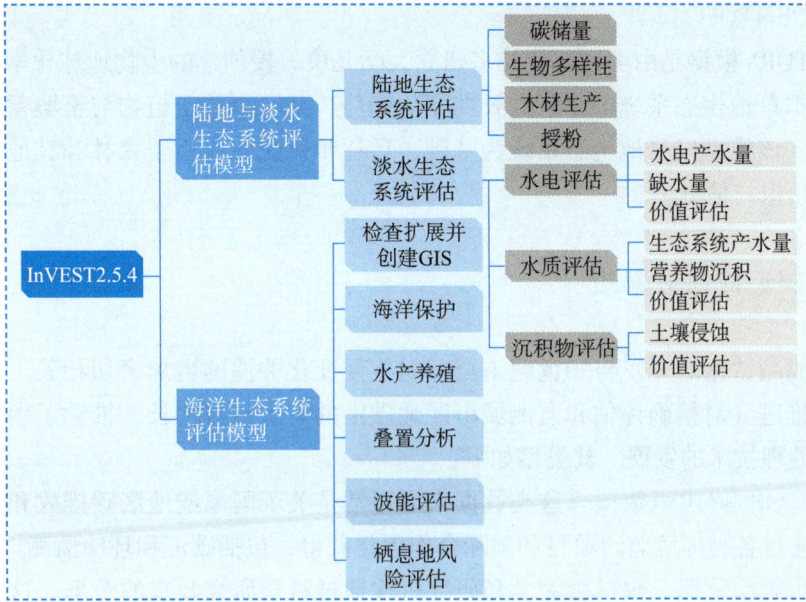

图 4-7　InVEST2.5.4 模型结构框架与模块示意图

陆地生态系统中碳储存主要包括4个碳库：地上生物碳（C_{above}）、地下生物碳（C_{below}）、土壤碳（C_{soil}）和死亡有机碳（C_{dead}）。InVEST 模型的评估单元为植被覆盖类型或土地覆被类型，以每种碳库的平均碳密度乘以各评估单元的面积来估算该区的生态系统碳储量（表4-8）。InVEST模型中生态系统碳储量计算公式如下：

$$C_{total}=C_{above}+C_{below}+C_{soil}+C_{dead} \qquad (4-24)$$

式中　C_{total}——研究区总碳储量（t）；

　　　C_{above}——土壤以上部分存活植物的碳储量（t）；

　　　C_{below}——土壤以下部分活体植物根系的碳储量（t）；

　　　C_{soil}——分布于土壤中的有机碳储量（t）；

　　　C_{dead}——植被枯落物、枯死木等死亡植株的碳储量（t）。

表 4-8　长株潭城市群碳密度数据（王鹭莹 等，2024）　　　　单位：t·hm^{-2}

序号	土地利用类型	地 上	地 下	土 壤	凋 亡
1	耕 地	9.9	5.63	85.76	1.58
2	林 地	34.81	12.83	109.1	3.27
3	草 地	6.76	11.6	67.69	5.99
4	水 体	1.09	0	16.13	1
5	建设用地	4.02	0.78	28.09	0
6	灌 丛	10.88	26	72.5	3.49
7	湿 地	37	11.84	55.5	3

（2）CENTURY模型

CENTURY模型是由美国科罗拉多州立大学几位教授创建的生物地球化学模型，起初用来模拟草地生态系统中元素的长期变化趋势，是一个关于植物与土壤营养物质循环的模型。该模型以草地生态系统为基础，后逐步优化并应用于森林等其他生态系统有机碳的模拟与估测。

4.4.1.3 碳汇成品数据法

碳汇成品数据的开发与20世纪末全球对气候变化关注的增加密切相关。随着城市化进程的推进，对精确评估和监测城市绿地碳汇的需求日益增长，推动了碳汇相关数据获取和处理技术的发展。其类型如下：

①政府和国际组织数据　这类数据来源通常是关于国家或地区碳排放和吸收的官方统计，通过各种环境监测项目和国际合作项目获得，包括碳汇和环境监测。

②科研机构数据　包括由大学和研究机构通过科学研究收集的数据。这些数据往往具有高度的专业性和科学性，涵盖从实地观测到实验室分析的各类数据。

③商业数据服务　私营企业提供的数据服务，包括碳交易市场的数据、碳足迹计算工具等。

这些方法往往数据覆盖广泛，数据类型多样化，从实地观测到高科技的遥感监测，方法类型多样，可以根据具体需求选择合适的数据和技术。但是数据获取成本高，可能需要昂贵的投入；特别是政府数据，可能存在发布延迟的问题，影响其应用的实时性和相关性。

4.4.2　城市碳排放计量评估

城市碳排放计量评估是定量化评价城市碳排放状态的工具，是有效开展城市低碳实践的认识前提。自20世纪90年代开始，城市碳排放计量评估方法如雨后春笋般涌现，产生了城市温室气体清单、网格地图、近地表监测、航空监测等诸多原理不同、视角不一的方法，为全球城市低碳实践提供了重要支撑。下面介绍几种常用的测算方法（表4-9）。

表 4-9　城市碳排放测算方法框架

方法框架类型	来源类别	方法名称	基本原理	时间特点	空间特点
基于"城市活动"测算框架	人为碳源	①碳排放清单估算方法	排放因子法：碳排放量=活动强度×碳排放因子	"年"为尺度测算	城市统计单元尺度不限，如"全市"或"区"
		②碳排放投入产出法		"年""月""日""时"多时间尺度测算	
		③碳排放生命周期法			
		④能源消耗法			
		⑤重点碳排放设施数据库法			

（续）

方法框架类型	来源类别	方法名称	基本原理	时间特点	空间特点
基于"气体观测"测算框架	人为碳源和自然碳源	①降尺度法 ②直接观测法 ③大气运动模型 ④测算与反演法	基于有限样本的观测，结合大气运动模型，反演一定时间和区域内的碳排放总量或碳排放通量	每年部分季节、每天的部分时间段	通常是全市或观测设备所覆盖的局部城区

4.4.2.1　"城市活动"测算框架

城市碳排放计量评估的研究目标是建立"城市活动"与"碳"气体的量化关系。经过多年研究，形成了基于"城市活动"端和基于"气体观测"端的两大测算框架（王乙喆 等，2024）。基于"城市活动"端的测算框架遵循IPAT模型（Ehrlich et al.，1971）的基本假设，主要针对"人为碳源"测算，以排放因子法为基本原理，默认碳排放量与人类活动强度成正比关系，以活动强度数据（如能源消耗量、产品产量、经济产值等）为基本参数，乘以相应碳排放因子形成该类活动的碳排放量，主要包括IPCC清单法、碳排放投入产出法、重点碳排放设施数据库法等。

（1）IPCC清单法

联合国政府间气候变化专门委员会（IPCC）发布的一系列《国家温室气体清单指南》及相关配套文件（*IPCC Guidelines for National Greenhouse Gas Inventories*，2006），对温室气体排放概念及核算方法进行了权威说明，成为世界各国编制国家温室气体清单的技术规范。IPCC清单法利用统计年鉴中化石能源消耗量与各项能源的碳排放系数的乘积来确定碳排放量（Eggleston et al.，2006）。

IPCC清单法提供了多个排放因子和计算方法，适用于不同规模和类型的城市绿色空间碳排放评估（表4-10）。但是，其计算需要大量的基础数据，如燃料消耗、土地利

表 4-10　各种能源 CO_2 排放计算参数 [住建部《建筑碳排放计算标准》（GB/T 51366—2019）]

燃料类别	燃料种类	单位热值 CO_2 排放因子/（$t\,CO_2 \cdot TJ^{-1}$）
固体燃料	无烟煤	94.44
	烟煤	89
	褐煤	98.56
	炼焦煤	91.27
	焦炭	10.6
液体燃料	原油	72.23
	燃料油	75.82
	汽油	67.91
	柴油	72.59
气体燃料	天然气	55.54

用变化等，这对于资源有限的城市可能是一个挑战，并且可能无法充分考虑地方特有的生态条件和管理实践，从而影响评估的准确性。IPCC清单基本计算公式如下：

$$C = \sum_{i}^{m} C_i = \sum_{i}^{m} (E_i \times F_i) \tag{4-25}$$

式中　C——碳排放量（t）

　　　　C_i——第 i 种能源的碳排放量（t）；

　　　　E_i——第 i 种能源的消费量（TJ）；

　　　　F_i——第 i 种能源的碳排放系数（t·TJ^{-1}）。

（2）投入产出法

投入产出法，又称"部门平衡法"或"产业联系法"，主要是通过编制投入产出表及建立相应的数学模型，反映经济体系中各部门之间投入与产出依存关系的数量分析方法。它可以全面考虑城市内外的所有经济活动对碳排放的贡献，并且由于该方法能够追踪产品和服务的生产与消费链条，特别适合于评估那些非直接的、供应链相关的间接碳排放，而这些通常在传统的直接排放评估中被忽视。

整体而言，这种方法可以揭示出隐藏在产品生命周期中的碳排放，尤其是那些在初级生产、制造、运输等环节中产生，但最终归咎于消费端的间接碳排放。利用投入产出模型计算间接碳排放的过程为（陈红敏 等，2009）：

$$X = AX + Y \tag{4-26}$$

式中　X——总产出，由生产总产出的中间投入 AX 和最终使用 Y 构成（万元）；

　　　　A——直接消耗系数，表示生产每单位总产值所需的直接投入比例；

　　　　Y——最终使用量，包括居民和政府消费、投资及进出口（万元）。调整后：

$$X = (I - A)^{-1} Y \tag{4-27}$$

式中　$(I{-}A)^{-1}$——里昂惕夫逆矩阵，表示各个产业单位产出所需的所有产业的完全投入（万元）。

设 E（tCO_2e/万元）为单位总产出的碳排放强度矩阵，则间接碳排放量可表示为：

$$C_n = E(I - A)^{-1} Y_d \tag{4-28}$$

式中　C_n——间接碳排放量（tCO_2e）；

　　　　E——各个行业的碳排放强度，即产业碳排放量和该产业总产出的比，由于难以获得分行业各种能源的分别消耗量，因此采用分行业能源总消费量（标煤消耗量）来计算各行业碳排放强度（tCO_2e·万元$^{-1}$）；

　　　　A——投入产出表合并后的直接消耗系数的矩阵；

　　　　Y_d——消费者在各个行业的消费支出量（万元）。

（3）碳排放网格地图法

近30年来，大量研究在不断探索如何以更简单、更准确的方法来实现碳排放与"时空信息"的关联，该类视角通常以排放因子法为前置条件，融合了能源消耗法、国家或城市温室气体清单法（部分）等，以降尺度法或坐标直接分配为手段，构建形成以"点、线、面"为主要空间形式，并具有时间属性的网格地图，以方便研究者直接使用。

常见的城市尺度研究的碳排放网格地图包括两类，一类是在一定区域范围（通常是全球或国家尺度）内先完成碳排放总量测算，再依托人类活动的空间代理参数（如人口密度、就业密度、地均产值等）作为分配因子，"自上而下"完成碳排放的时空分配；另一类是优先开展分部门碳排放测算（能源、交通、工业、商业等），依据不同规则分别完成不同部门点状、线状和面状碳排放数据的时空分配，"自下而上"叠合形成全面的碳排放网格地图（王乙喆 等，2024）。

在深入了解城市绿色空间在应对气候变化和促进碳中和目标中的作用之前，必须首先理解碳流动在城市生态系统服务中的核心地位。碳流动是一个至关重要的生态和经济过程，描述了碳在城市系统中的生成、转移和存储，涵盖了从自然碳吸收过程如植被的光合作用，到人类活动引起的碳排放和转化，这一过程不仅揭示了城市生态系统的复杂互动，也为优化城市绿色空间布局，增强其碳汇功能提供了科学依据。

4.4.2.2 "气体观测"测算框架

基于"气体观测"端的测算框架立足于对碳排放气体的实际观测，包含了人为碳源和自然碳源的测算，即以有限采样点的碳排放关联气体含量观测为基础，结合相关大气运动模型和反演法，计算出一定时间和区域内的碳排放总量或者通量值，主要包括直接观测法、大气运动模型、测算与反演法等。

4.4.3　城市间的碳流动

城市间的碳流动是一个复杂而多维的现象，它是指在产品的生产、分配、消费和废弃过程中，碳排放在城市之间的转移。随着全球化的深入，城市间通过贸易活动相互连接，形成了紧密的碳流动网络。这一过程不仅影响区域碳循环，也对全球气候变化产生深远影响。城市作为能源消耗和碳排放的主要场所，其内部的碳流动机制对于实现低碳发展和碳中和目标至关重要。深入理解城市碳流动的模式和特点，有助于制定有效的城市规划和能源政策，优化城市绿色空间布局，提升城市系统的碳汇能力，促进经济、社会与环境的协调发展。

4.4.3.1　碳流动基本概念

碳流动是指隐含在产品中的碳排放随产品而转移到其他主体的过程，其概念主要用于研究贸易过程中碳排放的转移，随着全球一体化进程的加快，部分区域通过进口高碳商品来满足自身发展需要，而导致了其他区域的碳排放，即"污染避难所"现象，在这个过程中，隐含在产品中的碳排放随区域间贸易从生产地流入消费地。同样，产业部门间也存在复杂的生产关系，在产品生产过程中，隐含在产品中的碳排放就从生产产业部门流入到使用产业部门。与直接碳排放概念相比，碳流动从经济活动中生产要素交换的视角，对碳在经济系统中的流动给出了更系统的诠释，进而有助于明确不同主体的碳减排责任（钟诗雨 等，2023）。

4.4.3.2 城市系统中碳流动的意义

城市是受人类活动影响最深的地区，是人类能源活动和碳排放的集中地。可以说，超过80%的碳排放来自城市地区（Churkina et al.，2008），而城市地区占全球陆地面积不到2.4%（Potere et al.，2007）。作为非常开放的社会经济系统，城市系统内部以及这些系统与外部系统之间存在着巨大的碳流动和交换。因此，城市系统的碳循环和循环过程不可避免地影响到区域乃至全球的碳循环。因此，城市碳流动及其效率的研究对于全面评估城市在区域碳循环中的作用，制定低碳城市能源和产业战略，提高城市系统能效具有重要意义。

城市系统庞大而复杂，包括自然、经济和社会过程。在该系统内部，在内部和外部系统之间，有机或无机形式的碳不断产生、分解、排放、封存、转化、循环、输入和输出，称为城市碳循环。城市碳循环过程是自然—社会二元碳循环，它包括自然生态系统的碳过程（如光合作用吸收的碳和植被或土壤呼吸作用的碳排放），也包括城市社会经济系统内人类活动引起的碳代谢、输入和输出过程（如能量形式的碳流动、食品、木材、书籍和建筑材料）。在这里，自然碳循环为"生物地球化学循环"，人为（或社会经济）碳循环为"碳流动"。通过它们的相互作用，形成了一个完整的城市碳循环系统，其中人类的碳流动是理解城市碳循环机制的关键（Zhao et al.，2014）。

4.4.3.3 城市碳流动过程

城市碳流动包括几种不同形式的人为碳过程：①排放流是指碳流动的垂直形式（以CO_2的形式）；②贸易流是指所有水平形式的碳流动（以碳水化合物形式）；③碳代谢是城市系统中碳物质的加工、消费和转化过程，如食品消费和工业加工；④碳输入和碳输出分别表示城市系统的碳输入和碳输出。实际上，碳投入和碳产出也是城市贸易碳流动的表现形式。

从上述分析可以看出，城市碳流动包括城市系统中以及城市与外部系统之间的所有类型的直接和间接（隐含）碳循环过程。一般来说，根据不同的循环路径和范围，城市系统的碳流动可分为以下3个层次：

①城市和外部系统之间的碳流动　包括城市系统的碳物质输入和输出。前者包括化石燃料、木材、食品、家具、书籍和建筑材料，这些都是城市系统的碳投入。后者包括城市系统输出的能源产品、商品和含碳废物。

②碳在城市系统的不同内部子系统之间流动　包括所有含碳的商品和材料，在城市生产、城市生活、农村生产和农村生活系统中转化和循环。具体包括能源供应、食品运输和消费、原材料供应、货物生产和运输。

③城乡系统之间的隐含碳流动　此隐含碳是指所有用于贸易的工业产品生产过程中能源消耗产生的碳排放，这是由城市或农村需求产生的。包括从城市生产系统到城

乡生活系统或外部系统，产品和电力中隐含的间接碳。

4.4.3.4　基于碳效能优化的城市绿色空间布局策略

随着对城市生态系统功能理解的加深和技术进步，多种专门用于科学规划和设计城市绿色空间的策略得以提出，用以优化城市绿色空间对碳流动的贡献。这些策略及其所运用方法的开发体现了跨学科领域合作的成果，汇集了生态学、景观设计、城市规划和环境科学的专业知识，其目标是推动城市的可持续发展，并为实现全球碳中和目标做出贡献。本章节将提出几种关键策略，它们基于独特的技术方法，旨在指导优化城市绿色空间布局，以增强其在城市碳循环中的作用。这些策略涵盖从碳廊道的构建到碳网络构建，以及土地利用优化等多个方面。在应用这些策略时，必须考虑它们在特定城市环境中的适用性，包括城市的具体需求、政策导向，以及各方法在特定空间尺度和环境条件下的有效性，以确保规划和设计方案的成功实施和长期可持续性。

（1）碳廊道构建

随着城市绿色空间碎片化、城市生态系统脆弱等问题的出现，碳廊道构建通过建立绿色廊道，连接城市中的绿色空间碎片，形成连续的生态廊道。这不仅能增强城市生态系统的连通性和稳定性，还能提高碳汇，从而促进城市的可持续发展和碳中和目标的实现。碳廊道构建是一种以生态功能和碳汇效能优化为核心的城市规划策略，它侧重于识别和利用城市中的自然资源和绿色基础设施，从而创建绿色通道。

为实现碳廊道构建，需要一系列的方法来识别最佳路径和设计原则。包括两个步骤：

①确定构建目标　不同功能廊道实现不同绿色安全目标，确立以生态功能和碳汇效能优化为核心目标的廊道构建。

②拟线—选线—定线　首先确定廊道的主要影响因子，是开展研究的前提。通过对碳汇效能、生态功能等影响因子予以差异性赋值量化，依据相应的构建理论，选择确定主要的"源—汇"点（陈利顶 等，2006）；选择相应的数学模型模拟，如利用最小累积阻力模型（minimum cumulative resistance，MCR）进行拟线，完成潜在的自然生态过程线路，利用景观连通性分析（landscape connectivity，LC）和重力模型（gravity model，GM）进行甄选，完成选线过程；按研究区实际和建设尺度对线路等分级优化并进行定线，完成碳廊道构建。

③统筹整合　通过叠加分析、系统耦合等统筹整合廊道，并进行合并、删除、调整相关线路，形成复合多功能的综合城市碳廊道系统。

（2）碳网络构建

碳网络构建策略通过优化城市绿色空间的分布和管理，形成一个高效的城市碳吸收和储存网络。这种策略不仅强调单个绿色空间的功能，更重视这些空间在整个城市范围内如何协同作用，实现更大规模的碳捕捉和储存，同时也促进了生物多样性保护和城市居民的福祉提升。例如，有相关研究利用网络分析方法对城市绿地进行评估，提出了构建城市生态网络和增强城市环境可持续性的战略（Huang et al.，2021）。

碳网络构建的实施依赖于对城市生态系统综合分析和规划的方法，以实现城市绿色空间的最优配置，一般步骤为：

①城市碳网络定位　明确城市碳网络的概念、功能及其可以应对的城市环境与发展问题。

②碳网络识别　不同的城市碳网络有不同的碳排放与碳汇节点，通过对节点进行筛选与评价，利用最小阻力网络识别模型、生态网络分析模型（ecological network analysis，ENA）、网络结构分析等方法进行碳网络的识别。

③碳网络评价　分为3个部分，分别为网络整体功能评价、网络廊道评价与网络节点评价。例如，运用图论方法中的图论指数对网络整体结构进行评价（富伟 等，2009），利用重力模型的网络流量测度的方法对网络廊道进行评价（顾朝林 等，2008），利用基于网络流量的景观功能中心度指数与供需比指数对网络节点进行评价等（刘法建 等，2010）。

④碳网络优化　主要通过改善网络结构和碳流动路径来提升碳汇效能。可以采用网络流量优化模型，优化碳流通的效率，增强网络的连通性和稳健性，从而提升碳网络的整体功能。

（3）土地利用优化

土地利用优化策略通过科学的规划和管理方法，调整和优化城市土地利用模式，以减少碳排放并增强碳汇能力。这种策略识别并利用城市土地资源的潜力，通过合理的空间布局和土地利用决策，促进绿色空间的扩展和生态功能的强化，实现城市生态平衡和碳中和目标。例如，有学者针对增加碳汇视角下平原地区的绿色空间进行研究，探索了城市土地利用和土地覆被变化对北京平原城市地区碳汇的影响，并基于此提出了优化和增强城市平原地区绿色空间碳汇绩效的策略（Tao et al.，2023）。

实现土地利用优化的策略可以总结为3个步骤：

①城市相关区域的碳循环情况调查　实现区域土地利用的低碳优化，先需要掌握其碳循环的基本情况。通过梳理研究区域的碳源/汇构成的基础，对碳排放、碳汇进行计算，了解该区域的碳循环机理。这一步骤可以使用之前提到的IPCC清单法、CASA模型等对区域的碳排放与碳汇进行核算。

②土地利用碳循环特征分析　通过对不同土地利用类型如林地和水域等与碳循环途径的匹配，利用上一步骤有关碳通量的核算结果，分析不同土地利用类型的碳循环的特征，将有助于了解和分析不同土地利用类型对碳排放和碳汇的影响。

③土地利用低碳优化　是将低碳经济的概念引入土地利用结构优化研究中的产物（付允 等，2008），在保证包括低碳排放在内的生态效益的同时，尽可能获得经济、社会效益最大化。该步骤可以通过基于目标的规划模型来实现，通过FLUS模型（Future Land Use Simulation）、PLUS模型（Probabilistic Land Use Simulation）等方法，设置研究区土地利用结构优化情景，如低碳排放型、高碳蓄积型、高经济效益型等，预测对应的土地利用结构，并分析得到最优方案。

思考题

1. 解释样方尺度、城市绿地尺度和城市尺度在城市绿色空间规划设计中的具体应用和区别。

2. 描述碳排放量评估的3种主要方法，并讨论它们在实际应用中的优缺点。

3. 碳汇计量评估中的同化量法和微气象法有何不同？它们各自适用于哪些场景？

4. 在样方尺度下，如何通过植物和土壤的碳循环过程进行碳排放量和碳汇的评估？

5. 城市绿地尺度规划设计中，如何考虑碳排放和碳汇的全生命周期评估？

6. 城市绿地尺度规划设计中，如何利用遥感技术和模型法来评估城市碳汇？

7. 在城市尺度下，碳汇计量评估过程中哪些因素会影响碳汇评估的准确性？

8. 在城市尺度下，城市间碳流动如何影响区域性碳中和目标的实现？

拓展阅读

《碳中和背景下城市空间绩效的测算方法及提升策略》. 杨震，李佳萱. 华中科技大学出版社，2023.

《中国生态系统碳收支及碳汇功能：理论基础与综合评估》. 于贵瑞，何念鹏，王秋凤等. 科学出版社，2013.

《碳汇概要》. 董恒宇，云锦凤，王国钟. 科学出版社，2012.

《中国多尺度区域碳减排：格局、机理及路径》. 武红. 中国发展出版社，2014.

《能源碳排放系统分析》. 田立新等. 科学出版社，2013.

第 5 章

面向碳中和的城市绿色空间规划

本章提要

　　在总体概述面向碳中和的城市绿色空间规划定位、规划分级、规划内容和规划流程基础上，分别从街区、中心城区和市域3个尺度层级详细介绍了不同尺度下面向碳中和的城市绿色空间规划对象、规划原理以及规划内容，并对后续规划实施措施与规划管理相关问题进行了阐述。

　　在上一章介绍多尺度的碳排放、碳汇计量评估方法基础上，本章重点介绍面向碳中和的城市绿色空间规划理论和方法。城市绿色空间规划主要针对城市范围内不同类型绿色空间的总体布局、尺度规模和结构效能的总体统筹安排，以保证最大规模的碳汇植被覆盖，同时促进城市慢行交通建设和间接减少碳排放。因为不同区域城市绿色空间的功能组成和规划内容存在差异，本章从街区、中心城区和市域3个尺度层级分别介绍其不同侧重的规划对象、理论和政策基础、目标定位原则、策略方法以及前期调研评估和总体结构布局等内容。

5.1 概述

5.1.1 规划定位

5.1.1.1 规划任务和目标

　　面向碳中和的城市绿色空间规划旨在对各类绿色空间的结构体系和功能布局进行统筹安排，同时把控其总体规模和营建方式，以此增加城市绿地覆盖率，提升市民绿色出行比例，促进增加碳汇和减少碳排放，从而实现改善城市生态环境质量、提高环境承载力和防灾避险能力、满足市民户外游憩需求以及促进城市可持续发展的综合性目标。

对应上述目标，城市绿色空间规划的主要任务是充分利用现状条件资源，结合城市未来发展蓝图，通过对各种城市绿色空间进行定性、定位、定量的统一规划，寻找最适宜的保护建设布局形态，使各级各类绿地以最适宜的位置和规模均衡地分布于城市之中，进而最大限度地发挥其环境、经济、社会综合效益，构建衔接多尺度、整合多功能的城市绿色空间系统，同时为后续城市建设和运营管理提供基本规划依据。

5.1.1.2　规划层次及其与相关规划关系

目前，基于碳中和的城市绿色空间规划并非一项法定规划。对应我国现行的城市规划法规要求，其与作为专项规划的城市绿地系统规划工作内容具有较高的重叠度，但是其规划对象范围更加宽泛，研究属性也更明显。参考城市绿地系统（杨赉丽，2019），基于碳中和的城市绿色空间规划也可分为总体规划、分区规划和详细规划3个规划层次：

①城市绿色空间总体规划对应市域与市区尺度层级，制定规划总则与目标，划定绿色空间类型，建立指标体系，确定绿色空间总体布局结构，并开展总体性绿色空间分类规划、树种规划、生物多样性规划以及碳中和规划等内容。总体规划成果要与国土空间规划、城市总体规划、风景旅游规划、城市绿地系统规划等规划相协调，并对宏观层面的相应规划提出用地与空间发展方面的调整建议。

②城市绿色空间分区规划主要应用于大城市和特大城市，需要依据市属行政区或城市规划用地管理分区进行编制，其工作内容与总体规划相近，重点对各分区内的绿色空间结构布局、类型细分和指标规模做进一步的安排，以便不同行政分区主管部门后续进行建设管理。该层次规划与城市分区规划相协调，直接指导分区未来建设实施。

③城市绿色空间详细规划对应城市规划领域的控制性详细规划和修建性详细规划工作内容，重点针对城市局部区域各建设地块内的绿地空间类型、指标、位置、规模和组成要素进行控制性要求。同时也可对重要绿色空间内的道路选线、功能布局、形态结构和种植方式等内容进行修建性指引，保证在后续的设计施工中更好落实规划意图。

5.1.2　规划分级

城市绿色空间的规划内容通常会因为不同的分布区域和尺度层级而有所不同，这与其组成要素及需要发挥的功能存在的差异有关。为了更加全面地应对所有类型的城市绿色空间规划问题，下文将基于碳中和的城市绿色空间规划理论分为街区、中心城区和市域3个尺度层级进行阐述。

①街区尺度　主要对应城市建成区内的街道与社区组团空间，属于城市规划、建设和管理的基本空间单元，其规划重点在于城市更新改造过程中的绿色空间品质提升，打造环境更加优美、更加低碳环保的宜居街区。

②中心城区尺度　主要对应城市最为集中分布的规划建设用地，属于城市规划、

建设和管理的主体核心空间，其规划重点在于构建市区范围内更加完善的绿地系统网络与城市公园体系，从而改善城市生态环境，提升市民生活品质，建立低碳可持续的绿色空间格局，实现生态保育、安全防护、风景游憩和文化美育等综合性城市功能。

③市域尺度　对应城市行政管辖的全部地域范围，属于城市规划、建设和管理的最高尺度层级，其规划重点在于控制城市无序扩张，协调城市内外的自然与人工空间要素，一体化保护修复山水林田湖草沙生态系统，从而构建良好的自然生态基底，从宏观尺度促进实现城市碳中和，推动城市绿色空间生态、经济、社会、文化多种效益协调发展。

5.1.3　规划内容

面向碳中和的城市绿色空间规划在不同尺度层级下的规划内容虽然略有不同，但都会聚焦于以下3个方面的工作内容：①形成清晰的城市绿色空间指标体系，并结合规划对象具体现况和发展需求，制定数量合理的绿色空间尺度规模，即所谓"量"的确定；②建立完整的城市绿色空间结构布局，充分依托现状自然基底条件，基于国土空间与城市总体规划要求，形成主次分明、有机融合的城市绿色空间网络形态，即所谓"形"的划定；③增强城市绿色空间的碳汇及其他综合效能，通过优化植物群落结构，调整内部空间布局，使其发挥更大的生态效益、社会效益和经济效益，即所谓"质"的提升。

5.1.4　规划流程

（1）现状调查与资料收集

根据任务书首先开展初步场地调查与资料收集工作，需要通过现场踏勘对规划对象现状、绿化建设水平和自然生态基底条件形成直观判断，同时依靠收集到的航拍影像、遥感图片、上位规划和其他政策文件等资料，更加全面地掌握城市总体发展概况，并对其绿色空间未来建设的基本需求和规划工作内容建立总体判断，进而制定更加细致的场地调查计划，收集更多的现场数据和相关资料。

（2）数据分析与效能评价

通过对收集的基础资料和调查数据进行综合分析，尽量客观地评价现状绿色空间在碳汇、生态、游憩、文化等各方面的效能发挥情况，分析整理上位规划和其他各类用地布局情况对于绿色空间建设发展的有利与不利影响。结合城市NDVI数据解析、环境质量评价与热岛效应分析等相关调查分析成果，梳理出城市内外主要植被覆盖区域、自然环境受损地区以及绿色潜力空间的位置范围，并运用相关的碳汇估算方法，统计不同绿地类型乃至整个城市绿色空间的碳汇水平，对其做出单项或综合性的效能评价，进而寻求城市绿色空间规划的合理方向和具体目标。

（3）确定规划目标定位

该阶段工作需要根据现状分析和上位规划要求，制定较为明确的绿色空间规划目标和定位。规划目标的设定必须与城市建设的一般规律相契合，贴近社会经济发展的实际需求，在充分利用城市各方面现状条件的基础上，寻找最适宜的城市布局形态，使各级各类绿地以最适宜的位置和规模，均衡地分布于城市之中，最大限度地发挥其环境、经济及社会的综合效益，同时充分发挥城市绿色空间的碳库功能，减少碳排放，提升碳汇能力，促进城市低碳发展。规划定位需要与面向碳中和的城市绿色空间尺度层级相统一，明确规划对象范围内需要关注的核心关键问题，并总结凝练出与规划目标相协调的定位表述方式。

（4）制定规划原则与策略

依据规划目标定位，对标现状问题差距，制定基本规划原则和主要规划策略。面向碳中和的城市绿色空间规划一般遵循生态性、文化性、社会性与经济性等原则，在有效融合城市、交通、农业、林业、水利等方面建设的同时，最大限度保护利用自然生态资源，优化城市绿色开放空间格局，引导城市健康可持续发展。规划应尽可能增加绿地面积以及单位面积内的城市绿量，强化植被碳捕获能力，同时可通过优化绿色空间引导市民采取绿色出行等低碳生活方式，从而有效控制碳足迹，实现城市主动减源。

（5）划定分区与明确指标

该阶段是面向碳中和的城市绿色空间规划核心工作内容，主要包括划定不同类型的绿色空间功能分区，以及明确主要规划指标及其目标数值。具体区划内容根据规划对象的尺度层级会有所差异，涉及林地、农地、水体、绿地、林荫道及立体绿化等不同的植被覆盖空间类型，并包含斑块、廊道和基质等不同形态单元及其多样化组合方式。规划指标的确定需要符合相关法律规范要求，同时应面向碳中和规划目标补充完善相关指标内容，确保城市绿色空间规划围绕增汇减排目标的建设且使管理工作具有操作性。

（6）成果制作

规划成果一般包括规划文本、规划图则、规划说明书和规划附件4个部分。规划文本以条款形式进行编制，阐述规划成果的主要内容，行文力求简洁准确。规划图则需要与规划内容相对应，包括区位图、现状图、规划总图、分区规划图、专项规划图等。规划说明书是对规划文本和规划图纸的进一步解释说明，包括城市概况、绿色空间现状说明、碳汇相关计算说明以及规划目标定位、原则策略、布局指标、专项分期、效益估算等规划要点内容说明。规划附件包括相关调查报告及支撑规划的研究成果，如规划基础资料汇编、碳相关专题研究报告、分区规划管理控制导则等。

5.2　面向碳中和的街区绿色空间规划

5.2.1　规划对象

"街区"一词由英文"block"翻译而来，是指在一定尺度下形成的城市基本空间单元。中国房地产协会人居环境委员会等单位2018年编制的《绿色住区标准》（T/CECS 377—2018）中对城市街区（city blocks）的定义是：由城市道路围合而成，是居民生活和邻里交往的基本单元。在我国，街区概念与城市管理中的街道、社区含义较为相近，其尺度规模一般为0.1~10km²。

在面向碳中和的城市绿色空间规划中，街区是与人们日常活动关系最为密切的规划对象。城市街区尺度的绿色空间是联系城市整体区域和场地绿化之间的重要层级，其规划对象包括社区公园、游园、广场、道路以及各类附属绿地和建筑内外的庭院花园等中小尺度的绿色开放空间。

5.2.2　规划原理

5.2.2.1　规划定位和目标

面向碳中和的城市街区绿色空间规划主要是对街区范围内的绿色空间进行存量效能提质和增量结构调整，其规划重点包括城市留白增绿、小微绿地更新、立体绿化建设和街区慢行交通建设等。具体工作要与街区详细规划、城市设计、开放空间体系规划等规划内容相协调，深化落实上一层级绿色空间系统规划明确的规划建设内容，从而达到以下目标：

（1）增加城市绿量，提高街区空间碳汇效能

通过增补、替换、提升等方式，多途径增加绿量，构建布局合理、功能复合的城市街区绿地生态网络，既能增加绿化面积，提升单位城市建设用地的固碳能力，又能调节和改善城市热岛效应，减少建筑能耗，发挥海绵作用，间接实现降低城市碳排放的作用。

（2）打造慢行交通网络，促进绿色出行间接减排

打造舒适宜人、全覆盖、多层次、连通性高的街区慢行交通网络，串联不同绿色空间和公共服务设施，促进居民使用步行、骑行等绿色出行方式，从而间接减少碳排放。

（3）构建街区开放空间体系，提升社会经济综合效益

增加居民亲近自然的活动空间，构建舒适宜人的公共游憩系统，同时为后续运营创造条件，以实现社会效益、经济效益与生态效益的多赢，促进街区可持续发展。

5.2.2.2　理论与政策基础

（1）理论基础

①城市微气候　城市因人工释放热、建筑物和道路等高蓄热体及绿地减少等因素，导致城市热岛效应。城市热岛效应严重危害居民身心健康和城市生态环境，是增加城市能耗的重要因素。街区绿色空间一方面可以通过树冠遮挡阳光，减少地面吸收的热量；另一方面可以通过蒸腾作用，吸收周围的热量，降温增湿，从而有效改善小气候环境，减缓热岛效应。

②城市更新　是基于城市内既有建筑、设施和公共空间资源，通过城市功能改善升级对其空间形态进行优化，从而提高市民生活质量和城市建设水平。城市更新是一种分层级、渐进式、有机、可持续的"微"更新，以局部改造代替全部拆除重建，是

充分保护利用存量资源的可持续发展模式。

③景观都市主义与景观基础设施 景观都市主义（landscape urbanism）由（美）查尔斯·瓦尔德海姆（Charles Waldheim）在20世纪90年代提出，其在城市的演进中尝试引入并确立景观环境的重要地位，期待能够突破传统规划的局限，将自然演进和城市发展整合为一个可持续的人工生态系统（华晓宁、吴琅，2009）。景观基础设施是该理论的重要组成部分，主张将道路、车站、高架桥、给排水系统等传统灰色基础设施纳入城市景观网络构建的基本框架内，同时积极利用河流廊道、绿道体系打造兼具社会、审美与生态功能的绿色基础设施。

④社区生活圈 生活圈理论起源于日本，主要在亚洲传播发展，后来演变为"广域生活圈"，即在城市范围内均质布局满足需要的基础设施和服务设施，从而让不同城市区域均衡发展的规划策略。韩国受日本影响，在20世纪70年代就开始通过城市街道划分生活圈，在《2030首尔城市基本规划》中，韩国计划通过生活圈规划策略解决老龄化、家庭小型化、区域发展不均衡等问题。我国在20世纪80年代开始进行生活圈相关的研究。2015年，上海市提出了"15分钟社区生活圈"的城市发展策略，随后逐渐运用到国内其他城市规划中。该策略旨在通过优化城市空间布局提高居民的生活质量和便利度。这一概念的核心在于将社区作为人们生活的基本单位，以步行15分钟的距离为半径，构建一个满足居民日常生活需求的多功能、便捷、舒适的生活圈（图5-1）。

⑤完整社区 是吴良镛院士在2010年提出的概念，即人是城市建设的主体，人的大部分生活起居等活动发生在社区中。社区建设与规划应立足于住户，不仅需要考虑居住问题，还需要考虑服务、医疗、慢行系统与城市公共交通、休闲活动等多方面因素，包括硬件、软件两部分，含义多元复杂，应是一个"完整社区"（integrated community）（吴良镛，2011）。这要求设计者在进行社区规划建设时，不仅需要考虑社区的物质环境要素（包括建筑物、公共活动空间和公共服务设施等），还要考虑社区的文化环境要素（包括物质文化、制度文化、行为文化和精神文化）。

⑥战术都市主义 是一种由政府、投资商、非营利组织和（或）市民主导的邻里建设方法，

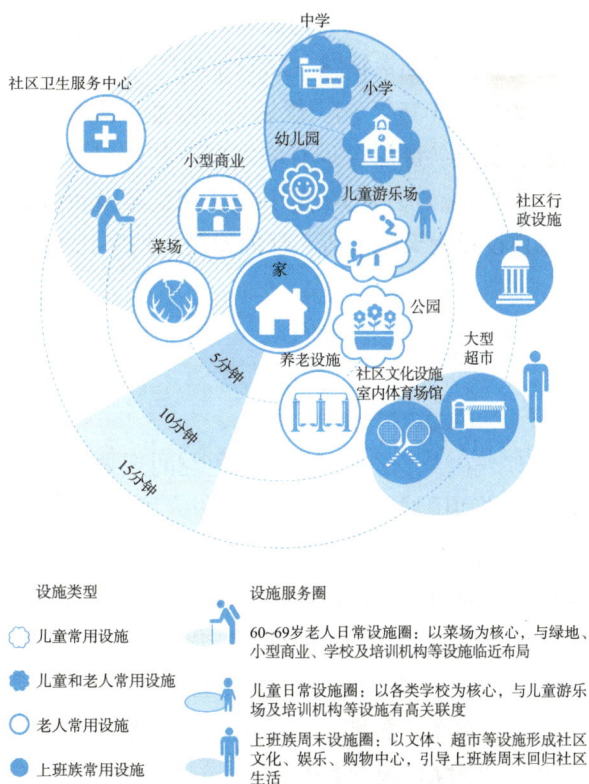

图 5-1 15分钟生活圈模式图

（上海市15分钟社区生活圈规划导则，2016）

主要聚焦城市存量空间中微型空间，使用短期、低成本和弹性的干预措施，采用更灵活、更具参与性和创新性的解决方案，旨在促进城市环境的长期改善。目前战术都市主义主要用于优化城市空间中较小尺度且短期的项目，用微小的介入手段给场地带来物质层面以及社会层面的显著变化（侯青青、张云，2022）。

（2）政策基础

①城市双修　在过去快速的城市化过程以及粗放式的扩张模式下，国内一些城市不同程度地出现了违法建筑泛滥、城市形态风貌失控等现象，"城市病"问题一定程度上制约人民对美好生活的需求，相关问题急需治理。同时，中国城镇化建设正在从以增量为主的外延扩张式粗放发展向以存量为主的集约高效内涵式更新方向转化。2015年，中央城市工作会议首次提出了"城市双修"这一概念，包括城市修补和生态修复两部分内容。城市修补是一种渐进式的城市更新方式，指用更新织补的理念，拆除违法建筑，修复城市设施、空间环境、景观风貌，提升城市特色和活力。生态修复指的是通过有计划的干预来修复城市生态系统，减弱环境污染问题。具体实践过程中，可以运用留白增绿和新增小微绿地的方式手段。留白增绿是指在规划绿地之外的其他类型用地、城市规划尚不明确用途的地块和完成拆违后的地块，在短期内不能确定或实现永久规划的情况下，先行通过绿化的方式改善城市人居环境、为远期建设预留空间。通过留白增绿，可以增加城市绿量，从而增加街区绿色空间的碳汇。小微绿地通常指面积小于社区公园面积（我国为10 000m²）的口袋公园、街角绿地、小游园等。

②花园城市建设　为深入践行习近平生态文明思想，推动城市高质量发展，增加人民的获得感和幸福感，2024年4月，北京市人民政府正式印发《北京花园城市专项规划（2023—2035年）》。规划表示要赓续发展，实现人与自然和谐共生的现代化；因地制宜，引导各圈层合理有序发展；整体提质，强化首都"花园化"风貌特色；首善标准，强化重点项目的示范引领作用；惠及百姓，营造"人人是园丁"的社会氛围，把北京建设成为天蓝水清、森拥园簇、秩序壮美、和谐宜居的花园之都。

5.2.2.3　规划依据与原则

（1）规划依据

①相关法律法规　街区绿色空间规划必须遵守国家发布的相关法律法规，如《中华人民共和国城乡规划法》《中华人民共和国环境保护法》《中华人民共和国文物保护法》《城市绿化条例》《城市绿地规划建设指标的规定》《园林绿化工程项目规范》《无障碍设计规范》《城市步行和自行车交通系统规划标准》等。同时在不同地区进行设计时，还要遵守地方发布的相关法律法规，如在城市更新方面的《北京市城市更新条例》《上海市城市更新条例》《深圳经济特区城市更新条例》《南京市城市更新办法》，立体绿化方面发布的深圳市《立体绿化管养技术规程》、上海市《立体绿化技术规程》、北京市《屋顶绿化规范》等。

②上级规划成果　街区绿色空间规划须与城市规划体系中的总体规划、控制性详细规划（含街道层级管控要求）及绿地系统专项规划等上位规划相协调，确保空间布

局与功能衔接。

③街区现状　在开始规划前，要对街区现状进行充分调研，基于现状进行规划。

（2）规划原则

①功能复合及土地集约高效建设原则　在城市街区用地紧张的背景下，要通过土地资源的集约利用和高效建设，注重生态环境保护与修复，加强对土地污染和生态破坏的治理，从而改善土地利用结构，提高土地产出效益。还要打造生态、景观、游憩、文化等多功能复合的绿地，使有限的绿色空间能够满足人们更多需求，从而提高绿色空间使用效率。

②开放共享及融合发展原则　城市街区绿地的开放共享、绿地与城市街区形态的深度融合应当成为规划中的关键考虑因素，这能够促进绿色空间与居民工作、休闲活动的无缝融合，提升城市整体环境的宜居体验。管理模式应从传统管理转向服务治理，鼓励多方合作、共同参与绿色空间建设。绿色空间规划还要考虑可达性、无障碍设计、行人友好和高效的公共交通，使城市街道与不同绿地连接成一体。

③以人为本及经济实用原则　城市街区绿色空间规划应当聚焦人的需求与社会公平，根据实际需求进行经济可持续的绿色空间建设。街区绿色空间规划应结合城市人群特征、人群需求，尽量以最小的经济成本解决不同人群的需求，提高绿色空间实用性。还需要协调各方利益，从权利自由、机会均等、空间正义和供需均衡4个层面实现景观公平性。

5.2.2.4　规划策略和方法

（1）开展存量更新，多途径增加街区绿地规模

改变传统以政府主导的"整体搬迁，重新规划"的大拆大建式"刚性更新"，转为多方参与的小规模渐进式"微循环有机更新"，利用增补、替换、提升的方式改造街区空间。"增补"指通过立体绿化等方式见缝插针地增加社区绿量；"替换"指对空间进行置换，引入不同功能的绿色开放空间，替换原有的消极空间；"提升"指对于已有的绿色空间进行品质提升，这些都有助于减少改造过程中的碳排放。

同时，街区绿色空间规划涉及多方利益，应强调多层治理、多重参与、多方价值，积极构建多元主体共同参与的空间规划机制、需求表达机制、协同决策机制和冲突协调机制等，可以通过责任规划师、社区规划师制度科学地协调各方利益。

（2）提升单位用地面积碳汇绩效

在街区绿色空间中合理配置各种植物，多选用高碳汇的植物，优化植物群落结构，提高生态系统稳定性，提高单位面积绿地固碳增汇能力，还可通过立体绿化见缝插绿地增加城市单位面积绿量。

（3）构建街区慢行交通体系

通过建设完善的慢行网络，促进居民绿色出行，减少人们对高碳排放交通工具的依赖。这不仅涉及宏观层面的城市街区绿地网络连通性和步行网络的便捷性提升，还包括微观层面上优化步行空间舒适度和美景度的绿色空间构建。通过社区生活圈建设

和城市公园及小微绿地的合理布局，使公共服务设施在步行范围内更加合理，进一步促进绿色慢行，减少机动车依赖，有效降低交通碳排放。

5.2.3 规划内容

5.2.3.1 前期调研评估

前期调研评估可分为基础资料收集、实地调研和评估分析3个部分。

（1）基础资料收集

首先要充分利用国土空间基础信息平台、Arc GIS等途径，收集与街区绿色空间相关的规划底图、自然资源资料、社会环境资料、上位规划资料等前期数据并分类整理，从而掌握待规划街区的本底情况。

①规划底图　1∶2000的街区测绘图、遥感影像。

②自然资源资料　气象、水文、地形地貌特色、植被（包括古树名木）等。

③社会环境资料　用地性质、建筑、交通路网、公共服务体系、历史资料、人群构成等。

④上位规划资料　包括总规、详规、绿规、交规等。

（2）实地调研

①走访街区居民，了解居民对街区绿色空间的综合评价与使用需求。

②调查街区植物分布、种类、生长状况、现存问题等。

③调查统计街区中有改造潜力的消极空间。

④根据实地调查情况，对收集的基础资料进行补充，对有出入的地方进行更正。

（3）评估分析

①综合分析　将各类资料与实地调研成果进行综合分析，挖掘街区特色与文化底蕴；15分钟生活圈理论和实地调查结合，分析整理居民对绿色空间的需求；挖掘有改造潜力的消极空间；分析整理现有绿色空间存在的问题，提出对策。

②碳相关评估测算　街区碳排放量专项评估要结合年鉴类统计数据、遥感图像、数字模拟、现场调研结果等多源数据，对街区空间的各维度碳汇、碳排放量进行细致分析和综合评估，定量明确碳排放结构，推进差异化规划策略。街区碳排放量在计算时可以使用"碳排放总量=（建筑+交通+废弃物）碳排放－绿色空间碳汇"或"碳排放总量=（建筑+交通+能源）碳排放－绿色碳汇"的计算方法。

街区绿色空间碳汇可从固碳增汇、降温减排、绿色慢行3个方面进行测算。

从固碳增汇维度，在街区尺度上，测算碳汇的方法主要有生物清单法、蓄积量法、CITYgreen、i-Tree模型、NTBC、生命带法、遥感技术估算法、DNDC模型。具体测算方法见第4章相关内容。

在降温减排方面，计算街区绿色空间在降温方面的碳汇，一般先计算出绿地降温作用减少的热量，再按照减少同等热量所需发电量的耗煤量来计算碳汇。

热量计算公式为：

$$Q = C_P \times \rho \times P \times H \times L \times \Delta T \tag{5-1}$$

式中　Q——研究绿地减少的热量（J）；

　　　C_P——空气比热容，取值1004.68 J·kg^{-1}·K^{-1}；

　　　ρ——空气密度，一般取值1.2923kg·m^{-3}；

　　　P——绿地斑块周长（m）；

　　　H——绿地与周边温度混合的高度，一般取值为70m；

　　　L——降温距离（m）；

　　　ΔT——降温幅度（K）。

　　其中降温距离和降温幅度，可通过气象站实测和遥感反演，将研究绿地周边地表温度沿距绿地边缘距离的梯度变化绘制成地表温度—距离变化曲线得到。曲线第1个极大值点出现的位置到绿地边缘的距离，为城市绿地的降温距离，该点温度与绿地内部温度为绿地的降温幅度。

　　在绿色慢行方面，可以通过计算居民在与街区绿色空间有关的绿色出行过程减少的碳排放量来计算碳汇。通过问卷抽样调查街区居民与街区绿色空间有关的绿色出行记录和每次出行距离，绿色出行过程减少的碳排放量可以用同等距离下燃油汽车产生的碳排放量来计算。根据《中国能源报》统计，燃油汽车每人每千米碳排放量为0.187kg·km^{-1}。

　　个人绿色出行碳汇的计算公式为：

$$CE = W \times (D_1 + D_2 + \cdots + D_n) \tag{5-2}$$

式中　CE——个人绿色出行减少的碳排放量（kg）；

　　　D——每次绿色出行距离（km）；

　　　W——燃油汽车每千米碳排放量，一般取0.187kg·km^{-1}。

　　街区绿色出行产生碳汇计算公式为：

$$C = T \times (CE_1 + CE_2 + \cdots + CE_n) / n \tag{5-3}$$

式中　C——街区绿色出行产生碳汇总量（kg）；

　　　T——街区居民总数；

　　　CE——调查中个人绿色出行减少的碳排放量（kg）；

　　　n——调查人数。

5.2.3.2　总体结构和布局

　　城市街区绿色空间结构有线型、散布型、单核心辐射型、多核心辐射型、穿插型、围合型6种典型类型，不同类型在规划时有不同侧重点。在布局时还应考虑影响碳中和的街区绿色空间特征，通过布局提高绿色空间碳汇能力。

（1）城市街区绿色空间结构

　　城市街区绿色空间可分为点状、线状、面状绿色空间。点状绿色空间有点状剩余空间（桥下空间等）、口袋公园、立体绿化（建筑立面与屋顶花园）等；线状绿色空间有慢行系统与绿化隔离带等；面状绿色空间有城市棕地、公园绿地、公共开放空间、老旧社区等。城市街区绿色空间规划时要将点状、线状、面状绿色空间作为一个整体进行规划。街区绿色空间结构常分为以下6种典型类型（郭锋，2023）。

①**线型绿地结构模式** 在街区单元中绿地主要以线型廊道绿地的形式出现，多沿道路以及建筑分布，一般为灌木篱墙或景观绿带。在线型绿地结构模式中一般缺少大型绿地斑块。常出现在建设年代较久远的居住或商业办公街区。在优化时可借助立体绿化等方法将绿地扩宽到3~7m，并增加大小绿地斑块来形成网状结构。

②**散布型绿地结构模式** 在街区单元中有着明显的功能分区，具有多个大型或中型绿地斑块，但彼此之间没有联系，各自独立发展。在散布型绿地结构模式中一般缺少线型廊道绿地。在优化时首先要确认核心斑块，并以此为中心构建绿色廊道，形成网络结构。

③**单核心辐射型绿地结构模式** 在街区单元中围绕一个大型绿地斑块或核心绿地节点放射出若干条绿地连接线与其他景观元素相连，是较为合理的结构模式。优化时要注重整体的绿地质量提升。

④**多核心辐射型绿地结构模式** 在街区单元中存在多个大型绿地斑块，围绕每一个大型绿地斑块放射出若干条绿地连接线与其他景观元素相连，一般出现在面积较大的街区单元，是比较合理的结构模式。在优化时要注重整体的绿地质量提升和加强绿地之间的联系度。

⑤**穿插型绿地结构模式** 在街区单元中绿地主要以线型廊道绿地的形式出现，在该模式中绿地宽度较宽，有较大的绿地面积，且绿地连接度较高。在优化时可增加大型核心绿地斑块。

⑥**围合型绿地结构模式** 绿地分布于建筑四周，各区都可独立发展，绿地连接度低。在优化时首先要构建核心斑块，其后构建绿地廊道，串联核心绿地和其他绿地。

（2）影响碳中和的街区绿色空间特征

影响碳中和的街区绿色空间特征可以分为5个方面：总体规模、分布格局、几何形态、植物配置、场地使用。不同空间特征对于碳中和的影响评价指标见表5-1所列。

①**在固碳增汇方面** 城市绿色空间的总体规模特征和植物配置特征对其固碳增汇能力具有显著影响。在总体规模特征上，绿地面积、绿地率、绿化覆盖率、三维绿量、归一化植被指数（NDVI）与城市绿色空间固碳量呈正相关。在规划时，可以将消极空间改造为绿色空间、"见缝插绿"地用立体绿化增加单位面积绿量。在植物配置特征上，植物类型及占比、植物规格、植物群落结构、叶密度指数、郁闭度等特征都会影响碳中和。在植物选择时，因地制宜，科学筛选适宜的园林绿化树种，多选用高效固碳的乡土植物，合理设计群落中栽植树种、密度和龄组能有效增加绿色空间碳中和能力。

②**在降温减排方面** 规划主要聚焦于绿地总体规模特征、分布格局特征、几何形态特征和植物配置特征。在绿地总体规模特征方面，绿色空间规模面积越大，绿色空间温度越低，降温幅度与绿色空间和建设用地的面积比值之间存在明显的正相关关系，与建设用地的容积率之间存在负相关关系。在规划时要严格遵守国家标准，保证一定的绿地率。依据现行《城市居住区规划设计标准》，居住区绿地率视不同气候与建筑密度，最小值为20%~28%。同时国家生态城市要求整体绿地率≥40%，各

表 5-1　影响碳中和的街区绿色空间特征（王敏、宋昊洋，2022）

影响路径	绿地空间特征		
	特征分类	特征描述	特征指标
固碳增汇	总体规模特征	高绿量	绿地面积、绿地率、绿化覆盖率、三维绿量、归一化植被指数（normalized difference vegetation index，NDVI）
	植物配置特征	以乔木、常绿阔叶、乡土植物为主	植物类型及占比
		以中幼龄、大胸径的树木为主	植物规格
		乔—灌—草复合配置	植物群落结构
		高密度种植	叶密度指数、郁闭度
降温减排	分布格局特征	集中布局	绿地斑块密度、聚集度指数、连通性指数
		建设用地比例低	周边用地类型
	总体规模特征	规模面积大	绿地面积、绿地率、三维绿量
	几何形态特征	边界形态复杂/规则	绿地周长、周长面积比、形状指数
	植物配置特征	以乔木为主	植物类型及占比
		乔—灌—草复合配置	植物群落结构
		高密度种植	叶密度指数、郁闭度
绿色慢行	分布格局特征	景观连通性高	整体连通性指数、可能连通性指数
		空间可达性高	路网密度、联结节点比率
	总体规模特征	规模面积大	三维绿量、乔木覆盖率
	植物配置特征	乔—灌—草复合配置	植物群落结构
	场地使用特征	绿色感知良好	绿视率
		活动设施多样	服务设施类型及评价

城区最低值不得小于28%。国家园林城市要求整体绿地率≥40%，各城区最低值不小于25%。在分布格局特征方面，提升绿地核心斑块集中性与连通度、优化斑块边界、减少破碎化小斑块数量等措施能有效改善热环境。在几何形态特征方面，绿地的面积和形状对绿地温度的影响具有不确定性，在较大尺度下，绿地面积越大、形状越规则，其降温效应越好；在较小尺度下，分散型绿地降温效应则优于集中式大型绿地，形状复杂的绿地降温效应更好。可以通过规划绿道连接不同的绿地小斑块，通过对消极空间的改造将不同的小斑块融合成较大斑块，对大小斑块的边界进行优化来提高绿地降温减排能力。在植物配置特征方面，植物类型及占比、植物群落结构、叶密度指数、郁闭度都会对绿地的降温能力有影响，在规划时要注意合理选配植物。

③在绿色慢行方面　主要聚焦于城市绿色空间的分布格局特征和场地使用特征。在分布格局特征方面，依托城市绿道系统，较高的空间可达性和景观连通性能有效促

进居民绿色慢行。在场地使用特征方面，相关研究数据表明：较高的植被覆盖率和绿视率、丰富的植物搭配、必要的服务设施布局能促进居民的步行行为，从而推动城市交通结构的低碳调整。在规划中，要打造舒适宜人、全覆盖、多层次、连通性高的街区慢行交通网络，串联不同绿色空间和公共服务设施，促进居民使用步行、骑行等绿色出行方式，从而间接减少碳排放。

5.2.3.3　重点规划内容

（1）小微绿地更新

小微绿地特指规模较小的供居民日常休憩活动的微型绿地，多呈斑块状散落或隐藏在城市结构中（常娜，2018）。小微绿地既可以在边角空间单独设置，也可以根据拆违腾退的现状插空设置。这种灵活多样的特点，使小微绿地可以在城市中更方便地开展建设，多样化增加街区绿色空间容量，改善城市微气候调节能力（耿超，2019）。同时，小微绿地更新成本低、消耗资源少，相比其他完全新建绿地在建设过程中也减少了碳排放。

①因地制宜　更新时要基于场地特色，利用原有材料进行建设，避免大拆大建，减少建设过程中的碳排放，更好地延续社区文化记忆。优先选择乡土植物和高固碳植物，进行复合结构的乔灌植物群落配置，提高小微绿地固碳能力。

②运用参与式改造、多元化模式进行更新　以人为本，尊重社区居民在小微花园绿地更新中的主体地位，让居民自发进行小微花园绿地更新。这有助于借鉴居民经验，保留社区生活原真性，提高绿色空间的使用效率。坚持"谁主张、谁负责、谁受益"的原则，通过认领分包、街巷长制度、运营维护等机制，减少后期维护所需的资金消耗，促进小微花园绿地的可持续维护与发展。同时可尝试运用多种更新模式，如公私合作，利用资产开发与运营公司、创新型社会组织等多种力量进行社区更新。

③规划功能复合型的绿色空间　这些功能复合型绿色空间包括可食用的社区农业花园、一米菜园、草药园、科普认知花园等。功能复合型绿色空间是促进居民互动交流的绝佳地点，可以加强社区联系，凝聚社区力量。

（2）街区慢行交通规划

以步行和自行车出行为主的慢行交通是低碳、生态友好的出行方式，在街区层面规划完整、高品质的慢行交通系统，能够促进居民低碳出行，从而有效减少碳排放。

①要进行整体性布局　提高慢行系统的景观连通性和空间可达性，将绿色空间通过慢行系统连接起来。街区慢行系统要注重与上级慢行系统和公共交通网络的接驳，形成全覆盖、多层次慢行系统空间网络，建设互联互通的绿色空间。同时还要连接公园等绿色空间，促进公园之间的功能互补与服务协同，形成分散但连续的游憩服务序列。通过整体性布局，提高绿色空间的生态稳定性，提高固碳能力；促进居民绿色出行，减少交通碳排放。

②要使用适当的植物进行搭配　较高的植被覆盖率和绿视率、丰富的植物搭配能促进居民的步行行为，从而推动城市交通结构的低碳调整。乔—灌—草复合搭配的绿

地能有效缓解步行者心理压力（施伊晟，2020）。

③要以人为本，进行必要的服务设施布局　从使用者的角度出发，在慢行系统中进行必要的服务设施布局。同时，慢行系统要对公共服务设施进行串联，创造多样且便捷的慢行生活，构建社区生活圈。

（3）街区立体绿化专项规划

立体绿化是一种整体理念，它是指以建筑物、构筑物或其他空间结构为载体，以其为基础，将与之相适应的植物种类进行配置，使其沿着纵向空间进行生长和发展。按照植物对这类载体的附着特性，城市立体绿化应用形式包括屋顶绿化、墙面绿化、围栏绿化、棚架绿化、桥体绿化、立体花坛等（张宝鑫，2004）。立体绿化可以丰富城市植物景观层次，提高城市的绿化覆盖率，提高单位面积固碳能力。立体绿化还能够缓解热岛效应，从而节省能耗，减少碳排放。

①要结合可持续的养护管理进行设计　若管理不善将会直接导致植物死亡，造成资源的浪费和额外的碳排放。在设计时应当结合新技术和植物配置，建立可持续、低成本的立体绿色空间，如通过暗埋水管来进行水分与肥料的自动喷灌或滴灌。还要因地制宜地选择植物，如对于较高楼层的空中花园，选择防风性能较佳的植物。

②要充分发挥立体绿化的多重效益　立体绿化具有生态、经济和社会效益。设计时可结合"空中菜园""垂直农场"等理念，在增加碳汇的基础上获得部分经济效益，并增加就业机会、提供舒适的街区景观和生态教育空间，创造更多的社会效益。

③要采取"见缝插绿"的方式增加绿量　对于无条件拓展绿地的高密度城区，可以通过立体绿化的方法"见缝插绿"地增加空间绿量。如对人行天桥、电杆灯柱等进行立体绿化，建筑墙边砌槽种植攀缘植物等进行绿化，对市政设施屋顶进行绿化，鼓励居民在阳台、窗台摆设花木盆景等。

④要将安全置于设计首位　防止人身伤害和高空坠物是空中花园设计及建造过程中首要考虑的问题。对于旧房屋顶改建，必须经过承重安全与闭水试验等检测措施来确保安全达标。

5.3　面向碳中和的中心城区绿色空间规划

5.3.1　规划对象

中心城区是一个城市的社会、经济、文化活动最为集中的地区。根据《市（地）级土地利用总体规划编制规程》，中心城区以城镇主城区为主体，并包括邻近各功能组团以及需要加强土地用途管制的空间区域。《市级国土空间总体规划编制指南》提出，中心城区是市级总规关注的重点地区，根据实际和本地规划管理需求等确定，一般包括城市建成区及规划扩展区域，如核心区、组团、市级重要产业园区等；一般不包括外围独立发展、零星散布的县城及镇的建成区。

中心城区城市绿色空间是指中心城区范围内所有生长植被的地域，包括自然植被和人工植被覆盖空间的总称，它是由公园绿地、城市森林、立体空间绿化、都市农田和水域湿地等构成的绿色网络系统。中心城区绿色空间根据《城市绿地分类标准》划分，主要包括城市建设用地内的绿地与广场用地和城市建设用地外的区域绿地两部分。

5.3.2　规划原理

5.3.2.1　规划定位与目标

中心城区绿色空间规划是对各种城市绿地进行定性、定位、定量的统筹安排，形成具有合理结构的绿色空间系统，以实现绿地所具有的生态、景观、游憩、文化和防灾避险五大功能的实践。面向碳中和的中心城区绿色空间规划则需在此基础上纳入碳氧平衡的量化体系，促进城市碳储量的增长，引导城市朝着符合人居环境生态平衡的方向发展，实现碳中和目标。

面向碳中和的中心城区绿色空间规划应与国土空间规划、城市绿地系统规划的相应阶段保持同步，同时应与城市交通规划、旅游规划等相互协调，形成统一的城市发展蓝图。一般会确立以下几方面规划目标：①改善和优化城市生态环境，促进城市绿色低碳发展，构建可持续的城市生态系统；②引导和控制城市空间形态，形成连续完整的城市绿色空间网络，控制城市无序扩张；③满足市民户外游憩需求，提升城市环境品质，均衡布置休闲娱乐场地。

5.3.2.2　理论与政策基础

面向碳中和的中心城区绿色空间规划是以风景园林学和城乡规划学相关理论为基础，结合生态学、地理学、社会学等学科知识，以促进碳中和为主要目标的规划实践，其理论与政策基础涉及以下内容。

（1）城市规划学

城市规划学是研究城市的未来发展、空间布局以及各项工程建设综合部署的学科，是一定时期内城市发展的蓝图，是城市建设和管理的依据。城市规划是一项政策性、科学性、区域性和综合性很强的工作。它要预见并合理地确定城市的发展方向、规模和结构，做好环境预测和评价，协调各方面在发展中的关系，统筹安排各项建设，为城市市民的居住、劳动、学习、交通、游憩等各种社会活动创造良好条件。

（2）城市生态学

城市生态学是以生态学理论为基础，应用生态学的方法研究以人为核心的城市生态系统的结构、功能及其动态变化的一门综合性学科。城市生态学研究城市自然和人工系统组成成分之间，以及城市与周围生态系统之间的相互作用规律，并利用这些规律优化城市绿色空间的总体结构和内部效能，提高城市生态系统内部的物质转化和能量利用效率，从而改善城市生态环境质量，修复恢复受损退化生态系统，实现城市结构合理和功能高效。

（3）风景园林美学

风景园林美学是应用美学原理研究风景园林艺术的美学特征和规律的学科，主要从审美意识、审美标准、审美心理过程和哲学思维方法等方面解释人们面对花园、公园绿地和山川自然所获得的审美体验，因此也是指导人们开展城市绿色空间营建的重要理论基础。

（4）政策基础

我国一直重视园林绿地为主的城市绿色空间建设发展，并形成了一系列政策支持。1992年，建设部（2008年改名为住房和城乡建设部）在全国范围内开展了"园林城市"创建工作，2004年首次向全国发出创建"生态园林城市"的号召，并于2015年正式对外公布7个城市为首批"国家生态园林城市"。2018年以来，成都市着力建设公园城市，在园林城市、生态园林城市等发展模式的基础上进一步提升了生态文明建设和绿色发展的内涵和目标（李雄、张云路，2018）。2023年，北京首次提出建设"花园城市"，旨在推动城市高质量发展，增加人民的获得感和幸福感，建设现代化美丽首都。此外，城市绿道建设也成为推动形成绿色发展方式和生活方式，建设美丽中国和健康中国的重要内容。我国对于绿道建设提出了切实可行的政策支持和项目实践，旨在优化城市绿地布局，构建绿道系统，将生态要素引入市区，实现城市内外绿色空间的连接贯通。

5.3.2.3　规划依据与原则

（1）规划依据

①有关法律法规和规章　国家及各级政府颁布的有关法律法规和规章管理条例是城市绿色空间规划最为重要的规划依据，是法定依据。目前，与此相关的法律法规主要包括《中华人民共和国城乡规划法》《中华人民共和国环境保护法》《中华人民共和国文物保护法》《城市绿化规划建设指标的规定》《城市绿化条例》《国务院关于加强城市绿化建设的通知》《城市古树名木保护管理办法》和《城市绿色空间规划编制纲要》等以及各地方政府颁布的相关法律法规及规章、管理条例等。

②有关行业规范及技术标准　国家或行业各类技术标准规范也是规划编制必不可少的依据。主要的技术标准和规范有《城市用地分类与规划建设用地标准》《城市居住区规划设计标准》《城市绿地分类标准》《园林城市评选标准》《城市园林绿化评价标准》《公园设计规范》《城市和社区可持续发展 低碳发展水平评价导则》《城市碳减排行动方案编制指南》等。

③相关各类规划成果　已经获准的与绿色空间相关的规划（包括上一层次的规划和相关规划），也是编制绿色空间规划的依据。如城市总体规划、土地利用总体规划、城市林业规划、城市近期建设规划、城市控制性详细规划等，均应作为依据。

④当地现状基础条件　当地现状条件是绿色空间规划的基础依据，贯穿着整个规划过程。但一般情况下，不作为基本规划依据写入规划文字说明中。

（2）规划原则

①生态筑底，与市域绿色生态空间有机贯通　在中心城区绿色空间规划中，尊重城区地理地貌特征，合理设计绿色空间布局，保持城市的原有风貌和特色。同时规划应当注重绿色生态空间的衔接与贯通，确保市域绿色生态空间系统的完整性和连贯性，优化城市绿色空间布局，提升城市生态环境质量。

②景城共融，实现城市绿色空间多元功能　低碳城区建设关注社会、城市与自然的有机融合，面向碳中和的绿色空间与城市景观相结合，构成了城市生态廊道和公共开放空间体系，并充分发挥生态、社会和经济服务功能，提升空间品质，激发城市活力，实现城市健康有序的可持续发展目标。

③绿色低碳，促进城市可持续发展　绿色低碳是应对全球气候变化、保护生态环境、实现可持续发展的重要策略。面向碳中和的中心城区绿色空间规划以绿色低碳为规划原则，采取一系列措施以减少碳排放和环境污染，从而实现对环境的最小影响和资源的高效利用。

5.3.2.4　规划策略与方法

面向碳中和的中心城区绿色空间规划是低碳城市建设的重要内容，也是缓解城市气候变化的重要手段之一。本小节从城市建设的角度出发，从绿地规模、绿地布局等方面提出相应的规划策略和方法。

（1）保障适宜的城市绿色空间规模

面向碳中和的城市绿色空间规划，其绿色空间规模除了通过绿地率、绿化覆盖率、人均公园绿地面积等指标确定以外，还可以基于维持空气中碳氧平衡确定绿色空间规模，或者基于植物绿量研究确定绿色空间规模，后两者较适用于此专项规划。

①基于维持空气中碳氧平衡确定绿色空间规模　绿色植物通过光合作用吸收CO_2，同时制造O_2，据统计，1t木材的成长要吸收1.518t CO_2，并制造1.1t O_2。如果按成人每人每天耗0.75kg O_2，排出0.9kg CO_2的标准，则城市人均需要林地10m^2。然而，从现在城市人口的密度和绿化覆盖率的比例来看，尚远达不到这一要求。因此基于碳氧平衡来确定绿色空间规模，有助于促进区域范围近地大气层中耗氧与制氧因子的良性循环（涂秋风，2012）。

②基于植物绿量研究确定绿色空间规模　研究表明，以叶面积为主要标志的绿量，是决定园林绿地生态效益大小的最具实质性的因素。绿量是绿色生物量（green biomass）的简称，主要分为叶面积绿量和树冠体积绿量，分别是指植物叶片的总面积和树冠部分的总体积。面向碳中和的中心城区绿色空间规划中，应探索引入城市绿地绿量的概念来确定绿地规模，以更加真实地反映城市绿化的规模和水平，并为城市绿化的生态效益评估奠定基础（涂秋风，2012）。

（2）面向碳中和优化绿色空间布局

合理平衡碳源碳汇分布空间，构建以公园体系为核心的生态格局。生态格局指的是生态系统的空间格局，由生态系统中某些特殊生态节点（如具有较高物种多样性的生境类型、对人为干扰敏感而对景观稳定性影响大的单元、对历史文化保护具有重要价值的地段等）和生态廊道组成，对维护或控制区域生态过程有着重要意义（张泉，2011）。面向碳中和的中心城区绿色空间规划以公园体系作为主要的生态节点，以河流水系和道路交通为生态廊道，形成生态、社会、经济复合的生态格局。例如，上海环城绿带沿外环线道路外侧布置形成环状格局，全程98km，宽500m左右，通过合理配置植物群落，形成了近自然的次生林，控制城市用地的无序扩张，改善了城市生态环境。美国的波士顿、堪萨斯、明尼阿波利斯等城市以公园体系为核心形成带状格局，不仅有利于城市居民与自然的沟通与交流，还有利于改善城市生态环境和表现较高的环境艺术风貌，特别是绿带作为城市绿廊可以引风或通风，也可以为野生动物提供安全的迁移途径，保护生物的多样性，同时，作为组团间的分隔绿带防止城市组团粘连，因而具有极强的生态作用。

（3）强化城市绿色空间的碳捕获能力

强化城市绿色空间的碳捕获能力可从以下方面入手（李倞 等，2022）。

①选择高碳汇乡土植物，优化植物种植模式　绿地面积、植物组成结构、竖向层次结构、群落密度等因素都会影响植物碳汇。不同类型的植物碳汇能力差异较大，设计中优先选择乡土植物，可获得更高的碳汇效率，同时也能够减少维护成本。

②增加有机物输入，降低土壤碳分解，提高土壤碳汇能力　生物多样性高的植物群落有益于提高自身碳汇，同时也能提高土壤的碳汇能力。土壤碳储量高出植被碳储量数倍，是绿色空间固碳的主要途径且具有较大探索空间，城市绿色空间建造时间的长短对土壤碳储量有较大的影响。一般来说，建造时间越长、群落郁闭度越高，林下土壤环境越有利于土壤碳储量增加。

③营造健康水生境，提升水体碳汇能力　由于矿物质会造成水体富营养化，影响碳汇能力，保持水体清洁是碳汇的基本条件。生物滞留池、透水铺装、浅沟、初雨弃流等收集方式能够防止雨水被污染，提升水体碳汇能力。因此，改善水下土壤、水生植物和浮游生物、岸线的生态功能，都能够提高水中及岸边带的生物多样性并且清洁水体，形成健康的水生境。此外，湿地具有较高的碳汇价值，湿地中的水体、植物、土壤均会影响其碳汇能力。其中，雨水花园作为一种特殊的人工湿地类型，其固碳量几乎可以全部抵消其建造过程中的碳足迹，应用价值高。

（4）宣传引导，实现更大范围的被动减源

城市绿色空间除了可以发挥直接的减源和碳汇功能以外，还可以发挥一系列间接减源的功能，规划策略主要包含以下两个方面。

①构建低碳活动体系，强化政策扶持，实现更大范围的被动减源　绿色空间作为改变居民生活方式的重要媒介，可以发挥出一系列社会效益，让城市居民更广泛地投入减碳行动。参与式设计能有效减少人员活动和设施建设、维护的碳足迹，还有助于激发社区参与度，从而实现社区的自我服务，甚至服务其他社区。结合绿色空间开展多元、直观和有吸引力的展览宣传，能有效帮助构建低碳社会。此外，还可以建设低碳主题公园，建立公园低碳行为体系，创造更生动的科普体验。

②实施"绿色交通"，降低居民出行的碳排放　绿色交通是以低碳生态为目标导向

的交通发展理念和模式，它致力于减少交通拥堵、降低能源消耗、促进环境友好、节约建设维护费用，进而构建以公共交通为主导的城市综合交通系统。结合城市绿色空间的休闲功能建立以自行车道路系统和步行道路系统为主的慢行系统是重要的低碳手段，也是培养大众低碳意识的重要途径。面向碳中和的中心城区绿色空间规划可以构建完善的绿道系统，让绿地更好地发挥碳汇功能，还可以通过增设口袋公园，重新分配街道中的步行、骑行和社交活动的空间，活化城市街道标识系统等措施来提升慢行质量，优化慢行路线的可识别性、渗透性和安全性以提升慢行出行率，从而达到降低居民出行碳排放的目标。

5.3.3　规划内容

5.3.3.1　前期调研和评估

调查研究是规划必要的前期工作，没有扎实的调查研究工作，缺乏大量的第一手资料，就不可能正确认识对象，也不可能制订合乎实际、具有科学性的规划方案。调查研究是对场地从感性认识上升到理性认识的必要过程，调查研究所获得的基础资料是规划定性、定量分析的主要依据（吴志强，2010）。调查研究工作一般有3个方面：

①基础资料的收集与整理　主要应取自当地城市规划部门积累的资料和有关主管部门提供的专业性资料（表5-2）。

表 5-2　面向碳中和的中心城区绿色空间规划基础资料清单

测量及航片、遥感资料地形图	图纸比例为1∶5000或1∶10 000，通常与城市总体规划图的比例一致
	专业图件：航片、遥感影像图等电子文件
自然资源资料	气象资料：包括历年及逐月的气温、湿度、降水量、风向、风速、风力、霜冻期、冰冻期等
	土壤资料：包括土壤类型、土层厚度、土壤物理及化学性质、不同土壤分布情况、地下水深度、冰冻线高度等
	地质水文资料：包括地址、地貌、河流及其他水体水文资料；现有河湖水系的位置、流量、流向、面积、深度、水质卫生情况及可利用程度、泥石流、地震及其他地质灾害
社会条件资料	城市历代史料、地方志、民风民俗、典故、传说等
	城市社会发展战略、国内生产总值（GDP）、财政收入及产业产值状况、城市特色资料等
	城市建设现状、用地与人口规模、道路交通系统现状、城市用地评价等
面向碳中和的数据清单	绿地率、绿化覆盖率、高碳汇能力树种占比、乡土树种占比
	景观格局指数

②**现场踏勘** 　设计师必须对规划区域的概貌、新发展地区和原有地区有明确的形象概念，重要的工程也必须进行认真的现场踏勘。调查所收集的资料要准确、全面、科学，通过现场踏勘和资料分析，了解掌握城市绿地空间分布的属性、绿地建设与管理信息、绿化树种构成与生长质量、古树名木保护等情况；了解城市蓝绿灰基础设施的建设状况，找出相应的建设条件、规划重点和发展方向，明确城市发展的基本需要和工作范围。

③**综合分析** 　这是调查研究工作的关键，将收集到的各类资料和现场踏勘中反映出来的问题，加以系统地分析整理，去伪存真、由表及里、从定性到定量研究城市发展的内在决定性因素，从而提出解决这些问题的对策，这是制订规划方案的核心部分。

面向碳中和的中心城区绿色空间规划需要进行必要的碳排放量核算、碳汇计量检测，具体参考第4章内容，中心城区尺度可采用InVEST模型、CENTURY模型等，较为准确地估算大尺度空间碳汇量，根据测算结果评估城市绿色空间规模、分布情况，制定相应的优化策略。此外，CASA模型、Biome-BGC模型等遥感模型法，可以快速估算大尺度空间碳汇，也可以用于该尺度。

5.3.3.2　总体结构和布局

面向碳中和的城市绿色空间规划应当做到布局合理、指标先进、质量良好、环境改善，有利于城市生态系统的平衡运行。基本布局共有8种基本模式，即点状、环状、网状、楔状、放射状、放射环状、带状、指状（图5-2）。下文对带状、网状布局模式的特征做简要概括。

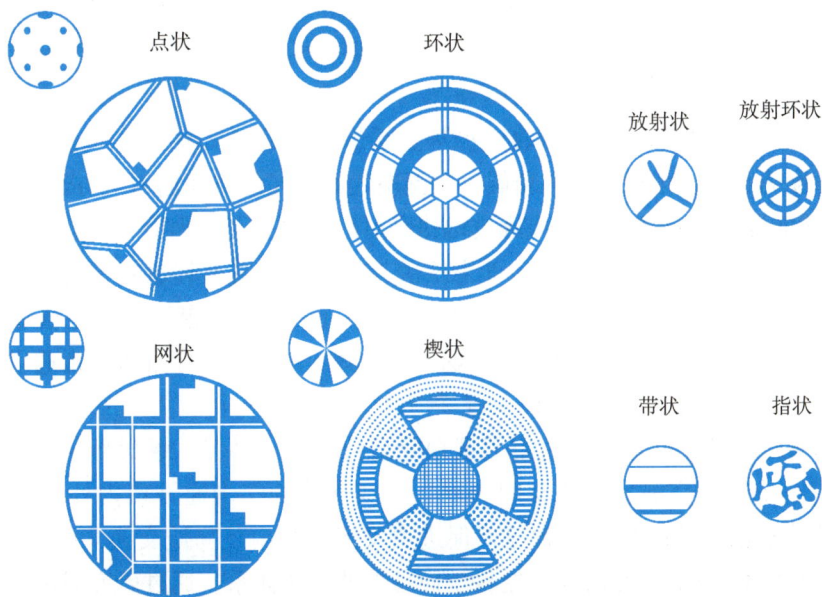

图 5-2　城市绿色空间基本布局模式（杨赟丽，2019）

带状绿地布局模式是指利用河湖水系、道路、旧城墙、高压走廊等线性因素，形成纵横交错的条带形绿色空间，穿插于城市内部，与其他绿色空间共同构成城市绿网。该布局模式不仅有利于城市居民与自然的沟通与交流，还有利于改善城市生态环境和表现较高的环境艺术风貌，特别是绿带作为城市绿廊可以引风或通风，也可以为野生动物提供安全的迁移通道，保护生物的多样性，同时，作为组团间的分隔绿带要防止城市组团粘连，因而具有极强的生态作用。在中国较为典型的城市有南京、苏州、西安等，其主要利用城市干道或旧城墙的绿化将城市绿地进行连接而形成网络。

网状绿地布局模式是指将山体、水体、森林、农田等自然元素，通过沿道路、河流、铁路、组团建设的"绿廊"，与城市中的其他公园绿地进行联系形成整体，构筑一个自然、多样、高效，具有一定自我维持能力、体现生态服务功能的绿色网络结构。该布局模式通过空间上点、线、面、片、环、楔、廊的有机组合，不仅在城市内部可以有效地改善生态环境质量，同时可以沟通城市之间的联系和能量流动，有效地防止城镇间相连成片而引起的环境恶化。目前，网状的绿地布局模式是一种常见的布局形式，应用于大多数的城市绿地建设中，其中较为典型的城市有北京、上海、深圳等。

构建碳网络是面向碳中和的中心城区绿色空间总体结构布局的重要方式，即通过优化城市绿色空间的分布和管理，形成一个高效的城市碳吸收和储存网络。这种策略不仅强调单个绿色空间的功能，更重视这些空间在整个城市范围内如何协同作用，实现更大规模的碳捕捉和储存，同时也促进了生物多样性保护和城市居民的福祉提升。根据第4章内容，碳网络的构建首先需要明确其定位，进而通过对碳排放碳汇节点的筛选与评价，结合最小阻力网络识别模型、生态网络分析模型、网络结构分析等方法进行碳网络的识别与构建。最后，结合碳网络评价和碳流动优化路径，增强城市碳汇效能。

5.3.3.3　重点规划内容

（1）城市通风廊道规划

城市通风廊道是以促进大气良性循环、缓解热岛效应、改善城市空气品质、提升体感舒适度为目的，为城区引入新鲜、冷湿空气而构建的空间通道（方云皓、顾康康，2024）。从能源的视角来看，通风廊道构建是对风能的利用。当面对夏季高温时，构建通风廊道可引导冷空气流入城市内部来疏散其热量，为城市其他能源消耗设施（如空调）缓解压力，当面对冬季雾霾时，构建通风廊道可实现自然通风和空气循环，将城市内部CO_2等温室气体运输至郊区以实现自然沉降。因此，有序推进城市通风廊道的规划和建设，是实现低碳城市目标的关键举措之一。

面向碳中和的中心城区绿色空间规划应结合绿环、绿带、绿廊和绿道系统等布局通风廊道，依托城市绿地系统空间布局，形成连续的、沟通城市内外的绿色网络结构，以此构建潜在的绿色通风廊道，促进空气流通和内外物质交换（张云路、李雄，2017）。而规划的核心则是需要建立科学而理性的方法体系，通过研究城市风环境并进行评估，充分与研究区域的城市绿地系统空间协调，在绿地系统空间上选择最大效益的潜在通风廊道，最后提出各通风廊道的建设指引与控制内容。

（2）城市绿道系统规划

绿道是以自然要素为依托和基础，串联城乡游憩、休闲等绿色开敞空间，以游憩、健身为主，兼具市民绿色出行和生物迁徙等功能的廊道。其中绿色出行是绿道作为城市基础设施的重要功能，与公交、步行及自行车交通系统相衔接，为市民绿色出行提供服务，丰富城市绿色出行方式。

《绿道规划设计导则》中提出城市绿道系统选线应充分利用现状自然肌理的开放空间边缘（水系边缘、农田边缘、林地边缘等），以及现有步行及自行车交通道路等作为绿道选线的依托，应避开易发生滑坡、塌方、泥石流等地质灾害的危险区；就近联系各级城乡居民点及公共空间，方便市民使用；同时尽可能连接自然景观及历史文化节点，体现地域特色。在有条件的情况下，绿道线路宜网状环通或局部环通，可依托绿道连接线加强绿道的连通性，并满足绿道连接线长度控制要求。

点轴结合，将公园、绿地、广场和公共建筑作为街道特性的一部分，突出街区的功能和地域特点，塑造具有城市特色的重要慢行系统，并使此类街道在城市一定区域内联结成网，打造连续慢行网络。慢行服务设施的配置应系统满足慢行的多样性需求，使慢行成为城市活动系统的重要组成部分。完善的慢行服务设施包括步行交通设施、自行车交通设施和交通稳静化设施3个方面。在面向碳中和的中心城区绿色空间规划中，应对主要设施的类型和配置要求提出明确指引，落实建设要求，以提升慢行系统的吸引力，引导低碳的生活方式。

（3）城市高碳汇植物规划

①选择高碳汇的植物个体　在对各应用类型园林树木单位覆盖面积日固碳能力研究表明，单位覆盖面积指园林树木每平方米的冠幅垂直投影面积，由于园林植物的叶面积指数差异（植株单位覆盖面积上具有的叶面积数量差异）较大，所以以园林植物单位覆盖面积日固碳能力大小直接影响园林绿地的固碳能力。各应用类型园林树木的单位覆盖面积日固碳量数据取平均值后，由高到低排序为竹类>林木类>叶木类>花木类>荫木类>果木类>篱木类>蔓木类（表5-3）（褚芷萱 等，2022）。上海植物园和上海辰山植物园共同研究构建了215种上海常见园林植物碳汇数据库，详述了植物单株和群落的基本信息特征和固碳功能特征，为设计师在城市绿化、景观规划设计方面提供了详尽的植物信息。

表 5-3　不同应用类型园林树木单位覆盖面积日固碳量及叶面积指数

类型名称	单位覆盖面积日固碳量/($g \cdot m^{-2} \cdot d^{-1}$)	叶面积指数最高值	叶面积指数最低值
竹　类	85.82	57.44（木竹）	1.84（毛竹）
林木类	66.13	19.61（新疆杨）	1.40（马尾松）
叶木类	46.36	19.90（美国红枫）	0.74（假槟榔）
花木类	42.86	32.71（重瓣榆叶梅）	0.68（美丽异木棉）
荫木类	40.87	21.24（尖叶杜英）	1.50（绦柳）
果木类	34.61	10.14（白杜）	1.74（无花果）
篱木类	32.35	5.23（三裂绣线菊）	1.66（金雀锦鸡儿）
蔓木类	18.81	5.62（木香藤）	1.44（小叶扶芳藤）

②**考虑植物体生命周期，优选较强碳汇阶段** 研究表明，其他条件相同的情况下，生长速率快的乔木碳汇能力更强。同时，绿地中高大乔木比例越高，乔木规格越大，其净碳储量和碳汇效应越高。一般认为，幼龄和中龄的植物生长速度和生物量增长速度均较快，固碳增长量更大且碳排放量相对较少；而成熟期的植物生物量基本稳定，固碳增长量相应减缓，在移植初期的碳排放量也相对较大。因此在进行植物选择时，可根据实际情况选取处于较强碳汇阶段的苗木进行种植。

③**考虑高碳汇的植物营建模式**（徐昉 等，2023） 选用高碳汇乡土树种，合理搭配外来树种。乡土树种指本地区有天然分布的树种，或某些引种期长、并在本地极端气候环境条件下生长良好、已表现出没有生态扩侵性、符合引种成功标准的归化树种。乡土树种具有区域性、良好的适应性和抗逆性、珍贵性、经济性、历史性和文化性。相对于外来树种，乡土树种有稳定的群落结构，对当地生态系统不会造成破坏，可以从源头上降低营建初期的碳排放量。在施工和后期维护中，乡土树种采集和运输成本较外来树种更低，且成活率和抗性更高，相同的种植量下需要更少的资源维护，产生更低的碳排放量。因此，合理使用高碳汇乡土树种，适当搭配外来树种，不仅可以营造出特色植物群落景观，而且可以减少建设和运营成本，减排增汇，达到美学和生态功能的平衡。

④**选择高碳汇能力植被覆盖类型，打造复层植物群落** 不同植被覆盖类型的平均固碳量有很大差别，碳汇能力强的植被覆盖类型能够显著提升绿地碳汇效益。不同学者对华中地区、华东地区、华南地区和东北地区园林植物固碳释氧能力的研究表明，从植物生活型的角度来看，基本符合乔木个体固碳能力略大于灌木、乔灌木大于地被和草坪、落叶树种大于常绿树种的规律；从单位叶面积固碳释氧能力的角度来看，结论则基本相反，草本花卉单位面积日固碳量极高。因此，乔灌复层和落叶常绿混交林的搭配组合对增加碳汇能力有重要作用。而不同密度的植物群落也会使城市绿地的碳汇能力有所区别。虽然理论上植物的生物量越高碳汇量就越高，但群落密度过大会导致植物生长不良，碳汇能力下降。植物群落的碳汇效应和其生物量并非简单的线性关系，栽植密度并非越大越好，应选择合理密度进行栽植，并及时进行养护管理。

5.4 面向碳中和的市域绿色空间规划

5.4.1 规划对象

市域绿色空间是指城市行政管辖全部地域内的地上生命空间系统，在城市绿色空间体系中占据着最大尺度的空间范围，在城市固碳增汇以及城市生态安全维护方面发挥着主干支撑作用。本节所述市域绿色空间主要针对中心城区以外的市属绿色空间展开探讨，按其自然属性与服务功能可进行如下分类：

①根据空间的自然属性，市域绿色空间可分为湿地、林地、草地、农田等类属，一般情况下，不同自然类属绿地的相对固碳性能与固碳方式大致见表5-4所列。

表 5-4　市域绿色空间自然属性分类（黄玫 等，2006；徐丽 等，2019；郑琦 等，2022）

绿地类型	固碳速率排序（不同地域略有出入）	主要固碳方式	单位面积固碳量排序
湿地（红树林）	1	生物量增长与沉积作用	1
林　地	2	木材蓄积、腐殖质积累	2
草　地	3	土壤	3
农　田	3	土壤	4
湿地（沿海滩涂与内陆湿地）	4	沉积作用	5

②根据空间服务功能，市域绿色空间与城市建设用地外部区域绿地范围基本重合，可划分为风景游憩类、生态保育类、区域设施防护隔离类、生态生产类等绿色空间类属，各大类又可进一步细致分为若干小类（表5-5）。

表 5-5　市域绿色空间服务功能分类（韩依纹、戴菲，2018；住建部，2019）

绿地大类	绿地小类	服务属性
风景游憩类	风景名胜区 郊野公园 森林公园 湿地公园 国家地质公园 遗址公园 其他城郊主题园——动植物园、墓园等	综合属性，除环境与气候调节服务以外，也侧重生态系统功能的支持服务，以及文化、健康、精神、美学、社交等公共服务
生态保育类	水资源保护 河流湖泊保护 林地保护 湿地保护 水土保持 生态网络保护 自然保护区 其他生态保护	侧重环境与气候调节服务和生态系统功能的支持服务
区域设施防护隔离类	地质灾害隔离 环卫设施防护 交通和市政基础设施隔离 自然灾害防护 工业、仓储用地隔离防护 蓄滞洪区 其他防护隔离	侧重环境调节服务
生态生产类	农林生态生产空间（苗圃、耕地等）	侧重生活资料的供给服务

在自然属性层面，规划主要对各种空间对象的总量以及系统性布局进行调整与控制；在服务功能层面，规划主要依据市域生态安全格局，用地保护、防护需求，以及游憩开发等相关决策条件，对各种空间对象的布局、领域及其内部各类自然属性绿地的空间配比与形态布局进行调整与控制。

5.4.2 规划原理

5.4.2.1 规划定位和目标

市域绿色空间规划作为城市绿色空间规划的最高尺度层级，主要针对城市建设用地以外土地覆被尺度的绿色空间进行结构、数量以及布局形态的规划调控，是面向碳中和的城市绿色空间规划的主体内容。该规划重点围绕市域范围内的山水林田湖草沙体系开展生态系统保护格局规划，生态保护修复分区分级规划，以及地域生态协同规划等，在促进地区碳达峰碳中和、构建城市生态系统安全格局、缓解城市热岛效应、市域自然历史文脉延续及风景游憩美育等方面发挥重要作用。

市域绿色空间规划需达成以下目标：

（1）保障城市生态系统的完整稳定性与供需平衡

市域绿色空间平面构成稳定的"连续性基质—连通性廊道—适宜性布局斑块"结构网络，竖向上形成多样性生物组构，维持城市生态系统的复合性与稳定性，应对城市发展需求提供充分的供给、调节、支持服务，增强优质生态产品的供给能力（韩依纹、戴菲，2018）。

（2）提升城市碳汇能力，降低空间碳排放量

市域绿色空间具有尺度大且易于连续布局的特点，是与城市相关的最大尺度的碳汇机能组织，提升其整体覆被面积与生态结构质量，从而显著提高城市碳汇能力（孙嘉麟 等，2022）。

强化市域绿色空间对城市环境温湿度的调节作用，抑制城市热岛效应，进而减弱城市内部绿色空间的呼吸作用；同时，推动游憩空间向功能综合化发展，从而降低市域节点间的出行联系频率，降低城市空间碳排放量。

（3）提高城市抗自然风险的能力

完善市域绿色基础设施体系，提高城市抵抗水旱地质灾害等不确定风险因素的能力与韧性。

（4）保障城镇特色历史山水格局，抑制城镇建设用地无序扩张

市域绿色空间常蕴含地域性自然地理景观，包含各类文物古迹。良好的市域绿色空间保护是城市自然与人文历史文脉得以赓续的重要基础。

（5）提供城市自然文教场所

明确提供城市自然文化认知教育的目标对象与空间，与城市生活联动，丰富市民的文化生活，并加强市民在环境保育行动中的参与性。

5.4.2.2　理论与政策基础

（1）生态安全格局理论

生态安全格局理论兴起于20世纪90年代，是将相对完整的生态区当作一个系统整体，通过生态系统综合评估确定重要生态源地，基于生态系统"格局—过程"耦合原理和与之对应的"源地—廊道—战略点"空间组织原则，对有利的生态格局过程进行强化，对有害的进行控制，通过生态修复模拟等方法，寻求生态安全保障与优化的空间策略。经既往探索，该理论下的环境实践逐步形成了由生态源地、廊道、节点、网络等要素组成的生态空间优化模式（李晖 等，2011；马克明 等，2004；彭建 等，2017）。生态安全格局理论是市域绿色空间整体布局结构规划的重要理论基础，对于绿地结构修复优化，提高总体绿色空间碳汇效能起到重要指导作用。

（2）"三区三线"控制政策

"三区三线"是国土空间总体规划中的重要内容，"三区"即农业、生态、城镇空间，"三线"即永久基本农田、生态保护红线、城镇开发边界。国土空间的唯一性决定了空间底图的唯一性，通过"三区三线"的划定，确定国土空间开发保护格局的统一底图，将分散在各个部门、各类规划的分区和控制线统筹到"多规合一"的国土空间规划中。统筹划定"三区三线"并非齐头并进同时划定，而要按照一定的优先次序分别划定：耕地和永久基本农田须优先划定；再从维护生态安全的角度出发划定生态保护红线；最后结合地方发展实际和节约集约用地要求，统筹划定城镇开发边界（孙雪东，2023）。该控制政策推动多规合一，统筹市域用地规划，控制城市建设用地无序开发，有效抑制市域绿色空间总量缩减趋势，保障城市碳汇主体的用地空间基础。

（3）山水林田湖草沙一体化治理理念

基于生态系统整体性、系统性和综合性的特点，对其进行有效保护修复。2016年9月，财政部、国土资源部与环境保护部联合印发《关于推进山水林田湖生态保护修复工作的通知》，明确以"山水林田湖是一个生命共同体"为重要理念指导开展山水林田湖生态保护修复工作，提出"统筹兼顾、整体施策、多措并举"的思路，提倡"对山水林田湖进行统一保护、统一修复"。2020年9月，自然资源部办公厅、财政部办公厅、生态环境部办公厅联合印发《山水林田湖草生态保护修复工程指南（试行）》的通知，在全国推进"山水林田湖草"一体化保护治理。2021年10月，中共中央、国务院印发《黄河流域生态保护和高质量发展规划纲要》，提出"统筹推进山水林田湖草沙综合治理、系统治理、源头治理"，把"沙"纳入山水林田湖草系统治理当中。将山水林田湖草沙看作是一个生态系统，是对"山水林田湖是生命共同体"思想的扩展。

山水林田湖草沙一体化治理政策将市域绿色空间作为一个整体性、联系性、综合性的系统，强调区域生态系统要素间的相互依存、相互制约的关系，通过保护与修复受损生态系统结构、优化区域生态系统格局，以增强生态系统服务、维持其较高的稳定性和良好的可持续性（邹长新 等，2018），助力于市域绿色空间整体碳汇效能的提升。

5.4.2.3 规划依据和原则

市域绿色空间规划需要与城市宏观经济生态格局控制相衔接，基于资源环境承载力来协调控制市域人口总量的上限和城市开发的边界，划定生态保护红线和永久基本农田保护红线，在此基础上设定发展相关绿色空间规划管控范围。

（1）规划依据

①相关法律法规 《全国"三区三线"划定规则》《山水林田湖草生态保护修复工程指南（试行）》《国土空间生态保护修复工程实施方案编制规程》。

②上级规划成果 国土空间总体规划，包括地区交通、水利、农业、林业、矿业、旅游规划等。

③市域绿色空间格局现状与远景发展趋势 内容略。

（2）规划原则

①分区管控，系统修复保护，适度干预 市域绿色空间规划需要进行保护分区及分区施策。生态源地的识别与生态保护区的划分需要基于生态系统功能评价。生态系统功能评价分项的选择通常根据区域环境特点以及城市发展战略灵活确定，而面向碳中和的市域绿色空间规划通常着重考量绿色空间的固碳功能，对该分项予以较大的权重。针对不同级别的保护治理区，规划应秉持山水林田湖草沙生命共同体理念，尊重自然规律，以人工引导自然恢复为主，直接干预为辅。因地制宜，引导生态系统向良性循环、渐进式恢复方向发展。注重全域、全要素、全过程整体推进生态系统一体化的保护与修复。

②提升绿地总量与总体结构效能 基于市域绿色空间整体数量与结构评估，引导总体绿色空间在有效的数量基础上，向适度均匀布局、类型复合方向发展，避免单一结构绿地在局域空间集中布局的情况，从空间格局层面提升市域总体绿色空间的碳汇绩效。

③提高各类绿地的碳汇绩效 调查掌握市域各类绿色空间的数量与分布，对其变化趋势有所预期判断。当市域绿化覆盖率低于40%时，绿地形状大小、内部结构以及相应的空间分布对绿地的固碳能力具有明显影响（杨帆 等，2016），应基于各类绿地形态指数与碳汇绩效的相关性，合理优化各类绿地的形态格局。

④植物选择向地域高碳汇适地性物种倾斜 在满足适地适树原则的前提下，市域绿色空间植物的选择应向高碳汇物种倾斜。中国不同区域的气候水热条件差异较大，适地性植物种类存在地域性差别。一般而言，适地性物种也常具有本地高碳汇效能。此外，同一物种在不同地区的碳汇效果常存在较大差异，应根据其在地特性而选种。

5.4.2.4 规划策略和方法

市域尺度绿色空间是城市生态结构的本底，是城市碳汇作用的核心力量，其数量与结构的变化将对其含碳汇功能在内的整体生态功能的发挥、城市发展的安全与韧性等方面产生重要影响。面向碳中和的市域绿色空间规划需要在总体绿量、各类绿地数量配置与结构布局方面做出积极调控，以缩减城市碳汇缺口，并在有限的绿色空间资源条件下激发其最大的机能潜力。

（1）调控绿色空间总量

加强管控"三区三线"。在此基础上，对部分有条件的区域实行生态恢复改良计划，基于对市域碳汇缺口的估量制定绿地增量计划（杨帆 等，2016）。

（2）调控各类绿地配置配比，提升绿色空间综合生态功能与碳汇机能

①常规绿地规划应充分利用林地的高碳汇性能，对于增量绿地规划尽量保证林地在其中的主导比例。

②针对特殊地域的特殊湿地型绿地——红树林湿地与泥炭沼泽，这两类湿地的碳汇效能明显高于常规绿地，但存量少、再生性弱，对特殊地带的生态环境稳定起到重要的维护作用——需要通过资源调查、保护修复、科研监测等手段对其施以绝对保护策略。

③各种绿地形式避免过度简单的生态结构。在环境条件允许情况下，采用近自然群落植物景观的配置模式，植物配置的垂直结构以乔灌草多层次结构为宜，从而取得较高的生长稳定性和降低维护成本。

④复合型绿地中，绿化设计中乔灌木的比例应不小于7∶3，木本与地被植物比例（投影面积比）宜为4∶1。长寿乔木种类占全部乔木种类比例应不小于40%；长寿树种应用数量占全部树种应用数量比例不小于60%。乡土植物使用比例应不小于90%，本地木本植物指数应不小于0.9（《天津市城市绿地碳汇设计导则（试行）》，2022）。

（3）调控绿地空间布局，提高碳汇绩效

①**绿地系统布局策略** 市域绿地应结合自然地形特点，尽量均布于城区周边，对城区形成多重围合形势。市域绿地斑块之间、市域绿地与市区内绿地之间需要充分利用山体、丘陵、水系等自然地理条件，建立各类绿地廊道，保证足够的廊道宽度（不小于12m），并避免或削弱交通廊道对绿地廊道的阻隔作用，维护各绿地斑块之间的联通度，形成整体关联。

②**各类绿地景观形态控制策略** 不同绿地，其碳汇绩效与其布局形态的相关关系存在差异，由各类绿地诸形态指数与碳汇绩效的相关关系，可得出以下类型绿地的规划策略（洪歌 等，2023）：林地、草地的聚集程度以及林地的连通性，与碳汇绩效（单位面积年固碳量）高度呈正相关。林地主导型绿地、草地主导型绿地应尽量集中成片分布，强化其连续性、均匀性，林地斑块之间需要设置连通性绿林生态廊道。内陆湿地、一般耕地的聚集度指数、破碎度指数与碳汇绩效呈负相关。因此其布局应适度均布，避免极端破碎或过度的连续整合。对高产优质农田进行优先保护，设置永久基本农田保护红线；减少冬闲田，在地力允许条件下实现多季轮作。

③**单位面积绿地碳汇能力提升策略** 根据目前各地碳汇相关研究，中国各片区不同绿地类型的碳密度表现（表5-6）存在较为明显的差异。从表中可见，在东部、中部、南部片区，草地的碳汇能力较其他区域更为突出；在北部片区，湿地在碳汇中的主导作用较为明显。不同地区的绿地规划应参考当地各类绿地的实际碳汇绩效，此工作需要基于绿地碳密度数值的实地测算，并建立相应的碳汇植被数据库，以进一步适地性地规划设计绿地结构。

表 5-6　中国各片区市域各类型绿地碳密度估算参考概数值　　　　单位：t·hm^{-2}

绿地类型	东	南	中	西	北
耕　地	120	30	70	2	100
林　地	180	100	110	60	180
草　地	520	250	260	70	70
草本沼泽湿地	20	6	50	70	380
水　域	9	0	3	7	20

注：数据引自揣小伟 等，2011；李瑾璞 等，2020；林彤 等，2022；吕文宝 等，2024；邱红 等，2011；任永星，2023；孙一帆 等，2023；卫泽柱 等，2023；徐千君 等，2023；张美琪 等，2023；周文昌 等，2023。

5.4.3　规划内容

5.4.3.1　前期调研与评估

面向碳中和的市域绿色空间规划前期调研主要针对市域碳汇缺口和市域绿色空间的量与质展开。碳汇缺口的调查与测算是确立市域碳汇机能提升目标的重要依据，市域绿色空间的机能评估是解析当前问题、制定远期绿色空间布局决策的重要基础。

市域绿色空间尺度较大，绿色空间机能分析通常首先基于遥感影像的校正、解译，获取蓝绿空间的平面形态布局，并可进一步借助Arc GIS平台的影像分类相关工具来进行蓝绿空间内部不同覆被类型的识别。基于相应的空间数据，从整体与分类型两个层面，在数量、形态结构两个方面对当前绿色空间机能进行总体评价。

（1）绿色空间总量控制依据——市域碳汇缺口估测

①市域总碳排放量（$EXCO_2$）　市域碳排放计算方法具体可参见4.4.2节"城市碳排放计量测算方法"。一般情况下，可基于市域人口总量（P）、人均GDP（GDP/P）、地域单位GDP能耗（E/GDP）、碳排放量与能耗比值（CO_2/E），进行宏观估算：

$$EXCO_2 = P \times (GDP/P) \times (E/GDP) \times (CO_2/E) \qquad (5\text{-}4)$$

②市域绿地总固碳量（$ABCO_2$）　根据市域绿地面积（A）、单位绿地面积碳吸收性能（CO_2/A）估算：

$$ABCO_2 = A \times (CO_2/A) \qquad (5\text{-}5)$$

③市域碳汇缺口（$GACO_2$）

$$GACO_2 = EXCO_2 - ABCO_2 \qquad (5\text{-}6)$$

（2）总体绿色空间机能评价

基于市域卫星遥感影像，识别提取绿地要素，借助地理信息系统对整体绿地数量与结构进行指标计算分析，具体包含以下评价指标的计算（杨帆 等，2016）：

①绿地整体数量常用评价指标

$$绿化覆盖率=绿化覆盖面积/市域总面积\times100\% \qquad (5\text{-}7)$$

$$人均公共绿地=市域公共绿地面积/市域总人口 \qquad (5\text{-}8)$$

②绿地整体结构常用评价指标

整体绿地均匀度指数（E）：

$$E = \left(\frac{H}{H_{max}}\right) \times 100\% \tag{5-9}$$

式中　H 与 H_{max} 的计算公式为：

$$H = -\log\left[\sum_{i=1}^{T} p_i^2\right] \tag{5-10}$$

$$H_{max} = \log(T) \tag{5-11}$$

式中　H——实际观察的绿地多样性指数；

　　　H_{max}——最大的绿地多样性指数；

　　　i——绿地的类型；

　　　p_i——第 i 类绿地占绿地总面积的比例；

　　　T——绿地类型的总数。

整体绿地多样性指数（$SHDI$）：

$$SHDI = -\sum_{i=1}^{m} (p_i \times \ln p_i) \tag{5-12}$$

式中　m——绿地总类型数量；

　　　i——绿地的类型；

　　　p_i——第 i 类绿地占绿地总面积的比例。

$SHDI$ 增大，说明绿地类型增加或各绿地类型在景观中呈均衡化趋势分布。

（3）各类绿色空间机能评价

基于市域卫星遥感影像与实地调查，识别提取各类绿色空间，形成土地利用与土地覆盖栅格数据。基于该数据，从碳储量与碳汇绩效两个角度解析当前市域绿色空间的碳汇机能。

①各类绿地总碳储量计算　基于 InVEST 模型中的 Carbon 模块，输入土地利用和土地覆盖栅格数据，以及各用地类型碳密度数据。经综合计算，可估算市域绿色空间的总碳储量情况。粗略估算情况下，碳密度数据可参考第 4 章"InVEST 模型碳储量计算"内容；精算情况下，可参考表 5-7 所列数据源。

表 5-7　绿地碳密度精算依据（参考黄玫 等，2006；徐丽 等，2019）

i 类生态系统的碳密度计算对象	地上部分碳密度（C_i, above）	土壤碳密度（C_i, soil）	地下部分碳密度（C_i, below）	死亡有机物碳密度（C_i, dead）
数据源	《2010s中国陆地生态系统地上碳密度数据集》	《2010s中国陆地生态系统土壤0~100cm碳密度数据集》	C_i, below $= a \times b \times Wi$ 式中　C_i, below——土地利用类型 i 的地下活根碳密度； a——转换系数； b——地下与地上生物量的比值； Wi——土地利用类型的地上生物量。 b 取值：耕地0.2，林地0.3，草地5.2	含量比例相对较小，除林地、草本湿地外，其他绿地含量极微，可以忽略不计

②碳汇绩效相关绿地形态指数计算　基于景观格局指数分析平台（Fragstats），计算各类绿地与其碳汇绩效相关的形态指数，以供规划前后绿地状态评估比较（表5-8）。

表 5-8　碳汇绩效相关绿地形态指数

用地类型	计算项	与碳汇绩效关系
林　地	PLADJ	正相关
	DIVISION	负相关
	AI	正相关
	IJI	正相关
	COHESION	正相关
	SHAPE_MN	正相关
草　地	IJI	正相关
湿　地	COHESION	负相关
	PLADJ	负相关
	DIVISION	负相关
	LSI	负相关
	FARC_MN	负相关
	ED	负相关
	SHAPE_MN	负相关
耕　地	PLADJ	负相关
	DIVISION	正相关
	AI	负相关

注：AI. 聚集度，IJI. 散布与并列度，DIVISION. 分散度，PLADJ. 相邻相似百分比，COHESION. 斑块内聚力，LSI. 景观形状指数，FRAC_MN. 平均分维数，ED. 边缘密度，SHAPE_MN. 平均形状指数。

5.4.3.2　总体结构与布局

前期调查与评估主要针对静态绿色空间，然而大尺度绿色空间具有动态发展性及相应的客观规律。制定远期绿色空间总体结构与布局决策时，需要基于空间演化规律，对不同宏观规划策略情景下的土地覆被、土地利用发展趋势及相应的绿色空间生态功能、碳汇效能变化趋势有所预期，通过比较分析不同策略约束下的绿色空间结构布局和相应的功能变化，选择制定合适的远期发展策略。

（1）空间演化客观规律

在各种环境条件作用下，土地利用和土地覆盖会以怎样的方式进行变化？探究环境变量与空间转化的机理关系，通常可利用时空演化模型进行学习与演绎，其中代表性的模型为元胞自动机（cellular automaton，CA）。CA作为一种"解析-演绎"规律的工具，首先将地理空间映射为像素化的元胞网格空间，使用机器学习手段，对"空间驱动限制因素"与"元胞状态转化"之间复杂的关系进行建模，附加邻域作用规则和随机扰动等，形成元胞状态转化规则模型。而后，基于历史数据训练模型，获取转化

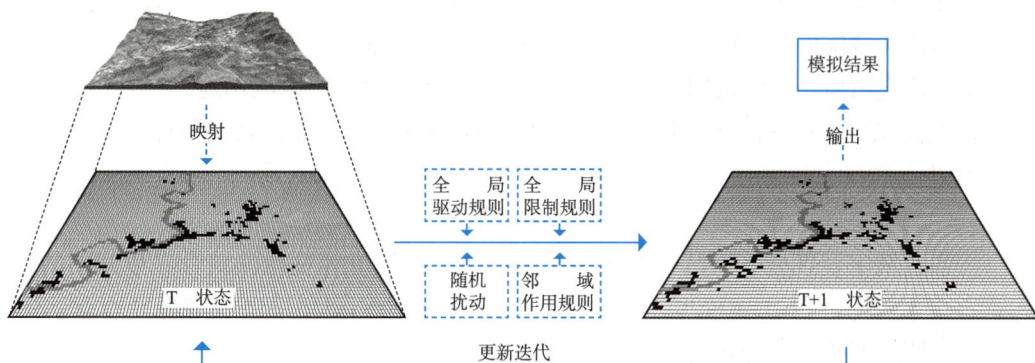

图 5-3　用于地理空间模拟的 CA 模型运作模式

规则，通过网格化空间内个体元胞之间影响互动，自下而上地完成全局空间状态更新。经迭代，形成时序化的空间变化，进而模拟或演绎空间的动态演化，达成演化机理的深入挖掘和空间形态模拟演绎的双重目标（图5-3）。

实际模拟应用中，通过多时间断面土地利用和土地覆盖数据，训练元胞状态转化规则算法模型，得到土地利用转化基本规律。其中，土地利用和土地覆盖数据可参考中国科学院资源环境科学数据中心（http://www.resdc.cn）数据，也可通过其他途径获取更高分辨率的卫星影像数据。时空演化模型可自行开发，也可基于当前已开发出的模型平台进行模拟试验，如土地利用变化模拟平台（CLUE-S）（张永民 等，2003）、地理模拟与优化系统（GeoSOS）（黎夏 等，2009）、斑块尺度土地利用模拟平台（PLUS）（Liang et al.，2021a）、基于混合元胞的CA模型（MCCA）（Liang et al.，2021b）。

（2）主观决策约束设计（用地转换情境设置）

土地的远期发展，除了具有客观的历史发展规律外，还受到规划决策的约束。可将各种可选决策通过CA的附加空间状态转化规则来表达。具体操作方式为：设置不同的决策情境，对相应的用地进行等级赋值，从而构造不同情境下用地间的转换成本（表5-9）。一般情况下高等级土地不可向低等级土地转换。

表 5-9　用地转换成本矩阵示例

土地利用类型	情景模式X					
	耕　地	林　地	草　地	水　域	建设用地	未利用地
耕　地	1	1	1	0	1	1
林　地	0	1	0	0	0	0
草　地	1	1	1	0	0	0
水　域	0	0	0	1	0	0
建设用地	1	1	1	1	1	1
未利用地	1	1	1	1	1	1

注：表中 0 表示不可转换，1 表示可以转换。

土地利用优先等级排序决策情境设置可参考下例：

生态优先情境——林地、水域、草地、未利用地、耕地、建设用地；

城镇优先情境——建设用地、耕地、林地、草地、水域、未利用地；

耕地优先情境——除建设用地外，其他用地均可转为耕地，其他条件与城镇优先情景类似。

（3）用地空间发展预测、决策制定与系统格局规划

将各种情景转换成本矩阵作为主观决策约束，与历史客观规律结合，形成新的空间状态转化规则，利用CA模型在各情景下模拟预测市域用地空间的远期发展状态，并基于此预测远期碳储量分布情景。

根据CA模型模拟预测的土地覆被与土地利用格局形态，计算绿色空间总体生态功能相关指数和各类绿地的形态指数，评价各情境下绿色空间总体生态机能的变化趋势以及不同绿地碳汇绩效的变化趋势。同时，根据各情境下土地利用类型的转变方式与数量，计算评价各情境下市域绿色空间碳汇量变化趋势（表5-10）。

表 5-10　土地利用变化的碳密度及碳储量变化分析示例（部分）（揣小伟 等，2011）

土地利用转移类型	转移面积/km²	土壤碳密度变化/(kg·m⁻³)	植被碳密度变化/(kg·m⁻³)	土壤碳储量变化/Tg	植被碳储量变化/Tg	总碳储量变化/Tg
耕地—林地	41.70	3.44	1.39	0.1434	0.0579	0.2013
耕地—草地	1.70	0.68	−0.34	0.0012	−0.0006	0.0006
耕地—水域	897.83	−1.18	−0.49	−1.0594	−0.4435	−1.5030
耕地—建设用地	3328.84	−1.99	−0.54	−6.6244	−1.8042	−8.4286
耕地—未利用地	1.26	−1.83	−0.54	−0.0023	−0.0007	−0.0030
合　计	4271.33	0.00	0.00	−7.5415	−2.1911	−9.7327

基于以上数据解析与评价，结合城市各方面发展需求，选择合适的决策情境，制定相应的土地发展策略，预测相应的空间发展结构与布局。按照永久基本农田、生态保护红线、城镇开发边界的顺序，在国土空间规划中初步统筹划定落实3条控制线，确保不交叉、重叠、冲突（陈万年，2023）。初步确定"三区三线"后，基于远期市域用地布局结构模拟预测结果，判断山水林田湖草沙预期易变动区域，衡量变动部分对生态安全与碳汇机能造成的影响，在初步确定的"三区三线"的基础上做出相应的界线形态以及管控级别的细化调整，对预期的积极性变动予以助推，消极性变动予以提前设限设防。

在此基础上，细化绿色空间管理层次，实施更精细的分区管控。统筹规划各绿色面域及其之间的联系性要素，构建市域绿色空间系统保护的基本格局。

5.4.3.3　重点规划内容

（1）分区管控规划

保护修复分区的划定，是制订绿色空间保护修复实施方案的重要基础性工作。

具体区划操作中，通常基于遥感影像识别当前市域用地不同覆被斑块布局，并从环境监测系统获取各类生态数据。基于相应的分项生态功能评价模型，借助InVEST、Arc GIS等平台进行计算评价，通过生态功能评价分项（表5-11）叠加运算分析，获取生态保护重要性综合评价（Xu et al., 2017；孔令桥 等，2019；田野 等，2019）。

表 5-11　常用普适性生态功能评价分项

评估项	评估方法	指标解释
固碳功能	$$BCS_{in} = \sum_{j=1}^{n} BCD_{ijm} \times AR_i \times 10^{-6}$$ $$BCD_{ijm} = B_{ijm} \times CC_i$$ $$ACS = \left(\sum BCS_{it2} - \sum BCS_{it1}\right)/(t_2 - t_1)$$	BCS_{in}指某年所有像元中第i类生态系统的碳储量；BCD_{ijm}指第m年第j个像元第i类生态系统的生物碳密度（$C \cdot km^{-2}$）；AR_i指每个像元的面积（km^2）；B_{ijm}指第m年第j个像元第i类生态系统的生物量密度（$t \cdot km^{-2}$）；CC_i指第i类生态系统的生物量碳含量（$C \cdot t^{-1}$）；ACS指年份t_1至t_2陆地生态系统的平均年碳汇（$Tg\,C \cdot a^{-1}$）；BCS_{it}指$t_{1/2}$年所有像元中第i类生态系统的碳储量
水源涵养功能	$$TQ = \sum_{i=1}^{j} \left(P_i - ET_i - R_{fi}\right) \times A_i$$	TQ指总水源涵养量（m^3）；P_i指降雨量（mm）；R_{fi}指实际地表径流量；ET_i指实际蒸发量（mm）；A_i指i类生态系统的面积；i指研究区第i类生态系统类型；j指研究区生态系统类型数
土壤保持功能	$$SC = R \times K \times LS \times (1 - C)$$	SC指土壤保持量（$t \cdot hm^{-2} \cdot a^{-1}$）；$R$指降雨侵蚀力因子（$MJ \cdot mm \cdot hm^{-2} \cdot h^{-1} \cdot a^{-1}$）；$K$指土壤可蚀性因子（$t \cdot hm^2 \cdot h \cdot hm^{-2} \cdot MJ^{-1} \cdot mm^{-1}$）；$LS$指地形因子；$C$指植被覆盖因子
洪水调蓄功能	$$FQ = \sum_{i=1}^{j} \left(P_{ri} - R_{ri}\right) \times A_i$$	FQ指洪水调蓄量（m^3）；P_{ri}指暴雨降雨量（mm）；R_{ri}指暴雨径流量（mm）；A_i指第i类生态系统的面积；i指研究区第i类生态系统类型；j指研究区生态系统类型数
生物多样性保护功能	通常采用物种分布模型（species distribution models, SDMs）进行评估，为解决不同模型方法与非独立评估样本带来的不确定性预测问题，目前可基于BioMod平台，用组合模型综合比较的方法分析预测物种的空间分布（Thuiller et al., 2009）	物种分布模型根据物种与环境之间的统计关系，基于算法预测特定地区内的物种分布
土地沙化敏感性	$$D_i = \sqrt[4]{I_i \times W_i \times K_i \times C_i}$$	D_i指评估区域土地沙化敏感性指数；I_i指评估区域干燥度指数；W_i指评估区域起沙风天数；K_i指评估区域土壤质地；C_i指评估区域植被覆盖的敏感性等级值

基于生态功能分项评价的加权和，确定保护重要性相似的空间的分布；基于分项评价特征聚类，确定问题性质相似空间的分布。基于空间保护重要性和系统问题性质的分布，遵循规划协调性、生态系统完整性、景观联通性，并尽量在保持自然要素自然边界等原则的基础上，划定各个保护修复区域，并制定相应的保护修复策略——自然维育、辅助修复或生态重建——针对地域气象灾害与地质灾害风险区增设相应防护性绿地；针对生态重点保护区增设缓冲防护绿地；针对脆弱性田地、水域、草地，以林形成防护，防止土壤风蚀，保育水源；对于部分已经受到人类干扰，但具有恢复潜力的退化绿地，可以采用自然恢复为主、人工干预为辅的理念进行修复（杨锐、曹越，2019）（表5-12）。

表 5-12　市域绿色空间生态修复关键技术参考

绿地性质	保护修复关键技术
山	覆坑平整，表土回填，疏浚河道，设置挡墙、拦沙坝、抗滑桩、截排水沟、谷坊、排导堤、格构，围栏封育，恢复植被等
水	河道疏浚、水系连通、截污纳管、清水补给、修建护岸工程、河岸生物阻隔、植被恢复、生态护坡等
林	退耕还林、封山育林、人工造林、开沟换土、修建灌溉管网、进行有害生物防控等
田	土地整治、坡耕地改造、建设农田防护林、点面源治理、化肥减施、地膜回收、规范化养殖场粪污无害化处置、水保集雨工程、节水灌溉等
湖	退田还湿、湿地封育、基底修复与重建、内源污染物控制、富营养化营养盐去除、蓝藻水华去除、生物群落优化、浮岛净化、浮床净化、水生植物配置等
草	退耕还草、退牧育草、围栏封育、飞播种草、草地补播改良、鼠害防治、虫害防治、毒杂草防治、设置草方格沙障等
沙	草方格沙障防沙、人工生物土壤结皮固沙、秸秆育苗钵、造林等

（2）系统格局优化设计

绿色空间系统格局优化是基于景观生态学原理，对维系区域生态安全具有重要意义的生态源地、廊道、战略点及整体网络等关键生态要素进行识别与规划设置，包括生态源地识别、阻力模型构建、关键要素提取、源地重要性判断等主要过程。系统格局优化对于有限绿色空间维持生态稳定性、提升碳汇效能具有积极的影响作用。

绿色空间系统格局优化的主要操作流程如下：

①"生态源地"识别判断　基于斑块的保护等级，综合参考生态系统功能评价、生态环境安全格局评价以及周边负面因素影响评价等方面进行识别（屠越 等，2022）。

②生态廊道生成　通过"环境阻力叠加分析"，生成廊道链接成本数据，基于该数据基础，借助地理信息系统，通过最小累积阻力模型（minimum cumulative resistance，MCR）和电路理论相关的Linkage Mapper工具，生成潜在生态廊道的结构组成，并分析其阻力，制定保护与修复策略。

③生态源地重要性判断　基于生成的"源地—廊道"结构，通过整体连通性指数（integral index of connectivity，IIC）分析判别各生态源地的重要性（史芳宁 等，2019；王晓玉 等，2019）。

基于上述分析，也可叠合现状基础设施布局，进一步深度解析判断，确定关键生态节点和生态断裂点，提出相应的修复和优化对策：

①斑块布局结构改善　对比现有廊道和模拟廊道的分布，定位生态网络的薄弱区域，即关键生态节点，在此建立"踏脚石"斑块，从而有效改善景观生态结构和功能。

②生态断裂点分析　将道路网和潜在廊道叠加，得到区域生态断裂点，对此及时采取特殊措施，避免人工基础设施规划对绿地系统的整体功能产生严重破坏。

③生态夹点识别　在所提取的生态源地和生态廊道的基础上，基于累积电流值方法*，借助Linkage Mapper工具箱中的Pinchpoint Mapper工具，识别景观连通性较高的生态战略点，即生态"夹点"。"夹点"区域的退化或损失极有可能切断生态源地之间的连通，是易受外界干扰的生态脆弱点，通过保护和修复这些"夹点"，能够有效维护或提升生态系统过程，对生态系统演替、干扰防治、恢复等具有重要意义。

④生态障碍点识别　生态障碍点指物种在生境斑块间运动受到阻碍的区域，移除这些区域可增加生态源地间的连通性，其识别一般参考计算清除障碍点后电流恢复值的大小，利用Linkage Mapper工具箱中的Barrier Mapper模块进行相应操作（付凤杰 等，2021）。

5.5　实施措施与规划管理

5.5.1　实施措施

5.5.1.1　加强规划执行的政策支持

政策支持对推动城市绿色空间的建设至关重要，是加快低碳城市发展、提升城市生态环境质量的关键保障。在《巴黎协定》的推动下，2007年起美国、澳大利亚等国家率先推出温室气体减排政策和战略，制定了一系列涉及城市绿地建设和绿色建筑的规划导则（表5-13），同时英国、加拿大和日本等国家制定了城市绿色空间建设的税收减免、补贴和奖励等财政激励政策，以及规范城市绿色空间建设和管理的规范标准，用于加强提高政府规划绿色空间的实施效力。

城市绿色空间规划过程中，财政补贴、税收减免等形式的激励政策广泛推行。通过外部奖励来激发和引导绿色空间的建设，其核心在于通过正向的、积极的方式来影响建设绿色空间的行为。英国是低碳经济的发起国，其政府提出了气候变化税、碳基金和税收减免等激励政策，并在2008年出台了生态城镇规划政策，要求建设高质量的

---

* 累积电流值法基于电路理论，将生态系统中的物种扩散和迁徙过程类比为电流在电路中的流动。将生态源地（如自然保护区、湿地等）视为电路中的电源，生态阻力面（如土地利用类型、地形等）视为电阻。物种在生态源地之间的扩散类似于电流在电阻中的流动。通过计算生态源地之间的电流密度，识别出电流密度高的区域，这些区域通常是生态廊道或生态节点。电流密度越高，表明该区域在生态网络中的重要性越高。利用累积电流值法识别生态夹点（电流密度极高的区域）和障碍点（电流无法通过或电流极低的区域），这些点是生态网络中的关键瓶颈和需要修复的区域（韦宝婧 等，2022）。

表 5-13　基于碳中和的规划导则（王敏、宋昊洋，2023）

年　份	国家/城市	规划导则	涉及绿地规划	涉及绿色建筑
2007	美国纽约	《更绿色、更美好的纽约》	√	√
2008	美国芝加哥	《芝加哥气候行动规划：我们的城市，我们的未来》	√	√
	澳大利亚悉尼	《永续发展的悉尼2030》	√	
2009	丹麦哥本哈根	《哥本哈根2025年环境规划》		√
2010	中国台湾	《低碳社区构建手册》	√	
2011	加拿大温哥华	《最绿城市行动规划2020》	√	
2013	日本	《低碳城市建设规划编制手册》	√	
	日本	《低碳城市建设规划实践手册》	√	
	荷兰鹿特丹	《鹿特丹气候适应变化战略》		√
2015	美国纽约	《一个强大和公正的纽约》	√	√
	澳大利亚阿德莱德	《碳中和2016—2021行动计划》		√
2016	法国巴黎	《法国国家低碳战略》	√	√
	美国波士顿	《韧性波士顿》	√	
2018	法国巴黎	《巴黎大区能源与气候规划》		
	英国伦敦	《伦敦环境战略》	√	
	美国芝加哥	《芝加哥大都市区迈向2050区域综合规划》		
	芬兰赫尔辛基	《碳中和2035行动方案》	√	√
2019	美国洛杉矶	《洛杉矶绿色新政——2019可持续发展城市规划》		√
	美国纽约	《纽约2050：建立强大且公平的纽约》	√	√
	美国波士顿	《2019波士顿气候行动计划》		√
	法国巴黎	《巴黎大区总体规划》	√	
	荷兰阿姆斯特丹	《气候中和2050路线图》		√
	日本东京	《东京零碳排放战略》		√
2020	德国弗莱堡	《弗莱堡远景规划2030》	√	√
	新加坡	《新加坡绿色计划2030》	√	√
2021	英国伦敦	《大伦敦规划2021》《全生命周期碳评估导则》《绿化评信导则》	√	√
	中国香港	《香港气候行动蓝图2050》		√
2022	中国台湾	《2050净零排放政策路径蓝图》	√	√

绿色开放网络，增加绿色空间面积并且不低于生态城镇总面积的40%，为居民提供高质量的户外休闲空间。在多样化的城市绿色空间中，各国纷纷针对绿色建筑实施激励政策，以屋顶绿化的形式推动低碳城市建设。德国政府根据建设项目的占地面积收取雨水流失费，但屋顶绿化项目可根据其覆土厚度和绿化面积获得50%~80%甚至全额的雨水流失费减免。美国波特兰市政府则对商业和工业的不透水建筑征收雨水处理费，而对能储存雨水的屋顶绿化建筑给予费用减免。日本通过《绿化设施整备计划认定制

度》，对获得地方政府认可的屋顶绿化建筑设施，提供5年内50%的固定资产税费减免。中国也发布了一系列绿色发展的实施意见和规划，如《关于推动城乡建设绿色发展的实施意见》等，明确了城市绿色空间建设的重要性，提出了优化城市结构和布局、加强城市园林绿化和推广绿色建筑等具体措施。

在规范标准层面，各国针对碳排放和碳中和规划标准制定了明确的目标，为整个规划过程提供了清晰的方向，并通过立法来确立碳减排和低碳城市建设的规划标准，以此确保相关措施的有效执行。日本于2012年制定了《促进城市低碳化法律实施条例》，在法律上确立了低碳规划与现有规划体系的协同机制（熊健 等，2021），并针对城市关键领域的碳排放制定了相应规定。随后，在2013年发布了《低碳城市建设规划编制手册》和《低碳城市建设规划实践手册》，构建了以城市空间结构、交通、能源和绿地为核心的低碳城市规划框架。在绿地方面，强调绿地保护及提升其碳汇能力的重要性，以实现绿色低碳发展，并突出了绿地制度在保护近郊绿地、特殊绿地和风景区域及历史风貌保存地区等方面的引导作用，以最大化保护或增加绿地。加拿大温哥华在低碳城市建设中，将城市绿色空间规划视为关键，通过土地管制严格控制公众绿地的占用，并制定规范以维持高水平的城市绿化覆盖率。

5.5.1.2　加强规划实施效果的监测与评估

城市绿色空间规划实施评估旨在对已实施的规划进行全面评价与判断，其内容包括实施机制、实施过程、实施结果、实施效果以及实施满意度等多个方面。由于城市绿色空间规划实施过程涉及土地使用权的分配，因此监督机制的保障至关重要。相关学者将规划实施评估与规划监测相结合，采用定性、定量的科学方法进行"规划对比"和"实施过程分析"（南楠，2018）。在规划编制阶段确立的评价指标可用于对规划的实施过程的监测，并进一步对监测结果进行评估，评估结果反馈给规划编制和管理部门后用于修正和完善相关工作，推动规划管理的改进，提高实施水平，确保规划的科学性、严谨性和权威性。

在多数西方发达国家，城市规划已进入建设后的维护与规划的周期性全面分析阶段。城市绿色空间规划评估的焦点不再局限于单一方案的优劣，而是基于规划的实施流程和实施效果的监测评估，特别强调公共政策在规划目标达成过程中的动态影响（周珂慧 等，2013）。以美国为例，美国在编制城市总体规划时已确立清晰明确的目标导向，各个发展目标都有对应的指标体系进行量化评估，各城市可以根据自身的实际情况和发展需要确定指标体系。英国伦敦构建了以评价目标为核心的评估框架，借助年度监测报告对规划实施过程进行持续评估，确保规划目标的实现与监测。发布于2011年、规划期限延伸至2031年的《伦敦规划》在六大战略目标的指引下详细设定了24个关键绩效目标和121项具体措施，包括在已开发的土地新增开发监测、城市绿化面积监测、伦敦蓝带网络监测、生物多样性监测、城市新能源比重监测和利用新技术减少的CO_2排放量监测等多个碳中和要求下的城市绿色空间规划实施评估指标。加拿大温哥华进一步制定了《最绿城市行动规划2020》，该规划以社区为核心，针对气体减排、绿色能源、绿色建筑及绿色交通等领域设定了明确的发展目标和行动方案（傅一程，2015）。通过社区能源公共设施计划、设定生态足迹具体减少指标和增加绿化空间等方式实现城市的"宜居""可持续"和"绿色"。在地区共识的前提下，其制定的宜居区域战略规划也以简洁清晰的战略内容受到广泛推崇，为城市可持续发展提供战略指引。我国规划界普遍认为规划评估是一项长期而有效的工作，近年来逐渐关注规划程序的编制和规划实施机制的评估，其理论研究的趋势也将建立符合中国国情的规划执行监测体系，以期有效实现从侧重单一的"结果评价"向关注多元的"过程监测"转变。

总体而言，西方各国在思维方法上倡导规划的协作式理念，将其视为实现目标的手段，更加注重规划过程并着重强调居民和公众的平等参与，通过参考其评估框架能够为我国城市绿色空间规划实施评估提供思路。这种观念下的规划更多地强调其作为公共政策协调各方利益的角色，而不是法律法规的强制执行。基于这一理念，实施评估研究更加侧重于规划实施的过程，通过对具体案例的深入分析，研究居民和相关利益团体在规划实施中的利益平衡情况，追踪规划决策和项目决策中的信息交流与使用，以评价规划是否产生了有效影响，实施是否达到了规划目标。西方各国在评估方面的实践为我国规划评估机制的建立与完善提供了借鉴，系统的规划评估也将成为我国城市规划体系中不可或缺的组成部分（汪军 等，2011）。

5.5.1.3 推行运维管理的数智化技术保障

碳中和背景下的绿地系统规划技术转型，依托多源数据和数字化平台建设，运用人工智能、大数据等技术，推进碳信息的动态监测、计量核算和多情景模拟，保证城市绿地系统规划编制的科学性与规划实施的时效性。

现代3S技术的应用使得城市绿地信息的获取变得更加迅速和精确，这为监测绿地的碳效益提供了有效的反馈机制。传统的绿地调查方法由于其滞后性和监测管理的不统一性，已经无法满足时代的需求。随着遥感技术、地理信息系统等空间分析工具的不断发展，我们已经能够通过导航定位来采集位置信息，三维定位获取绿地空间信息，激光雷达收集植物数据，以及点云数据分析与遥感影像技术的结合监测绿地的碳汇。这些技术的集成为建立城市绿地资源信息库、构建城市绿地碳汇监测系统，为城市碳中和目标的实现奠定了坚实的基础。

多源数据的应用，结合土地调查数据和行业统计数据，为碳排放和碳汇的测算提供了基础，这为制定城市绿地的适应性规划目标，实现碳的全生命周期管理提供了有力的支撑。与传统的生物量法相比，遥感估算法和软件模拟法通过结合遥感影像、实测数据和数学模型，能够更快速、高效地进行碳估算。例如，遥感估算法能够建立植物固碳量与生物学特性之间的拟合方程，从而在时间和空间上直观地展示城市绿地的碳汇能力。目前，一些主流的碳效益估算系统，如Citygreen模型、i-Tree模型、The Pathfinder系统和NTBC模型，已经广泛使用。浙江省在碳汇生产、计量监测和增汇减排技术方面进行了积极的探索，并在全国范围内率先实现了森林生态系统五大碳库碳储量的一体化监测，自2011年起，该省每年都会发布关于森林植被生物量和碳储量的公告。

多情景模拟利用长时序、多样本的历史碳数据，通过碳预测模型来模拟未来绿地可能的碳排放和碳汇水平。这种方法能够预测不同规划策略在减排增汇方面的贡献率、成本效益以及对社会和经济的潜在影响，从而为规划决策和项目选择提供有效的支持。在许多研究中，如中性模型、CA-Markov模型、CLUE-S模型等，都用来预测城市绿地格局的演变，并进行碳模拟（伍海峰 等，2012；韩会然 等，2015）。例如，褚琳等（2018）使用CA-Markov和InVEST模型对武汉市城市景观格局和生境质量进行了预测，进而计算了碳中和效益。在实际应用中，一些地区，如美国纽约州和日本，都结合了本土的碳排放结构，进行了绿地碳汇效益的多情景模拟。纽约州气候与林业研究所以1990—2019年的土地利用类型图和森林碳数据作为预测模型的训练集，应用时间序列预测模型对2050年纽约州包括城市绿地在内的林地碳汇情况进行了预测。值得注意的是，情景预测需要依赖大量的数据积累，并且应该结合碳汇监测系统的建设，及时收集碳数据并反馈到预测模型中进行调整，形成一种双向的正反馈机制，以提高预测模型对规划决策的支持能力。

5.5.2　规划管理

5.5.2.1　构建政府主导下的多元参与体制

在传统城市绿色空间规划管理体制中，政府部门常常将决策、执行与监督的职责融为一体。而在低碳理念背景下现代城市绿色空间规划管理体系进行了明确的职能划分，将其分为规划立法、规划行政和规划监督3个独立且相互协调的层级（图5-4）。城市绿色空间规划管理过程中，政府机构占主导地位，全面负责城市绿色空间的规划管理，包含规划策略制定、规划编制和管理执行等方面，并且多方主体会参与监督规划制定和实施的全过程，以此保证规划实施行为的公平性和公开性，使规划满足广大公众的利益需求，并确保规划工作的有效实施，其中不同参与主体具有不同的职能作用（表5-14），由此在政府的主导下形成规划管理的多元参与体制。

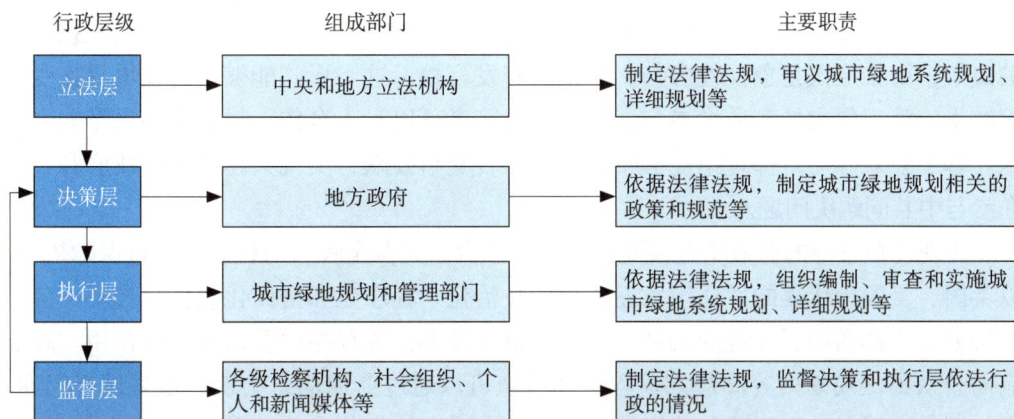

行政层级	组成部门	主要职责
立法层	中央和地方立法机构	制定法律法规，审议城市绿地系统规划、详细规划等
决策层	地方政府	依据法律法规，制定城市绿地规划相关的政策和规范等
执行层	城市绿地规划和管理部门	依据法律法规，组织编制、审查和实施城市绿地系统规划、详细规划等
监督层	各级检察机构、社会组织、个人和新闻媒体等	制定法律法规，监督决策和执行层依法行政的情况

图 5-4　城市绿色空间规划管理行政体系

表 5-14　规划管理参与主体与职能

部　门	职　能
政府部门	主导和协调城市绿色空间规划管理，包含规划策略制定、规划编制、管理执行等多个方面。对城市绿地规划部门、绿化行政部门、林业行政部门以及其他相关行政部门的职能进行明确定位，以消除职能交叉和重叠
城市规划委员会	制衡政府机构和相关利益集团的利益，多角度对规划方案和建设项目进行评价审议，提高城市绿色空间规划的科学决策水平
群众自治组织	代表一定区域范围内居民利益的组织，在社区居民行使表达权和监督权等方面发挥作用
社会自治组织	在意见表达中反映一定时期的利益群体的具体利益和要求，最大限度地实现城市绿地规划管理的公共政策属性，客观地权衡并协调各方的利益诉求
市场主体	代表市场力量，以追求最大利润为目的，通过适宜的开发行为促进城市建设的发展
舆论媒体	引导公民树立正确的评价意识，对城市绿地规划方案和行政管理行为做出客观评论与判断，准确反映城市居民的需求，发挥舆论监督作用

根据利益相关者理论，一个组织或团体中的利益相关者由于各自的价值观和利益不同，对决策的诉求也不同。在城市绿色空间规划过程中涉及多方参与利益相关者，应充分考虑各方的立场诉求，综合评判后进行决策，以便使决策结果更易被接受。如芝加哥大都市区2040区域框架规划采取的是共识导向的规划模式，既非传统的"自上而下"官方主导，也非"自下而上"民众驱动，而是促进多方利益共识的达成。此种模式的规划认为利益是多元性的，为政府官员、规划工作者和民众之间的沟通创造了有效的途径。

5.5.2.2　规划实施参与机制

以人为本的理念下构建服务型政府的转型过程中，公众参与是城市绿色空间规划制定与建设管理中实现公众主体意识的制度保障途径（刘蕾 等，2017）。美国规划师谢里·安斯坦（Sherry Arnstein）（1969）将公众参与的程度按照阶梯进行划分，将参与分为3个层次、8个类型（表5-15）：第一层次是非实质性参与，目的是促使公众接受相关决策；第二层次是象征性参与，公众具有发言权，这一形式能够使公众更易接受决策结果；第三层次是实质性参与，公众和决策者可以深入合作，对决策结果影响也更深。基于公众参与阶梯理论能够将决策责任转交给公众，实现共建共享，政府和公民在参与中共同解决问题。

实现公众参与的有效实施需要建立参与平台，完善全程参与机制和运行保障机制。以英国、美国为代表的发达国家逐步形成法治化、程序化和全面化的公众参与，各国的规划法中都明确了在规划编制、公布、审批及诉讼等程序中公众参与的作用。政府应向公众提供规划内容和规划流程，使公众可以通过参加信息会议、填写调查问卷、参与评估决策以及实际参与建设管理等多种方式有效行使参与权和监督权，参与到面向碳中和的城市绿色空间设计中。

表 5-15　公众参与阶梯理论

3个层次	8个类型	主要内容
非实质性参与	直接操控	按照政府部门意志组织公众参与
	宣传教育	通过沟通交流使市民接受政府决策
象征性参与	告知	政府向公众公布规划信息，提供渠道接受意见反馈
	咨询	政府向公众征询意见
	安抚	政府对公众的部分要求予以妥协
实质性参与	合作	公众与政府共同参与决策制定
	授予权利	决策权利向公众转移，公众意见成为决策关键
	市民控制	公众参与并控制决策过程

5.5.2.3　规划实施监督机制

城市绿地系统规划实施的过程是土地使用权分配的过程。而将公益性土地用作经营性用地的过程则伴随巨大的经济利益：一方面，土地开发者采取违法建设行为可获取超额利润；另一方面，土地开发者可通过"权力寻租"的手段，促使规划管理部门按照有利于开发者利益的方式确定规划许可内容，使土地开发者获得看似"合法""正常"的利益。因此，城市绿地系统规划实施的过程离不开监督机制的保障，而监督机制的不健全也是造成政策执行效率不高乃至无效率的原因。

在我国的监督机制层面上，一般有立法监督、行政监督、司法监督、政党监督、群众监督和舆论监督6种方式（韩大元，2000）。结合对城市绿地系统规划实施运作的分析，目前主要监督机制有行政机关监督、立法机关监督、司法机关监督和公众监督4种（表5-16）。

表 5-16　规划实施的监督机制

监督层级	监督方式
行政机关监督（政府）	①受理投诉举报；②开展专题、专项或全面的监督检查；③派驻规划督察员；④开展遥感监测对规划绿地实施情况、现状公园的管控情况（是否存在绿地开发营利性项目）进行监督
立法机关监督（人大）	①对规划编制内容以及规划强制性内容修改的审议；②审查政府定期的报告《中华人民共和国城乡规划法》与其他法定规划的实施情况；③开展各类专项调查和执法检查，通过日常监督、临时监督，开展事前、事中、事后监督及跟踪监督；④通过信访案件办理、代表建议督办和代表专题视察等方式开展经常性监督，跟踪监督规划实施情况
司法机关监督（人民法院）	对行政案件进行司法审判，涉及城市重大项目工程建设、环境整治、土地房屋腾退搬迁、拆除违法建设等民生案件
公众监督	①城市绿地系统规划编制和修改的监督，规划编制时广泛征求社会意见、规划审批后主动公开公示规划；②通过项目审批前的公开公示，公众监督绿地有关项目审批和实施情况；③通过对城市绿地定线挂牌，实现公众对城市绿地的监督；④公众对公开发布的规划实施情况等进行监督

行政机关监督是上级政府部门通过实施监督，督促政府按照规划建设城市绿地，避免因短期利益、局部利益和小团体利益而损害公共利益、全局利益和长远利益。立法机关监督是全国人民代表大会和地方各级人民代表大会代表人民对政府部门进行监督。司法机关监督是国家司法机关依据宪法和有关法律要求，对国家行政机关进行的监督工作。我国的司法权对社会资源和相关事物并没有直接的控制权和管理权，而是遵循"不告不理"的基本原则，只对诉讼到人民法院的行政案件进行审理。公众监督包含了绿地建设的直接利益相关者、各类社会团体和公益组织，以及一些专业人士和社会公众人士，还包括新闻媒体等的监督。随着公民意识的发展，公众监督发挥的作用越来越大。

思考题

1. 结合"城市微气候理论"和"城市更新理论"，讨论如何通过街区绿色空间规划来缓解城市热岛效应并促进城市的可持续发展。

2. 在面向碳中和的城市街区绿色空间规划中，如何运用"存量更新"理念？请讨论增补、替换和提升3种方式的具体应用及其对碳中和的贡献。

3. 慢行交通规划对碳中和有哪些贡献？在规划中要如何通过改善景观连通性和空间可达性来促进居民绿色出行？

4. 面向碳中和的中心城区绿色空间规划原理是什么？请以某城市中心城区为例，列举其面向碳中和的绿色空间规划主要内容。

5. 思考如何着手规划一个城市市域范围内的生态保护格局，以及如何制定相应的碳汇提升策略。

6. 思考并列举我国城市规划体系中促进城市绿色空间低碳发展的主要制度。

拓展阅读

《城市规划原理》（第4版）.吴志强.中国建筑工业出版社，2010.

《城市园林绿地规划》（第5版）.杨赉丽.中国林业出版社，2019.

《低碳生态与城乡规划》.张泉.中国建筑工业出版社，2011.

《城市化》.诺克斯主编，顾朝林，汤培源等译.科学出版社，2009.

《大型公园》.茉莉娅·克泽尼亚克，乔治·哈格里夫斯.大连理工大学出版社，2013.

《低碳城市建设评价指标体系研究》.申立根.科学出版社，2021.

第**6**章
面向碳中和的城市
绿色空间设计

本章提要

　　本章概述了城市绿色空间在实现碳减排与增汇目标中的重要作用。通过全生命周期的碳足迹管理，科学的设计策略，以及综合性的工程规划设计，旨在推动城市可持续发展和碳中和战略的实施。具体内容包括空间布局原则、专项设计要素，以及低碳建造和低碳运营，为城市设计和管理提供指导，共同促进绿色、生态、低碳的城市环境建设。

　　常见的城市绿色空间设计包括各类绿地设计，如公园绿地、附属绿地、区域绿地设计，也包括城市中废弃或未充分利用的非正式绿地设计，还有屋顶花园、墙面立体绿化等与建筑物和构筑物结合的设计等。这些空间虽然从规模和形态上看有所区别，但从全生命周期的碳足迹管理的视角看，为了达到碳中和的目的，均需要从设计阶段、建材生产阶段、施工建造阶段、运行维护阶段以及拆除回收处理阶段，通过合理的设计策略，综合性的工程规划设计，科学的养护管理，实现减少碳排放，增加碳汇的目的。

6.1　设计概述

6.1.1　碳减排与增汇双导向

6.1.1.1　城市绿色空间全生命周期碳足迹

　　城市绿色空间全生命周期碳足迹是指城市绿色空间的设计、建设、使用、维护到最终拆除或回收处理的整个过程中的碳排放。包括直接碳排放和间接碳排放。碳足迹的计算可以分为几个主要阶段：设计阶段、建材生产阶段、施工建造阶段、运行维护阶段以及拆除回收处理阶段。每个阶段都有其特定的碳排放来源和减排潜力。

城市绿色空间能够对城市碳循环产生影响，包括减少城市系统边界内直接产生的碳排放，以及有助于对城市周边腹地及区域合作协同减排进行监测和管理，从而推进城市可持续发展和全国碳中和战略的实现。

6.1.1.2　城市绿色空间设计的减源途径

绿色空间的方案设计阶段虽然不直接产生碳排放，但方案设计的科学性和决策的合理性，对整个绿色空间生命周期碳排放的减少有重要作用。通过对场地系统的分析，制定合理的设计目标。从山水结构、植物空间体系、建（构）筑物体系、道路体系、碳科普体系等方面对总体空间布局进行统筹，并对竖向、植物、水体、建（构）筑物等空间要素进行合理设计，以实现碳中和的总体目标。

在建造阶段，减少碳排放的途径主要包括优化设计以提升能效和利用可再生能源，选择低碳和可回收材料以降低生产与运输的碳足迹，提高施工效率和采用绿色施工方法来减少能源消耗和废弃物产生，实施节能措施减少电力消耗，对施工人员进行环保培训以增强其环保意识和技能，运用新技术来预测和优化建筑性能，并采纳循环经济模式以实现资源的高效和循环利用。通过这些策略的综合应用，可以在建筑的整个生命周期中大幅降低碳排放，促进可持续发展。

管理运营阶段的主要工作内容包括废弃物管理、植物管理养护、建（构）筑物维护、业态场景运营等。该阶段的碳排放主要来源于景观中各种设施使用过程中电力和化石能源消耗产生的碳排放（包括暖通空调系统所对应的温室气体逸散，固体废弃物及废水处理过程，景观中的路灯、动态水景、电瓶车等消耗的能源所产生的碳排放）和景观绿地的养护与管理中消耗的水资源和化肥资源所产生的碳排放（包括植物修剪、灌溉、施肥、病虫害防治、林木砍伐、熟林改造或树种更换等）。

6.1.1.3　城市绿色空间设计的增汇途径

在城市绿色空间的设计过程中，可通过以下途径实现增汇：①通过低碳生境单元布局，优化城市绿色空间，提升土壤固碳能力和生物多样性。②积极推进立体绿化和完善绿道网络建设，连通城乡绿地，为居民提供绿色出行环境，提高绿化覆盖率和城市生态环境质量。③在推广生态绿化方式时，应选择当地适宜植物，平衡美观与实用性，避免过度追求景观效果，确保绿地的功能性与生态效益。④可采用植物设计和雨水利用系统，增强城市绿地的适应能力和生态功能，提高其韧性和碳汇能力。

在绿色空间建造过程中，通过植物种植、土壤管理、建设绿色基础设施、生态恢复、使用低碳材料以及废弃物循环利用等措施，可以有效增加碳汇，促进生态系统的碳吸收和储存，同时减少建造活动对环境的碳排放影响。

科技与智慧化应用可以提高管理效率，利用遥感监测和GIS技术确保规划设计实施精准性，实现绿地智能化管理，促进可持续发展。政策与法规的支持和执行对城市绿化工作至关重要，应建立健全管理体系，推动绿色生态政策的贯彻执行，促进城市绿地的有序建设和管理。

6.1.2　设计与建设管理全周期

6.1.2.1　城市绿色开放空间工程的设计阶段

城市绿色开放空间工程的设计阶段包括碳中和调研阶段、方案设计阶段、初步设计和施工图设计阶段，旨在通过绿化规划设计与实施过程中的科学调研和工程设计，充分考虑城市碳中和目标，并结合生态保护、资源利用效率和公众参与的要求，实现城市绿色空间的碳中和、宜居和可持续发展。

6.1.2.2　调研阶段

在设计前需通过"样方法"了解场地原始碳汇情况，包括植物、土壤和水体碳汇，重点保护现有碳汇，同时根据城市规划要求考虑碳中和与可持续性。

（1）城市上位规划相关要求

上位规划或相关文件中所规定的可持续性和碳中和方面的要求，是城市发展的总体指引和约束。这些文件反映了城市发展的战略目标和愿景，包括碳减排、生态保护、资源节约等方面的要求，是设计的基础和方向。遵循上位规划的要求有利于提升设计方案的可行性和实施性，确保设计方案与城市整体发展规划相协调，并能够在实践中有效推动城市碳中和目标的达成。

（2）场地原始碳汇调研

城市绿地的碳储存逐渐成为缓解气候变化的一个重要途径。城市绿地碳储量的量化研究可用于评估城市绿地减少大气中二氧化碳的实际和潜在作用，为绿色空间的碳管理和低碳设计提供参考。场地原始碳汇调研主要涉及植物碳汇、土壤碳汇以及水体碳汇。目前对城市绿地碳储量研究的方法主要包括样地清查法、模型模拟法和遥感估算法。

①植物碳汇　植物碳储量评估方法主要包括直接测量法、平均生物量法和异速生长模型法。直接测量法即直接采集收获生物体后进行称重的方法；平均生物量法指基于野外实测样地的平均生物量与该类型森林面积来求取森林生物量的方法（Whittaker et al.，1975；Botkin，1978）；异速生长方程法是通过建立林木生物量与胸径、树高等林木易测因子之间的回归方程，进而推算立木含碳量的方法（董利虎 等，2020）。

②土壤碳汇　不同类型的城市绿地（如公园绿地、防护绿地、附属绿地等）在土壤有机碳含量和密度上存在差异。土壤碳汇调研应包括土壤碳储量测定、土壤碳含量分布特征及其影响因素、土壤碳储量格局等。

土壤有机碳含量及其空间分布特征可通过干燥燃烧法、化学分析、遥感技术等技术来测量。利用高精度和高密度的地理信息系统（GIS）数据来预测和制图土壤有机碳含量和分布，可提高估算的精度和效率。

③水体碳汇　是指水体中溶解、悬浮和沉积的有机碳和无机碳的积累和储存过程，有机碳主要来自水生植物的光合作用和水中生物的代谢作用，而无机碳则主要源自大气中的二氧化碳溶解和陆地对水体的输入。

调查水体碳汇包括测定水体中的有机和无机碳元素含量，采集样品进行实地监测和数据处理，评估水体碳汇规模和生态影响，提出管理建议。通过系统调查和分析，可以全面了解水体对碳的吸收与排放，为保护和管理水体生态系统提供科学依据。

（3）场地及周边碳中和潜力

考虑水、光和热等环境因素对植物生长的影响，以及这些环境因素变化对绿地碳汇作用的影响。通过试验，研究它们与绿地碳汇之间的关系，为绿地设计提供科学依据。

（4）其他调研内容

自然要素分析包括气候、地形、水文和植被特征对水资源管理、景观布局、能源利用和绿化效果的影响。人文要素涉及上位规划、周边环境、人口密度、管理政策和交通情况对城市绿地规划设计的指导作用。经济要素考虑碳交易和成本效益，助力资源有效利用、碳减排和经济双赢。

（5）调研方法

除了传统的现场踏查、调研、资料收集等方法，大数据和人工智能的发展促进了评估城市公共绿地碳汇的新技术的发展，并形成了一个高效、准确的碳汇分析系统（Zhao et al.，2023）。利用碳足迹计算器增强风景园林在碳排放、碳汇相关数据获取、可视化、定量分析等方面的能力，能够帮助设计师做出精准决策。

6.1.2.3　方案设计阶段

①确定整体设计目标　明确设计目标，包括减少碳排放量、增强碳汇能力、提高生态效益，并确保设计方案与城市的可持续发展和碳中和目标一致。

②减少排放和增加吸收　通过采取低碳设计和使用绿色建筑技术等措施，减少碳排放；同时，选用具有较强碳汇能力的植物和增加植被面积，以增加碳的吸收和储存能力。

③延长绿色空间寿命周期　考虑材料选择、合理维护管理和可持续更新等方面，延长绿色空间的寿命周期，确保碳汇效益和生态保护效果持久。

6.1.2.4　初步设计和施工图设计阶段

在初步设计和施工图设计阶段，碳中和设计关键步骤包括监测和控制碳排放、选择绿色建材、应用节能技术、实施绿色施工管理和设立碳中和目标跟踪机制。这些举措旨在最大程度减少碳排放、提升环境友好性，实现低碳环保的建设目标。

6.2　空间布局

6.2.1　空间布局原则

（1）因地制宜

需要尊重场地条件，保护场地原有的碳储量和碳汇能力，保留原有的树木、水体和土壤，避免过度设计和人为干预，以降低碳排放并最大限度地保护场地的生态平衡。通过充分考虑当地的地形、水文、气候和文化因素，合理规划低碳公园的空间布局，可以有效利用自然资源，提高生态系统稳定性，推动低碳公园的可持续发展。

（2）集约利用

通过空间高效整合与功能合理叠加实现资源集约。具体包括：①立体化空间组织：统筹地面绿化、建筑垂直绿化与屋顶花园，构建三维植被系统，以提升碳汇效率；②多功能复合设计：将慢行交通、雨水调蓄、社区服务等城市功能嵌入绿地系统，强化空间综合服务能力；③微气候调节：通过透水铺装比例控制、庭荫乔木阵列布局及浅层水体设置，改善场地微气候环境。

（3）蓝绿协同

蓝绿协同原则以水体与绿地系统耦合为核心，通过生态驳岸构建、蓝绿空间渗透式布局及多功能复合廊道设计，实现碳汇提升与碳减排协同优化。其核心路径包括：水绿交融的微气候调节系统；多层级蓝绿空间（如湿地公园、生态沟渠）结合透水铺装技术，同步实现雨水资源化利用与碳足迹削减，形成"固碳—减排"双向增益的碳中和闭环体系。

6.2.2　空间布局内容

（1）山水结构

山水结构布局是指用地形、水体等自然元素布局构成的景观形态和空间格局。

尽可能利用现有地形布局，保留原始地貌，避免集中大规模山水结构，将山水元素分散或分割布局。常见的山水结构可概括为以下3种类型：

①以山为主，以水辅山　主山的建设需要大量土石方工程，运输、机械作业会消耗大量能源并产生碳排放。

②以水为主，依山傍水　这种结构中水体起到主导作用，水体的建造、管理、水循环系统和水体清洁维护可能增加一定的能源消耗和碳排放。水体具有较好的吸热能力和反射能力，有利于调节温度，提供生态服务，对碳汇效应有一定促进作用。

③复层自然山水格局　这种结构往往依据现状地形进行设计，构成山、湖、堤、岛、湾组合的山水系统，能够提供丰富的生态服务和多样化的碳汇效应。

根据当地气候条件，通过合理的山水布局，构建通风廊道，调节小气候，优化空气质量，缓解城市热岛效应，进而降低能耗，实现低碳设计目标。

（2）植物空间布局

植物空间布局是指对植物的种植位置、种类选择、数量分布等进行合理安排，以创造出具有美学价值和功能性的植物景观。

植物空间的布局要随地形设计创造出来的环境因地制宜构思和安排。根据用地中不同地段特殊的小气候生态条件选择与场地相适应的植物。例如，光照条件受坡谷的高度和朝向影响，需考虑植物对不同光照条件的适应性，在阳坡多选用喜光植物，阴坡多选用耐阴植物；在干旱的场地选择耐旱植物，减少灌溉频率，在湿生地区选择耐水湿的植物，减少养护成本，降低碳排放。

通过合理的植物复层结构设计，合理控制植物密度和种植面积，可以形成良好的生态系统，避免因密度过高而导致光照不足和通风不畅，降低维护成本和能源消耗导致的碳排放。

（3）建（构）筑物布局

建（构）筑物布局是指对各种建筑和构筑物（如亭台楼阁、假山水池、步道栈道等）的位置、形式、风格等进行合理安排和布局，以达到美化环境、增加景观层次、提升绿色空间整体品质的目的。

首先，建（构）筑物的布局应根据功能和定位，顺应地势，化整为零，巧妙融入整体山水环境，做到"景以境出""因境成景"。结合山水格局进行构筑物布局，可有效降低建筑能耗，如以山体作为构筑物的自然屏障，能营造适宜的小气候，减少建（构）筑物对暖气空调的依赖，节约能源；其次，充分利用地形起伏和采光角度，可为建（构）筑物提供良好的自然通风和采光条件，减少室内通风设备和人工照明的使用；此外，结合山水格局进行建（构）筑物布局能减少对自然环境的扰动，降低碳排放。

（4）道路体系布局

道路系统是绿色空间的骨架，是连接城市与绿色空间的桥梁，能够分隔空间并构建游览导向体系。

①绿地道路应与城市慢行系统有机衔接，鼓励步行、骑行和电动交通工具的使用，减少对燃油车辆的依赖，降低碳排放。内部道路设立宽敞舒适的步行道和自行车道，提供便利的步行和骑行条件，鼓励游客选择步行或骑行进入和游览园区，减少机动车使用。

②道路布局应考虑生态因素，减少对自然环境的影响，保护植被和野生动物栖息地，促进园区生态平衡。

③打造特色道路，如碳减排体验路线，让游客参与互动，深入了解低碳科普知识，激发环保意识。

（5）碳科普系统布局

碳科普系统布局是指在城市绿色空间设计中，结合碳减排和环境教育的理念，通过布局碳科普系统，向游客和社会传达关于碳排放、气候变化和环境保护等方面的知识，引导人们关注低碳生活方式和可持续发展。

一方面，要对相关碳科普知识体系进行梳理和论证，构建IP形象。以科普知识体系引领空间布局，按照一定的叙事逻辑和主题，对空间和设施进行布置，实现"自然—科技—艺术"的多元统一，营造生态环境优美、知识含量丰富、艺术造诣深厚的博物馆式室外公共生态空间。

另一方面，依托智慧互动景观设施，将智慧科技和低碳行为融合，引导市民践行绿色低碳的生活方式。

6.3　专项要素

6.3.1　竖向设计

竖向设计是对绿色空间中的各个景点、设施及地貌在高程上创造既有变化又有统一协调的设计。

①在设计中要充分利用现状现有地形　面对复杂的地形要素，要保留优质地形要素（悬崖、矿坑、缓坡林地），而对于容易改造、景观效果差的地形要素（陡坡、土坎、缓坡）可视情况加以调整。土方就地平衡，使得挖掘和填埋的土方在建设过程中可以就地利用，避免大量运输土方所带来的碳排放。降低工程的碳足迹，减少对交通运输的依赖，有利于降低能源消耗、减缓环境压力，实现绿地建设过程中的可持续发展目标。

明确地形塑造的目的，是作为全园构图的主山，还是作为分割空间的山体，或是作为增加微地形变化和组织游览路线的土阜。相对而言，微地形的塑造在建造过程中，土方工程量、土地资源消耗、后期养护管理的能耗最低，碳排放量最小。在实际设计中需要根据绿色空间的整体需求、现状地形地貌等因素综合考量，选择最适合实际情况的造山形式。

②确定地形的高度和体量　地形高度越高、坡度越大、体块越大会导致越高的能源消耗、碳排放和维护成本。在设计中应根据绿色空间的功能、空间塑造的需求，找到平衡点。选择合适的坡度，减少水土流失和土壤侵蚀，降低维护成本和碳排放；合理规划地形体块的大小和分布。

③保护现状土壤的碳储　减少土地开垦、减少土壤侵蚀和保持土地覆盖，可以保护表层土壤的结构和养分含量，从而维护土壤中的碳储存，保持土壤的生物多样性、水分保持能力和抗旱能力，促进土壤的健康发展和碳循环。

④合理布局建筑、植被和地形　创造出适宜的微气候环境，降低能源消耗，减少碳排放。例如，合理布局建筑可以减少暖气与空调的使用，优化植被设计可以降低夏季气温和提高冬季保温效果，合理的地形设计可以优化空气流通、储存热量等。

⑤竖向设计需要综合考虑地表径流管理问题，包括降低控制流速和合理划分汇水分区等措施　通过科学规划和有效地管理，可以实现绿地生态系统的健康发展，降低水土流失风险，保护水资源，促进绿地的可持续发展。

6.3.2　种植设计

种植设计是指针对植物种类的选择、植物布局的规划设计和植物组合的配置，以最大程度地减少碳排放，促进生态平衡和环境保护。包括以下几方面：

（1）保护现状植物

保护现有植被可以帮助维持生态系统的平衡，保护生物多样性，减少土壤侵蚀和水土流失，以及减少对自然资源的过度开发和破坏。

（2）植物种类选择

优先选择对环境适应能力较强的乡土树种与场地原生植物，降低运输和后期管理养护的能耗。

优先选择碳汇能力强的植物种类。一般来说，乔木远高于灌木、草本和藤本植物，阔叶林高于针叶林，落叶树高于常绿树，部分乡土植物高于外来植物，幼龄、中龄的植物高于近熟龄、成熟龄、过成熟龄的植物。

（3）植物群落结构设计

在植物景观设计中，应构建近自然植物景观的配置模式，做到层次丰富、物种多样。植物配置的垂直结构以乔灌草多层次结构为宜，疏透度宜为0.5~0.7；水平结构根据场地实际情况进行设计，郁闭度宜为0.5~0.7。植物配置应为植物预留生长发育空间。

（4）控制合理的种植密度和规格

在植物设计中需要考虑长期因素，控制植物种植的密度和规格，确保植物健康生长，减少病虫害，从而间接减少碳排放，并增加碳吸收。这种做法能够有效地促进植物生长、维持生态平衡，以及提高绿地的碳储存能力。

（5）选择合适的种植形式

不同形式和设计风格的植物景观在碳汇效率上存在明显差异。自然式的植物景观通常具有较高的碳汇效率，而人工修剪、塑造的景观则碳固定效果较差，光合效率也较低。自然式设计风格需要较少的人工干预和维护，从而减少碳排放。过于精细修剪的植物景观（如模纹花坛）需要较高维护强度，导致更多碳排放。因此，在考虑碳效应时，自然式的植物景观设计更为合理和可持续。

立体绿化能够在有限的城市空间内创造更多的绿色空间，从而提高城市绿化覆盖率，不仅具有隔热降温、缓解热岛效应、改善生态环境的功能，而且在降低空调能耗方面也起到了很好的作用。

6.3.3 水体设计

水体设计是指通过优化水体形态、植物配置与驳岸材料，构建具有碳汇功能的生态水系。重点利用雨水收集净化、水生植物固碳及水体蒸发降温效应，结合生态驳岸与低能耗循环设施，在提升景观品质的同时减少建设运维阶段的碳排放，实现水资源利用与碳管理的协同增效。

（1）现状水体的保护

维护现状水体的生态系统能够有效减少生态系统的碳排放，并提高绿地的碳储存能力。保护水体能够促进水资源保护、维持生物多样性、减少环境污染，有助于改善城市生态环境质量。因此，在设计低碳绿地时，应该充分考虑现有水体的保护，并采取相应措施，如避免水源污染、保护水生态系统、促进水体循环利用，从而实现绿地生态系统的可持续发展。

（2）水体规模与形态的控制

控制水体规模、采用低耗水设计、转变水景设计理念是水体设计的重要前提。倡导使用季节性水景、湿地、雨水花园、生物滞留池等代替传统湖泊和溪流等水景，不仅有助于节约水资源，还能减少水景维护消耗，降低碳排放。这种转变能引导公众了解和接受低碳景观设计，促进绿地建设与生态环境的可持续发展。

水体形态可分为整形式和自然式。整形式水体在建造和维护中会消耗更多的能源和材料；自然式水体往往不需要大量的人工介入和能源消耗，能够更好地与周围的生态系统和自然环境相协调。

分散的小水面相较聚集的大水面更符合低碳设计的要求。聚集的大水面建造过程的能耗和材料消耗较高，后期水量维持、清洁、水质处理的成本、能耗、碳排放量较大。而分散的小水面建造和维护成本较低，灵活分布，能更高效地利用水资源，同时促进生态系统的多样性和稳定性，更好地实现水质净化和温室气体的吸收。

（3）水体之间的关系

相对于独立的水体，串联的水体更符合低碳设计的需求。相互串联的水体可形成完善的水系，促进水资源的循环和利用，更好地实现雨水收集、自然净化、多功能利用等，减少对外部水资源的需求；串联的水体系统可以促进水生态系统的复杂化和多样化，形成生物链和生态平衡，增加生态系统的稳定性，有利于生物多样性保护。

（4）水体的动静

静态水体通常指湖泊、池塘等水体，动态水体包括喷泉、瀑布、流水等水体景观。静态水体通常不需要额外的动力系统维持水体流动，节约能源消耗，但也容易受到藻类生长等因素的影响导致水质下降，增加了维护过程的能耗和成本。动水更有助于降温增湿，改善小气候，增添景观活力和吸引力，促进水体循环，增加水体氧气含量，改善水质，但维持动态水景通常会增加能耗。在设计中可以考虑使用清洁能源为动态水景供能，或采用人力互动的方式塑造动水景观，减少对传统能源的依赖，提升参与感和趣味性。

（5）水量的控制与计算

在水景设计中，需要综合考虑水量计算、水源选择和补充、水质保持、排水方式等关键内容。合理的水量计算可确保水景运行正常且节约水资源；选择适宜的水源和补充水源是保证水景长期运行的关键；保持水质可以维持水体生态平衡和景观品质；科学的排水方式有利于减少水体污染和保护水资源。这些因素的综合考虑将有助于实现水景设计的低碳环保目标，最大限度节约水资源、保护生态环境，为打造可持续、生态友好的水景提供指导和保障。

（6）水资源的重复利用

通过建立有效的水资源循环利用系统，如雨水收集系统和废水回收系统，在绿地建设中循环利用水资源，可以减少对传统淡水资源的需求，降低用水成本，降低碳排放量。这种做法不仅可以有效节约水资源，还有利于降低环境负荷，促进绿地生态系统的健康发展。

6.3.4　道路设计

道路设计指通过低碳材料选用、路网布局优化及绿色出行引导，构建步行骑行网络与公共交通无缝衔接，同步配套新能源设施，实现交通系统碳减排与资源效率平衡的规划方法。

（1）慢行体系设计

在园路系统设计中，应重视慢行体系，完善绿道系统，引导人们选择慢行出行方式，优化慢行环境，提高慢行交通的安全性、便利性和舒适性。增加慢行出行的比例有助于减少机动车的使用，进而减少碳排放。

（2）停车场设计

地面停车场应采用林荫停车场的形式，在满足停车要求的条件下，种植乔木或采取立体绿化的方式，在遮阴的同时实现碳吸收。

停车场应为清洁能源机动车、公共合乘车辆等设置优先停车位，并宜根据需要配套设置清洁能源补充设施，宜采用智慧停车系统。

（3）低碳交通系统

制定道路交通碳排放核算、绿色出行方案优化、客货服务质量提升、智慧交通减排服务的减排路径，并通过交通电气化、智慧汽车、无人驾驶等技术打造低碳交通系统。

（4）公园出入口的合理布局

科学规划公园出入口的位置和数量，可以提高公园与城市居民的连接性，促进步行、骑行等低碳交通方式的使用，减少对汽车的依赖，降低碳排放。优化出入口布局不仅能改善居民的出行体验，还能提高公园的利用率和吸引力，促进城市绿色空间的有效利用。

（5）与城市慢行系统的连接

通过有效规划和设计，将城市的慢行交通网络与公园内的步行道、自行车道等慢行交通设施相连，可以促进居民使用步行、骑行等绿色出行方式，减少汽车碳排放，降低碳足迹，提高城市绿地的可达性和活力，促进健康生活方式的普及。

6.3.5　建筑物与构筑物设计

建筑物与构筑物设计以降低全生命周期碳排放为核心，通过气候适应性设计，清洁能源替代与低碳建材应用实现建筑绿色转型。具体包括：基于场地风热环境，优化建筑朝向与通风系统，减少制冷供暖能耗；选用集成光伏屋面、地源热泵等可再生能源技术；优先选用再生混凝土、竹木材料等本土低碳建材；通过立体绿化与围护结构保温，提升碳汇效能。设计实施应符合《绿色建筑评价标准》（GB/T 50378—2024）要求。

（1）合理布局

建筑的布局应考虑提供遮阳、休息、用餐等功能，同时控制建筑密度和位置，以实现功能的合理性和布局的合理性。合理的布局能够有效利用空间，最大程度地提供服务，不会造成资源浪费或空置情况，既充分满足用户需求，又保证建筑使用的高效性。

（2）控制建筑体量和类型

避免建筑体量过大可以减少建筑对环境的影响，降低能耗，减少碳排放。简洁生态的建筑设计理念强调简约、环保和舒适，通过精简的建筑风格和可持续的绿色材料，打造环保、高效的建筑环境。

（3）被动式建筑或设施

被动式建筑是一种旨在通过建筑设计和材料选择，最大限度地减少对主动能源（如电力和化石燃料）的依赖，以实现低能耗和高舒适度的建筑类型。充分利用自然采光、自然通风和隔热保温技术，从源头实现建筑能耗的降低。此外，建议在建筑物的屋顶设计中更多地采用光伏板，并结合立面遮阳系统。为了减少碳排放，建议选择碳足迹较低的建筑材料，并尽可能就近采购。

（4）构筑物与新能源设施的结合

通过在建筑物上集成新能源设施，如太阳能光伏板、风力发电装置等，可以有效利用可再生能源，减少对传统能源的依赖，降低碳排放。例如，将光伏板安装在车棚顶板上，不仅可以为停放的车辆提供遮阳保护，还能将太阳能转化为电能，为车辆充电或供应建筑用电，实现能源的自给自足。

6.3.6　雨水管理

雨水管理专项是指采用一系列绿色基础设施和生态工程技术，对雨水进行有效管理的策略和措施，旨在减少城市化对原有水循环的影响，提高雨水的渗透、蓄存、净化和利用效率，从而实现对雨水的综合管理和控制。措施包括源头减排、过程控制和末端集中控制3个层面：通过屋顶绿化、渗滤池等源头设施拦截和处理雨水，减少径流和污染；利用植草沟等过程控制设施模拟自然水道，减缓径流并增加渗透；通过景观水体等末端设施集中处理和蓄存雨水，减轻城市排水压力，同时提供休闲和教育功能。

6.3.7　清洁能源

清洁能源专项是指在绿色空间的规划设计、建设和运营过程中，采用各种清洁能源技术和产品，以减少对传统化石燃料的依赖，降低温室气体排放，实现绿色空间能源使用的可持续性。能源包括水力、风力、太阳能、生物能（如沼气）、地热（地源和水源）、海潮能等，是实现城市绿地零碳排放的关键措施。在规划可再生能源系统时，需综合考虑场地设计、风力、太阳能、地热和水资源，并选择新材料、新技术，确保安全可靠、经济、环保、美观、易维护及安装便捷。

6.3.8　低碳科普

低碳科普专项是指在绿色空间的设计、建设和运营过程中，融入低碳理念和科普教育元素，旨在通过绿色公共空间，提升公众对低碳生活方式的认识和参与度，推动环境保护和可持续发展的理念。低碳展示与教育是指通过设置低碳主题展览、互动展示区、教育中心等，向公众普及低碳知识，展示低碳技术和产品，指导公众如何在日常生活中实践低碳行为。通过组织生态体验活动、采用绿色基础设施、设置低碳互动装置、提供科普标识与导览、实施低碳运营策略以及促进社区参与合作，旨在提升公众的环保意识和实践低碳生活技能，同时展示和教育有关可持续发展的知识。

6.4　工程技术

绿色空间建造过程中，减排增汇的工程技术包括采取合适的建造技术以及选择恰当的材料。施工图是结合材料、做法、技术、制图等，将设计方案呈现的关键环节。在施工图设计阶段，运用低碳理念，选择适合的低碳技术和低碳材料，是指导绿色空间低碳建造的有力驱动。

6.4.1　低碳建造技术

绿色空间的建造工程涵盖土方工程、道路及广场工程、小品构筑工程、种植工程、水景工程、给排水与电气工程等。建造技术是在不同的工程阶段，将各设计要素从方案细化为不同规格材料按照一定工程做法建成的具体建造手段。低碳建造技术是在建造技术的基础上，满足低碳理念与效用的建造技术，具体表现在运用低碳施工材料设备，施工工程做法、施工技术要求等（表6-1）。

表 6-1　减排增汇建造技术策略表

类　型	建造措施	作用机理
减少碳排放	使用绿色机械	减少施工过程中燃烧消耗化石燃料
	应用绿色物流	降低材料、人力运输产生的碳排放
	高效利用材料	减少材料消耗浪费，进而达到碳减排目的
	采用低碳建造材料	选择全生命周期碳足迹低的材料，直接减少碳排放
	选择本土材料、当地工人	减少额外交通运输产生的碳排放
	模块化建造	提高施工效率，降低施工难度，减少人力活动产生的碳排放
	回收利用废弃物	减少材料使用和处理废弃物产生的碳排放
	利用新能源	减少化石能源燃烧消耗的碳排放
	使用再生水源	减少水资源消耗和额外工程技术产生的碳排放

（续）

类　型	建造措施	作用机理
提升碳汇	选择高碳汇乡土植物	提高绿色空间的植物碳汇能力
	栽植适宜规格植物	提高植物成活率，降低养护成本
	多层次立体绿化	增加绿量，提高碳汇
	保护土壤肥力	增加土壤有机碳，增加碳汇
	保持地形稳定	减少因土壤流失而造成的碳汇降低
	加强水体净化	防止出现因水体污染造成的水体碳汇能力减弱

（1）土方工程

土方工程是场地施工的首要环节，涉及平整场地、挖湖堆山等。实施土方工程的碳排放来源包括土壤的开挖运输和相应的人工操作。土方工程的施工结果会间接影响建成后的土壤碳汇。因此，土方工程阶段的低碳减排途径为土方平衡，增汇方式包括表土保护和地形稳固。

充分利用现状，减少对原地形的改变，可以减少土壤开挖运输带来的碳排放。场地内的回填土尽量通过现场挖方取得，减少土方的远程运输，直接减少碳排放，间接减少施工现场扬尘和噪声污染。此外，可利用现场建筑垃圾作为塑造地形的基础材料，这样既解决现场垃圾运输消纳造成的污染和资源浪费，又能丰富场地的空间形态。精准计算土方工程量可以减少施工阶段的外运土方以及运输浪费。以三维激光扫描仪及无人机等智能设备测量的参数化设计是目前可以精准计算土方工程量的方法之一。

对环境土壤的低扰动就是对原地表层适宜栽植的土壤加以保护并有效利用。在地形堆砌过程中，应对原有土层进行剥离保护，待地形完成后回填原有土壤，以恢复土地生态性，保留原土壤碳汇能力。地形填充土不应含有对环境、人和动植物安全有害的污染物或放射性物质（图6-1）。

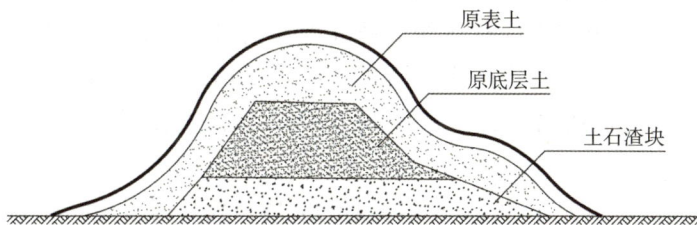

图 6-1　土方分层填实示意图

运用工程技术稳固地形能进一步保障土壤的碳汇能力。通过种植深根系植物，利用根茎与土壤间的附着力，提升地形边坡稳固性和抗冲刷能力，减少水土流失。填方的边坡坡度、压实施工应综合现场土质类型、含水量、密度和设计地形高度加以调整，防止土壤滑落沉降带来的反复维护，间接减少人员养护的碳排放。谷地是利用地面高差有组织排水的途径之一，相较沟渠和管道排水，其使用人工合成的加工材料少、施工简单，同时其地表土壤可收集碳汇，是减碳增汇的地形处理手法。

（2）道路及广场工程

道路及广场工程的铺装施工图要明确场地尺寸、场地面层材料规格、铺装排砖样式、构造做法以及竖向设计。道路及广场工程建造的碳排放来源包括所使用材料生产阶段的碳排放、材料运输产生的碳排放以及建造过程中施工人员的碳排放。道路及广场工程的低碳减排途径主要包括使用低碳建造材料、就地取材缩短材料运输距离和提高建造施工效率。在施工设计过程中，通过合理的面层和结构设计、尺寸设计等实现碳减排。

铺装面层材料应根据道路广场的形态选择。曲折的园路、不规则广场宜选择柔性材料，如沥青、塑胶和砾石等，减少成品砖石的切割，以减少能源和人力消耗；临时园路和覆盖场地可选择树皮、级配砂石等，操作简单方便还可回收再利用；不规则道路和广场的面层铺装可通过材料模块化设计和施工，提高施工精度，减少材料损耗，降低施工难度，减少碳排放。

绿色空间道路及广场的基础构造自上而下可分为面层、结合层、垫层和原土层。根据荷载要求及地质条件，选择适合的面层、结合层和垫层的厚度，材料强度等级，充分发挥材料强度，减少材料浪费，进而减少碳排放。也可通过利用建筑废弃物材料、优化结构等方式，减少材料用量。在改造和拆迁工程的设计中宜优先利用原有道路基础。

（3）小品构筑工程

绿色开放空间常用的小品构筑包括亭廊、围栏、厕所、景观桥、景墙、座椅坐凳、标识牌、雕塑等。不同类型的小品构筑在用途、尺寸材料等方面存在显著差异，撷取其共性，在小品构筑建造阶段，一方面降低建造过程的碳排放，另一方面提高其建成后日常使用的碳汇能力。

小品构筑的结构设计在保证其安全的前提下，力求节约，构件尺寸、基础埋深和配筋在满足计算条件和造型需求之外，尽量取最小值。应用装配式构筑可以减少现场砌筑焊接带来的扬尘废气噪声污染。在异形复杂构筑形体的工程量统计中，如采用参数化软件计算塑石假山的表面积能相对精准地预估材料工程量，减少施工备料过程的资源浪费。当前，大部分中国基层施工人员难以达到高水平的建造技术要求，运用参数化模块化的"低技化"建造方法，易于施工，能大幅减少资金投入、缩短施工时间。

在设计小品构筑物时，可增加立面顶面的立体绿化，通过植物碳汇，中和其建造的碳排放量。太阳能是优质可再生能源，借助太阳能装置，实现绿色开放空间的能源正向贡献。如廊架顶面安装光伏玻璃可以将光能转化为电能，电量并入电网后再回输供园内照明使用，太阳能坐凳可为游客的手机等移动设备充电，太阳能灯具与园内广播、环境监控系统相结合，构成智能园区辅助系统，减少电力化石能源的消耗。

（4）种植工程

植物景观在城市绿色开放空间的用地分布占主体地位，建成后承担着主要的碳汇作用。因此，种植工程是低碳建造的重要环节。苗木品种规格、种植施工技术以及立体绿化、屋顶绿化的应用是种植工程减少碳排放、提升碳汇能力的主要切入点。

种植设计首先应结合方案主题、功能需求和植物固碳能力等确定植物种类。优先选用适应性强、成活率高、节水耐旱、苗源来自项目周边地区的乡土品种，降低运输过程和后期养护过程的碳排放。减少规则式、整形植物材料的应用，从而减少园林器械的使用和后期养护。苗木表标注的苗木规格范围不宜太大，以保证后期施工效果的统一，避免返工造成的浪费。营造异龄混交林、复层林，延长植物景观的观赏周期，减少更新带来的碳排放。

合理的苗木栽植施工有助于提高苗木成活率，减少补植造成的材料浪费和人力运输等所产生的碳排放，降低后期绿化养护成本。温度、土壤和光照与苗木栽植的成活率有密切的关系。根据地理区位和苗木品种选择适合的移植季节，杜绝反季节栽植，在栽植当日平均气温等于或略低于树木生物学最低温度、阴天或遮光条件下进行栽植，对提高苗木成活率有利。通过土壤改良，增施有机肥，增强土壤微生物活性，对于植物的生长发育有积极作用。乔木应带冠栽植、减少养护成本，提高成活率。树穴表层覆盖有机覆盖物，如回收利用的碎木屑、树皮等，补充土壤养分，减少水分蒸腾，实现后期的低碳养护。

屋顶绿化和垂直绿化是立体绿化的主要形式，是充分利用空间优势，多层次增加绿量的绿化方式，兼具减排增汇作用。立体绿化多位于空中，种植空间有限，面临施工操作难度增加、荷载受限、远离土壤水源等问题。采用模块化装配式立体绿化容器，安装步骤简单，降低了施工难度，提高了施工效率。种植基质是立体绿化植物生长的基础，含有泥炭、蛭石、珍珠岩的轻质营养种植土具有营养丰富、自重轻、保水保肥、性能稳定的特点，能够长时间稳定地为植物提供营养，减少后期更换养护工作。有研究表明，利用园林废弃物和建筑废弃物替代传统轻质土作为立体绿化基质，对于促进废弃物有效利用、减少天然泥炭过度开采具有重要意义。立体绿化植物应选择抗风性强、耐热耐干旱、低养护的植物，提高立体绿化植被成活率，提高碳汇（王佳，2023）。

（5）水景工程

水景工程的驳岸护坡工程，其主要碳源来自建造材料的碳排放。通过运用低碳材料可以直接减少驳岸护坡建造的碳排放量。草坡驳岸、生态袋驳岸将绿化种植与驳岸结合，改善水岸生态功能，增加其碳汇能力。木桩驳岸、石笼驳岸可取材园林废弃的硬木材、现场拆除的建筑废料，废弃材料循环利用起到固堤护岸的同时，减少新材料生产的碳排放（李胜，2012）。

水景工程应充分利用现状江河湖泊，采用自然、生态的水体，保证水量供应。如果天然水源缺乏，用地周边无法提供市政中水水源，应减少人工水景的使用，进而减少过度改造产生的碳排放。水体污染、微生物产生的二氧化碳会导致碳排放增加，因此水质净化、增加水生植物、提高水体的循环动力和自净能力，可有效防止水景日常开放时碳排放的增加。工程实践中，生态浮岛依靠植物根系的营养吸纳作用净化水体，同时构建水体植物景观，增加碳汇。

在水景工程建造过程中，水池挖方、新材料的应用以及动态水景的智慧化控制是减少碳排放的有效途径。水池基坑开挖，为确保池底基土不受扰动破坏，机器挖方须保留一定厚度，由人工修整，防止超挖造成的土方浪费。基坑挖方产生的土方应全园协调，尽量做到土方平衡，减少外运成本。喷泉、跌水等动态水景可以采用智慧化设备控制，根据使用需求和天气情况，通过设计程序控制水、光、声、色的变化，减少低效观景时段的水景运行资源浪费，并方便后期管理。

（6）给排水与电气工程

绿色开放空间的给排水工程的水源和设备选择影响其日常养护维护阶段的碳排放。禁止使用地下水，推广使用再生水和雨水等非传统水源用于绿化浇洒、道路广场冲洗和公共厕所冲洗等。园内配备节水设备或器具以及水回收系统。引入节水灌溉技术，如微灌溉、滴灌等，从源头降低总体用水需求。利用智能传感器和控制器实现有规律的定时、定量自动控制和自动喷灌，节约用水、提高浇灌效率。

透水铺装、雨水花园、下凹式绿地、植草沟等绿色雨水基础设施的构建，可减少传统雨水管道材料的敷设使用，实现绿色空间的低影响开发建设。以上绿色雨水基础设施的施工建造通过适宜的形式结构、新材料的应用，能进一步提高雨水收集调蓄效率。有研究表明，台阶型生态植草沟对地表径流有更好的水质控制和污染负荷削减效果（梁慧 等，2024）。在建造阶段，通过在雨水花园入流口处设置沉淀槽、植草沟、截污挂篮等设施，选择比表面积大、通透性好、吸附能力强的改良剂添加到填料中，减少污染物堵塞，延长雨水花园的使用寿命，保证雨水的稳定下渗。

照明与供电工程是绿色空间建设中电气工程的主要内容，其中，路灯与照明灯的选择和设计对日常使用中的电力和化石能源消耗有直接影响，因此应选用高效率节能型太阳能灯具，有条件的情况可采用智能灯具，将照明与环境监控系统或能源监控系统等相结合。照树灯、芦苇灯等装饰性景观照明考虑平日和节假日效果，加装控制器，避免平日开启大面积照明。庭院灯、草坪灯等功能性照明应考虑间隔式开启模式。

6.4.2 低碳建造材料

建造材料是绿色开放空间建造的构成基础。建造材料产生的碳源是绿色空间建造全生命周期碳源的主要来源，大多数碳排放发生在材料的提取、工厂制造和加工运输等环节。在施工设计阶段，选择生产和运输环节低碳排放的材料是减少建造材料碳排放的重要途径。

常用建造材料的分类方式有很多，按照应用功能可分为面层材料和结构材料，面层材料包括道路广场铺装、小品构筑外饰面等，结构材料包括垫层、结合层、梁柱和基础等。按照材料来源大致可分为天然材料、合成材料和回收利用材料。

天然材料是直接从自然界获得的材料。这些材料无须深入加工，减少生产环节的碳排放。常用的低碳面层材料有碎石、竹材、木材、砂土等。天然材料地域性强，但具有一定的局限性，通过现代材料技术的二次加工可以成为优势园林材料，如竹质工程材料等。

低碳合成材料有直接减少碳源和间接增汇两种类型。在常用的结构材料中，水泥生产过程中排放二氧化碳是建材碳减排的重点和难点。绿色开放空间建造的水泥应用一方面是用作面层结合层；另一方面是作为混凝土的核心部分，组成构筑的骨架或承重构件。前者在未来可采用低碳零碳水泥替换，后者运用重木结构替代混凝土，其生产过程利用的是可再生资源，具有较高的减排效益。在工程预算充足的前提下，发展新建材，使用碳纤维、新型塑料、3D打印材料等，从结构和形式上发生根本的转变。透水材料，如透水砖、透水混凝土铺装，能提升雨水渗透能力，补充地下水，改善植物生长环境，增加植物和土壤碳汇。此外，还有间接减少能源使用的新型材料，如公园出入口、停车场和主要园路中使用掺有夜光物质的混凝土，使其白天吸收太阳光，夜晚具备自发光能力，减少电力能源的使用。

　　绿色空间建造前期的现场拆除清理及日常养护过程中，都会产生建筑垃圾、废旧钢筋、废旧玻璃、枯死植被等废弃物。这些废弃物的填埋或外运需要占用大量资源，有污染的风险，并且增加运输碳排放。按照设计需求，对废弃物进行回收利用，减少原材料的使用，达到减排目的。现状建筑垃圾，工厂按照不同粒径配比进行二次加工，可替代原级配砂石垫层，保证结构的稳定性。树枝、树皮等园林废弃物，通过与高分子材料组合成有机铺装材料，透水环保，还可循环使用，是北方冬季绿地覆盖、园路小径铺装的低碳材料。再生混凝土道牙、再生透水砖，都是利用无法降解的再生骨料为原料压制而成，可用于人行强度的面层材料。

6.5　管理运营

　　城市绿色空间管理与运营中的低碳控制可分为直接和间接两种途径。直接控制包括减少运营维护车辆和燃油机械的使用，从而直接降低使用阶段的碳排放。间接控制则是通过选择合适的项目开发实施模式，经设计师或相关专业技术部门科学管理与控制，缩减项目建设周期、优化施工流程或在使用阶段提高绿色空间的使用效率以及引入低碳为主题的活动，宣传低碳理念、培养城市环保群体，从而间接减少碳排放。管理与运营阶段低碳理念的落实不仅是将方案与施工图阶段的低碳理念设计进行落实与运转，还需要思考在管理与运营中如何拓宽降低碳排放的途径，扩大低碳理念的影响力。

6.5.1　低碳开发实施模式

6.5.1.1　低碳开发实施模式的定义

　　建设工程项目实施模式是指在建设工程项目决策阶段，对项目实施的组织框架、建造任务、建设目标及设计师对项目参与程度综合评估后，结合实际需求选择的项目实施模式。适宜的模式可以为工程建设和使用增值，可以更好地实现项目的费用目标、进度目标、质量目标（全国一级建造师执业资格考试用书编写委员会，2024）。

随着生态文明理念的提出，低碳开发模式成为建设工程项目实施模式新的发展要求。低碳开发实施模式以可持续发展为理念，旨在通过提高能源和其他资源的有效利用水平，将低碳目标融入传统项目实施过程中。

6.5.1.2 实现低碳开发实施模式的途径

低碳开发实施模式在决策阶段需要进行全局谋划，确定项目总体低碳目标，制订项目全生命周期低碳管理方案，分析论证项目总体低碳技术及应用标准；实施阶段进行全过程控制，确保低碳理念贯穿于设计、采购、施工等各个环节；使用阶段进行全域统筹，持续监测和优化项目运营，以减少对环境的负面影响并促进资源的可持续利用。传统项目开发模式通常以投资、进度和质量为主要目标，而低碳开发实施模式强调在项目全生命周期中以低碳为导向，从而实现可持续发展的目标。

近年来，较为有效的设计师为主导的低碳开发实施模式有设计师负责制的工程总承包模式和设计师主导的全过程工程咨询模式。其中设计师负责制的工程总承包模式是指由设计方作为主体，负责管理和指导项目的设计、实施甚至运营；设计师主导的全过程工程咨询模式是指以设计师为主导，在项目投资咨询、勘察、设计、监理、招标代理、造价等环节提供全过程工程咨询服务。设计师为主导的低碳开发实施模式可以让设计师能够更深入、精确地介入建设工程的设计、施工和运营阶段，从而实现对各目标的精准控制，也更有利于低碳目标的实现。

6.5.1.3 常见的建设项目开发实施模式及其低碳实现路径

（1）设计—采购—施工模式（EPC）

该模式又称EPC模式（engineering procurement construction），是指承包单位按照与建设单位签订的合同，对工程设计、采购、施工或者设计、施工等阶段实行总承包，并对工程的质量、安全、工期和造价等全面负责的工程建设组织实施方式（房屋建筑和市政基础设施项目工程总承包管理办法，2019）。

EPC模式整合了工程设计、采购和施工等多个环节，可以在项目全生命周期内综合考虑低碳目标。通过有效的设计和采购策略，EPC模式可以优化能源和其他资源的利用，减少碳排放。同时，由于承包单位对工程的全面负责，能够更好地控制施工过程中的环保和节能措施，从而实现低碳建设目标。EPC模式还促进了各方合作，提高了项目实施的效率和质量，为低碳建设提供了坚实的基础。

（2）设计—采购—施工+运营模式（EPC+O）

EPC+O模式（engineering procurement construction + operation）是在项目总承包（EPC）模式的基础上，将项目后期使用阶段的运营和维护纳入整个模式中。该模式要求承包商在设计甚至更早的阶段就考虑运营的需求。通过在前期阶段考虑施工、招商、运营收益（维修保养）等具体问题，促进了前期立项、设计、施工和运营各个环节的有效衔接。这种模式能够较大程度地避免传统分阶段管理模式导致各环节脱节的问题

（何凯红 等，2022）。现阶段EPC+O模式缺乏明确的政策定义与法律规定，对于该种模式下的业主和承包商之间承担的设计责任、运营期间维护费用、试用阶段的经营收费权等责任归属、风险划分问题上仍存在一定争议。

设计师在此模式下不仅要考虑设计及施工阶段的低碳管理，还要将运营阶段的低碳管理纳入设计任务中进行统筹考虑。近年来，随着我国《绿色建筑评价标准》《零碳建筑技术标准（征求意见稿）》的发布以及深圳市《零碳公园建设及运营规范》的颁布，为设计师在运营阶段的低碳设计提供了相关的技术参考和设计依据。

（3）设计—建造—运营模式（DBO）

DBO模式（design build operate）是指一国政府或所属机构将某些城市基础设施项目的特许权转让给社会投资者，社会投资者独立或联合他方组建项目公司，负责项目的设计和建造，在项目建成后独立进行项目的管理和经营，并在项目的运营中获得投资回报和合理利润的建设模式。合同期间，项目的投融资全部由政府负责，并且政府在特许权协议中始终保有对这些城市基础设施的所有权；项目各环节风险由政府和私营机构共同分担。合同期满后，资产所有权移交回公共部门（袁竞峰 等，2021）。

DBO模式来源于国际咨询工程师联合会（Fédération Internationale Des Ingénieurs Conseils，法文缩写FIDIC）制定的一种工程实施模式。与EPC+O模式类似，都是将运营纳入项目中统筹考虑，不同点是DBO模式是国际通用模式、有相对完善的制度与保障条款。在DBO模式中一般会规定承包企业运营项目特许经营的项目与时间，而EPC+O模式在满足业主需求的同时能够更好地保护承包企业的权益，因此能够激发承包商对于全过程进行优化设计，全生命周期成本和碳排放也能得以优化。

（4）全过程咨询模式

全过程工程咨询是指在工程项目从投资决策、工程建设、项目运营全过程中，由一家具有综合能力的咨询单位或多家具有招标代理、勘察、设计、监理、造价、项目管理等不同能力的咨询单位联合实施的综合性、跨阶段、一体化的工程咨询服务（《国务院办公厅关于促进建筑业持续健康发展的意见》，2017）。

在项目决策环节委托单位需要就投资项目的市场、技术、经济、生态环境、能源、资源、安全等影响可行性的要素，结合国家、地区、行业发展规划及相关重大专项建设规划、产业政策、技术标准及相关审批要求进行分析研究和论证，为投资者提供决策依据和建议。在工程建设环节提供全过程咨询服务，包括招标代理、勘察、设计、监理、造价、项目管理等，协助建设单位提高建设效率、节约资金（《国家发展改革委关于印发投资项目可行性研究报告编写大纲及说明的通知》，2023）。在项目运营环节为投资者提供专业、合理的建议以帮助投资者提高项目运营效率、降低运营成本、履行社会责任等。

全过程工程咨询模式可以在投资决策、工程建设和运营过程中都充分考虑低碳要素。从项目立项开始，明确规划和设定低碳目标，选择环保材料、采用节能设计方案，在施工和运营阶段实施低碳管理措施，推动项目的全面低碳发展。此外，该模式还提供专业的低碳技术支持，通过全面的低碳分析和评估，指导项目团队采取有效的低碳措施，提高项目的低碳效益，为项目的低碳目标达成提供有力支持。

6.5.2 低碳运营与维护策略

6.5.2.1 日常管理养护与维护

城市绿色空间的碳排放主要分为两个阶段：绿化建设和养护。绿化建设阶段通常伴随一次性碳排放，而养护阶段则是持续性碳排放的主要来源。在养护工作中，常见工作包括浇水、施肥以及使用化石燃料驱动养护设备，如电锯、绿篱修剪机和卡车，这些都会产生碳排放。另外，移除的植被最终会被土壤中的微生物分解，其中部分碳会释放到大气中，而另一部分则会储存在土壤中（Zhang et al., 2024）。城市绿色空间的低碳养护是实现碳中和的重要途径，可从增汇与减排两个方面考虑。首先，制定全方位的低碳管理规范，通过科学管理与精细管护绿地，可以保证植物及时更换与健康成长，持续提升城市绿色空间的碳汇能力，从而增加碳的吸收量。其次，采用智慧平台辅助决策，可以实现对管理养护与维护过程的精准监测和管理，减少冗余的管理措施和复杂维护工作，从而减少燃油及传统能源机械的使用，有效降低碳排放。通过微生物发酵、分解等手段可以将含碳废弃物进行资源化转变与固定，实现碳的循环利用，从而达到增汇减排的目的。

目前国内对城市绿色空间日常管理养护与维护的主体一般是政府或专业的管理公司。不同地区因政府部门权责不同，对城市绿色空间的日常管理养护与维护的概念、管理边界、工作范围的认识和界定也存在差异，详细内容可参照各规范标准。城市绿地日常养护与维护工作范围方面，《园林绿化养护标准》（CJJ/T 287—2018）中提到园林绿化养护管理工作应包括植物养护与附属设施管理、技术档案记录的绿地管理两个方面。全国各地也都出台了相关标准，对城市绿地日常养护与维护工作范围进行了界定。

智慧系统平台通过为管理者提供科学的决策依据，可以提高管理效率，减少冗余的管理措施和重复的维护工作导致的碳排放，减少管理人员数量从而减少工人调度所产生的额外交通碳排放。然而，目前城市绿色空间的日常管理与维护仍然大量依赖人工和机械。北京市园林绿化局印发了《关于"十四五"时期北京市园林绿化行业落实"双碳"目标的工作指导意见》，深圳市市场监督管理局发布了《零碳公园建设及运营规范》，成都市发布了《公园绿地低碳建设导则》。这些规定为城市绿色空间的日常管理养护与维护提出了节能、减碳的要求与技术措施。

结合相关国家规定与标准城市绿色空间的低碳管理养护与维护内容如下：

（1）废弃物管理

废弃物管理是城市绿色空间日常管理与养护中的重要环节。为符合相关建设环保要求，应实施零排放策略，确保废弃物处理不产生二次污染。定期对园内固体废物产生量进行统计分析，制定减量化措施。建立垃圾分类回收网络，严格按照当地《生活垃圾分类管理条例》进行分类回收，并在人流活动频繁处设置垃圾分类标识和设施。同时，建立再生资源回收利用体系，在人流频繁处设置再生资源分类收集设施，使尽可能多的废弃物能就地处理、回收利用，减少废弃物运输过程中的碳排放。另外，对于场地能自我消解的废弃物应设置有机堆肥点、垃圾处理站，采用好氧生物、厌氧生物转化、热解气化、炭化等手段，将有机固废中的碳进行转换、固定，实现就地处理并利用的目标。

（2）植物管理养护

植物管理养护在城市绿色空间管理中扮演着重要角色。除了考虑景观效果和功能要求外，还应考虑区域内绿地植被的固碳能力。为此，应科学开展林地、绿地、园地分类管护工作。对于已经达不到美观要求且呼吸作用大于光合作用的过熟木、枯立木、病腐木等应及时伐除，避免碳汇变碳源；经科学评估后对过密林进行适时疏伐，减少树木的自然枯死，从而减少森林自身的碳排放。此外，尽可能地将园林绿化剩余物中的碳固定、转化、利用，实现资源化利用，做到落叶化土、枯枝还田；合理使用农药和肥料，利用园林绿化废弃物制备生物炭，或进行堆肥生产有机肥料、栽培基质和土壤改良剂，可改良园林绿化土壤的肥力、生物活性和物理结构，促进植物健康生长。对节水灌溉设备进行及时维护，在设计与建设阶段未设置土壤湿度感应器、雨天自动关闭设备的场地，可在运营阶段添加相关设施设备。为了监测植被状况，宜在管理养护区域设置观测样地，做好样地的档案管理，记录样地数据，确定总体试验目标和每块特定样地试验目的，并对测量数据进行比较分析，总结提高碳汇能力的最佳措施。此外，分析行业耗能、耗水、耗油量的动态变化，优化操作管理流程，减少不必要的燃油机械使用以及非道路移动机械的使用频次。

（3）景观水体维护

景观水体的低碳维护是城市绿色空间管理中的关键环节，其目标是通过水体自然流动和建立水体生态系统实现自然净化，减少人工维护和传统过滤、增氧设施设备相关的碳排放。与天然水系相联系的水体可以采用天然河道或湖泊引水，在不影响设计要求的前提下对景观水体进行沉淀、曝气、生态净化的分级管理，使进入景观水体的水质达到相关标准，避免因二次水处理产生的碳排放。较为独立的水景、水体优先使用雨水和再生水等非传统水源，降低对自来水的依赖，从而减少市政水处理的碳排放。通过构建一个包括水生植物、水生动物、水生微生物和底泥的综合生态系统，减少传统设施设备的使用，实现水体内的碳循环的同时促进水体自我净化，维持水质健康。垃圾是景观水体浊度增加、重金属和油污染的主要来源，也是传统过滤设施设备主要处理对象，及时对水体周边垃圾进行清除，并设置相应警示标识，利用生态设施削减径流污染，防止垃圾因人为或自然因素如径流和风力进入水体。及时清理水体中的垃圾，防止其分解为微塑料或释放重金属，损害水体环境。确保水量充足并适度控制覆盖水面的水生植物，以维持水体的生态平衡和垂直水循环，保证水质良好。建立全面的水质监测系统，对水体的水质和水量进行科学监控，确保水体状态良好。对于已受污染的景观水体，应优先采用微生物和水生动植物进行生态修复，不过分依赖增加碳排放的人工曝气或化学处理，同时也要避免因水质恶化而进行大规模的水体更换（司彦杰，2007；张晴华 等，2010；王现领，2013；汪洁琼 等，2016）。

（4）建（构）筑物维护

建筑物维护在城市绿色空间管理中具有重要意义。管理、维护区域内建（构）筑物应采取全生命周期管理理念，包括建（构）筑物的规划与设计、建造与运输、运行与维护，直到拆除与处理的全过程。在保证运行安全和满足室内环境设计参数要求的前提下，应选择最有利于建筑节能的运行方案。应根据室外气象参数和建（构）筑物实际使用情况做出动态运行策略调整。建（构）筑物及设施运行时应充分利用自然条件改善室内环境，降低能源消耗。建（构）筑物及设施的维护和保养应重点关注建筑围护结构隔热系统等关键部位，如发现故障应及时进行维修；定期对太阳能光热、光伏组件表面进行清洁，保障使用效果。

6.5.2.2 场景与业态运营

场景指利用故事情节或者情境的叙述，实现用户目标与环境交互的过程（艾伦·库伯 等，2015）。城市绿色空间的低碳场景运营是在场景的基础上，强调场景建设、场景内容的低碳，使人在使用绿色空间的过程中参与到低碳活动中的过程。目前，可以从自然教育、文化传媒、潮流艺术、户外运动和轻餐简食5个方面来考虑城市绿色空间的低碳业态活动。

①自然教育　通过组织生态讲座和自然观察活动，增强公众对环境保护的意识，引导人们在日常生活中采取更环保的选择，从而减少个人和家庭的碳足迹。

②文化传媒　利用展览和艺术表演等形式传播低碳理念，减少因长途出行而产生的交通排放，同时鼓励使用可再生材料，降低一次性塑料的使用。

③潮流艺术　鼓励使用二手材料进行创作，推动资源再利用，并通过互动艺术项目提高公众对低碳生活的关注，进而激发更多人参与低碳行动。

④户外运动　推广步行、骑行等绿色出行方式，减少交通相关的碳排放，同时增强社区凝聚力，提高居民对绿色空间的利用率。

⑤轻餐简食　优先使用本地采购的食材，减少食品运输带来的排放，并推广植物性饮食以降低整体碳排放。

低碳场景空间营造的具体方法有：

①空间利用集约化　使空间具有功能的复合性，能够满足不同使用者的多样化需求。通过集约化的场地使用，降低场景营造的碳排放。

②使用时空复合化　需要根据不同时间和不同场景的需求进行合理的策划和安排，以最大限度地发挥空间的潜力。需注意，在提升场地使用率的同时，不超过其承载能力。

③适用人群广泛化　根据实际使用情况对场景进行维护和调整，以覆盖更广泛的年龄段人群，提高空间的可及性和适用性。

④场地碳排放数据化　可通过技术手段记录场景的碳排放数据，在后续运营过程中及时改善。

城市绿色空间的业态运营旨在建立一种适用于绿色空间的、环境友好的运行方式。其管理模式不仅是城市绿色空间业态活动组织和空间场景营造的先决条件，也是推动场地向低碳业态运营发展的基础。目前，国际上较为成熟的业态运营模式如下（金珊等，2018；黄林琳 等，2020）：

①公私合作运营（public-private partnership，PPP）模式　是指政府与企业或非营利组织共同承担城市公共空间的管理和运营责任的合作模式。近年来，随着国央企参与城市绿色空间的运营，此模式也逐步在我国得到较为快速的发展。在PPP模式下的低碳运营手段主要有两种方式，一是私人合作伙伴通过赞助、捐赠用于举办低碳活动的资金或其他资源；二是通过低碳公司或低碳商品特许经营的方式为城市绿色空间的运营提供支持。

②私人非营利组织运营（non-profit organization operation，NPO）模式　由非营利组织负责绿色空间管理，通过募捐、会员费、捐赠等方式筹资。鼓励社区和志愿者参与，推进环境教育和文化传承。此种模式能够吸引更多城市居民参与绿色空间的建造和维护过程。同时，可通过非营利组织引入环保意识教育和环保活动，推广低碳理念，促进公众对环保的认识，推动低碳生活方式的普及。

③商业改良区或商业发展区（business improvement district，BID）　通过社区或组织与政府的协作，以向BID征收的专项费用为主要经济支持的运营方式。BID通过提供改善公共环境、基础设施，调整业态等社区公共服务项目，吸引投资，提升地段活力与空间价值。相关演变包括EPC+O建造模式和DBO建造模式，指项目的总承包商全部或部分承担项目在使用阶段维护和运营的模式。在国家低碳发展的要求下，BID有利于顺利引入低碳项目，以及确保项目内低碳设施的维护。

6.5.3　碳排放监测、管理、补偿与核算

6.5.3.1　碳排放监测、管理与补偿

（1）碳排放监测与管理

城市绿色空间应建立碳管理制度，设置碳监测岗位，对碳排放、碳交易和碳资产等进行科学管理，每年对碳排放量进行核算和评估，并根据结果制订持续优化的减排增汇方案。

（2）碳补偿

相关管理机构可通过开展可再生能源项目等自主减排措施来减少自身的碳排放。同时，也可以考虑在短期难以避免的碳排放情况下，通过购买碳减排量来抵消。具体可选择自主购买绿色电力、国家认证的自愿减排量（CCER）、政府备案或认可的碳普惠项目减排量等方式来实现碳排放的抵消，从而积极推动碳中和环保行动。

6.5.3.2　碳排放核算

（1）核算原则

城市绿色空间碳排放核算遵循科学性、相关性、一致性、准确性、透明性、保守性等原则。

①科学性　在碳排放核算中，应严格遵循以下科学原则：首先应以自然科学规则和规律为基础进行排放核算；其次可以考虑应用其他科学方法，如社会和经济科学，或参考国际惯例；最后，如果以上两种方法均不适用，则决策应建立在价值选择的基础上。

②相关性　选择适应绿色空间的碳排放计算的方法和数据时，应合理反映场地内相关活动引起的碳排放情况，确保核算的相关性。

③一致性　在确定碳排放报告范围、数据搜集、数据计算和相关因子变化等方面应使用统一的方法，以便在不同时间段内进行碳排放信息的比较。

④准确性　对绿地相关活动产生的碳排放应进行可靠、准确的计算，尽量减少核算结果与实际情况之间的差异。

⑤透明性　在数据收集和计算过程中应具有明确、可核查的方法，明确排放源、活动水平数据和排放因子的来源和依据，确保信息的透明度。

⑥保守性　在面对不确定情况时，应选择绿地碳排放更大的数据取值，以确保核算结果的准确性和可靠性。

（2）核算流程

①现状调查　在规划设计阶段，首先需了解建成前的情况，包括森林构成树种种类和蓄积量等，评估现有碳储量，并估算未来绿地每年的碳吸收量，记为E_S（对于社区公园和口袋公园，可将此值设为零）。

②制订碳中和方案　在绿色空间建设期间，进行碳核算并制定碳中和规划，确保运营后产生的多余碳吸收量可逐步抵消建设改建期间的碳排放。每年的碳抵消量为E_C。

③运营阶段　开始运营后应每年进行碳排放核算，其每年核算的绿色空间碳排放总量E_T小于或等于"0"且：

$$E_T + E_C \leqslant E_S \qquad (6\text{-}1)$$

式中　E_T——绿色空间运维阶段每年的温室气体排放净值（$t\,CO_2e\cdot y^{-1}$）；

E_C——绿色空间运维阶段每年需抵消的建设阶段碳排放（$t\,CO_2e\cdot y^{-1}$）；

E_S——绿色空间建设前其用地上原有植被的碳排放净值估计值（此值应该为负数）（$t\,CO_2e\cdot y^{-1}$）。

碳排放核算的工作程序可分为目的和范围的确定、清单分析和报告3个阶段（图6-2）。

（3）核算内容

①核算时间（以年计算）　碳排放量报告年份应以自然年为统计周期，在进行碳排放报告时应先确定报告年份。

②核算边界（明确园区边界）　绿色空间管理部门确定的地理边界为绿色空间碳排放的核算边界。

③碳排放总量计算　绿色空间的碳排放总量等于绿地边界内所有的温室气体排放量之和并扣除碳汇，按式（6-2）计算。

$$E_T = E_F + E_E + E_W - E_L \qquad (6\text{-}2)$$

式中　E_T——绿色空间的碳排放总量，即温室气体排放净值（$t\,CO_2e\cdot y^{-1}$）；

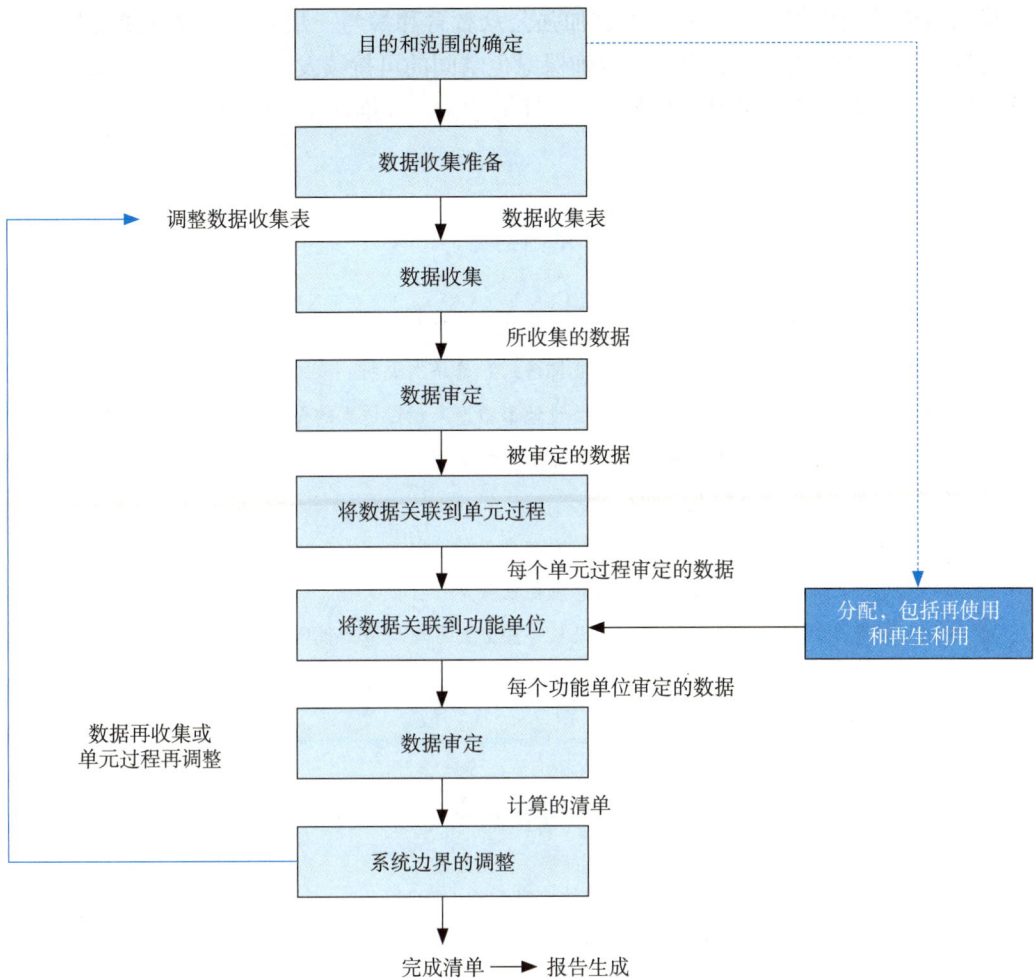

图 6-2 碳核算工作程序

E_F——绿色空间新建或更新改造及运行和维护时消耗的化石燃料燃烧产生的温室气体排放（$t\,CO_2e\cdot y^{-1}$）；

E_E——绿色空间购入电力所对应的温室气体排放（$t\,CO_2e\cdot y^{-1}$）；

E_W——绿色空间内部废弃物处理过程产生的温室气体排放（$t\,CO_2e\cdot y^{-1}$）；

E_L——统计周期内绿色空间内部人为林木经营或砍伐产生的碳汇的变化量（$t\,CO_2e\cdot y^{-1}$）。

④化石燃料燃烧排放 指统计周期内，绿色空间新建或改造更新及运行和维护过程中使用的化石燃料，如煤、燃油、天然气、液化石油等，燃烧产生的二氧化碳排放。

⑤购入电力所对应的温室气体排放 指在绿色空间的办公、运营和维护过程中，购入的电力在生产过程中产生的温室气体排放。

（4）核算结果的设计应用

基于碳排放核算的数据，制定针对性的绿色空间规划设计策略，优化植物配置以增强碳汇效果，提升绿色空间的多功能性，采取低碳维护措施，并推广绿色基础设施以提高城市的碳汇能力。此外，通过加强公众教育和参与，建立监测和反馈机制，以及支持相关政策和法规的制定，可以确保绿色空间的可持续发展，并有效减少碳排放。这些措施共同促进环境保护，增强公众的环境意识，并推动实现碳中和目标。

思考题

1. 在城市绿色空间的设计和管理中，如何平衡经济效益与生态效益？请举例说明。

2. 在植物空间布局中，如何最大限度地减排增汇？请举例说明。

3. 在城市绿色空间的竖向设计中，如何通过地形塑造来创造适宜的微气候环境，实现减排增汇？

4. 在绿色开放空间建造阶段，减排增汇的建造技术有哪些？

5. 低碳建造材料的选择原则是什么？

6. 生态环境导向的开发模式（EOD）的核心理念是什么？

7. 城市绿色空间项目低碳开发实施模式的主要任务是什么？

8. 在城市绿色空间项目的设计阶段，可以从哪些方面考虑场地的低碳管理养护与维护？

9. 如何通过城市绿色空间的碳排放监测和管理来实现碳中和目标？

拓展阅读

《低碳建造》. 瞿志，林洋，张昕楠. 中国林业出版社，2024.

《碳中和的关键问题与颠覆性技术》. 胡志宇. 清华大学出版社，2023.

《碳中和发展与绿色建筑》. 高延继. 中国建材工业出版社，2022.

《景观施工图设计实用手册》. 王蔚. 江苏凤凰科学技术出版社，2022.

《气候经济与人类未来》. 比尔·盖茨. 中信出版社，2021.

《建筑领域碳达峰碳中和实施路径研究》. 住房和城乡建设部科技与产业化发展中心. 中国建筑工业出版社，2021.

《城乡建设领域碳达峰碳中和典型案例集》. 住房和城乡建设部科技与产业化发展中心. 中国建筑工业出版社，2023.

《碳资产管理理论与实务》. 杜焱. 清华大学出版社，2023.

第7章

面向碳中和的城市绿色空间规划设计案例

本章提要

　　本章基于规划设计、建造过程以及管理运营3个层面，对面向碳中和的城市绿色空间案例进行简要介绍，强调了城市绿色空间全过程增碳汇及减碳排的具体策略。

　　在 面向碳中和的绿色空间规划设计课程学习过程中，将理论与实践相结合是学习的重点。规划设计、建造过程以及管理运营是绿色空间规划设计的3个重要环节，涵盖了实践项目的全生命周期，本章从3个不同侧重的层面进行多个实践案例的选取，旨在展示如何将绿色空间规划设计的全流程服务于碳中和。

7.1　面向碳中和的规划设计——北京 2022 年冬奥会张家口赛区核心区生态景观规划设计

7.1.1　项目背景

　　2022年北京冬奥会是由中国承办的国际性奥林匹克赛事，"绿色办奥"是中国向世界作出的庄严承诺，中国通过举办冬奥会这一重要赛事，不仅将"绿色"深入生态环境保护、场馆与配套服务设施建设、能源使用和赛事运营等各个方面，还促进了城市绿色空间格局优化与可持续发展，积极倡导全社会形成低碳生活方式，让绿色低碳理念深入人民群众的日常生活。

　　北京冬奥会共分为3个赛区，分别为北京赛区、延庆赛区以及张家口赛区，其中张家口赛区承办除雪车、雪橇、高山滑雪和自由式滑雪大跳台之外的所有雪上项目，是产生金牌数量最多的赛区。此外，由于张家口赛区周边山沟交错纵横，自然景观特征鲜明，因此也是生态环境保护、修复和建设工程量最大的赛区。

张家口赛区位于河北省张家口市崇礼区东部，处于北纬40°这一全球滑雪胜地的黄金纬度带，规划设计总面积125.2hm²，统筹范围约25km²。相较于夏季奥运会，冬奥会大部分项目在户外开展，对赛区场馆周边的生态景观建设提出了严苛要求。因此如何准确识别扰动区的范围和类型，快速重塑赛道周边原有的山林景观风貌，实现生态修复景观与场地原有肌理快速融合是项目建设面临的重大挑战。

7.1.2 生态景观设计理念及其格局营建

（1）"全域—全景—全时"视角下的规划设计理念

规划设计团队充分考虑冬奥会的全生命周期，从空间线（全域）、景观线（全景）、时间线（全时）3条主线开展工作。最终形成"全域大格局—全景近自然—全时保品质"的规划设计思路，系统构建全生命周期视角下的赛区生态景观体系。

"全域大格局"指构建太子城冬奥核心区三大圈层于一体的整体景观格局，并结合三大圈层现实问题提出建设过程减碳排、建成区域高效固碳的统筹系统治理措施。"全景近自然"指突出冀西北中山地区大尺度、多季相、低维护的疏林旷野特色，构建自然本底与生态屏障。"全时保品质"指以全生命周期技术保障为抓手，在施工前、中、后期，对森林绿地树木开展全过程精准监控和施策。

（2）"赛区场馆—配套设施—生态基底"视野下的三大圈层

张家口赛区被划分为三大圈层：生态基底圈层、配套设施圈层以及赛区场馆圈层（图7-1），以统筹构建自然环境、场馆设施、功能组团相融的生态景观格局（图7-2）。

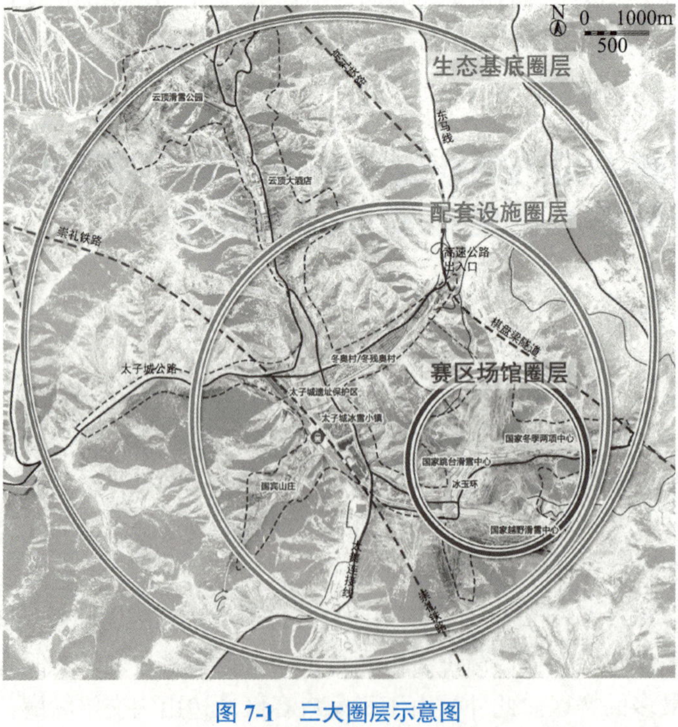

图7-1 三大圈层示意图

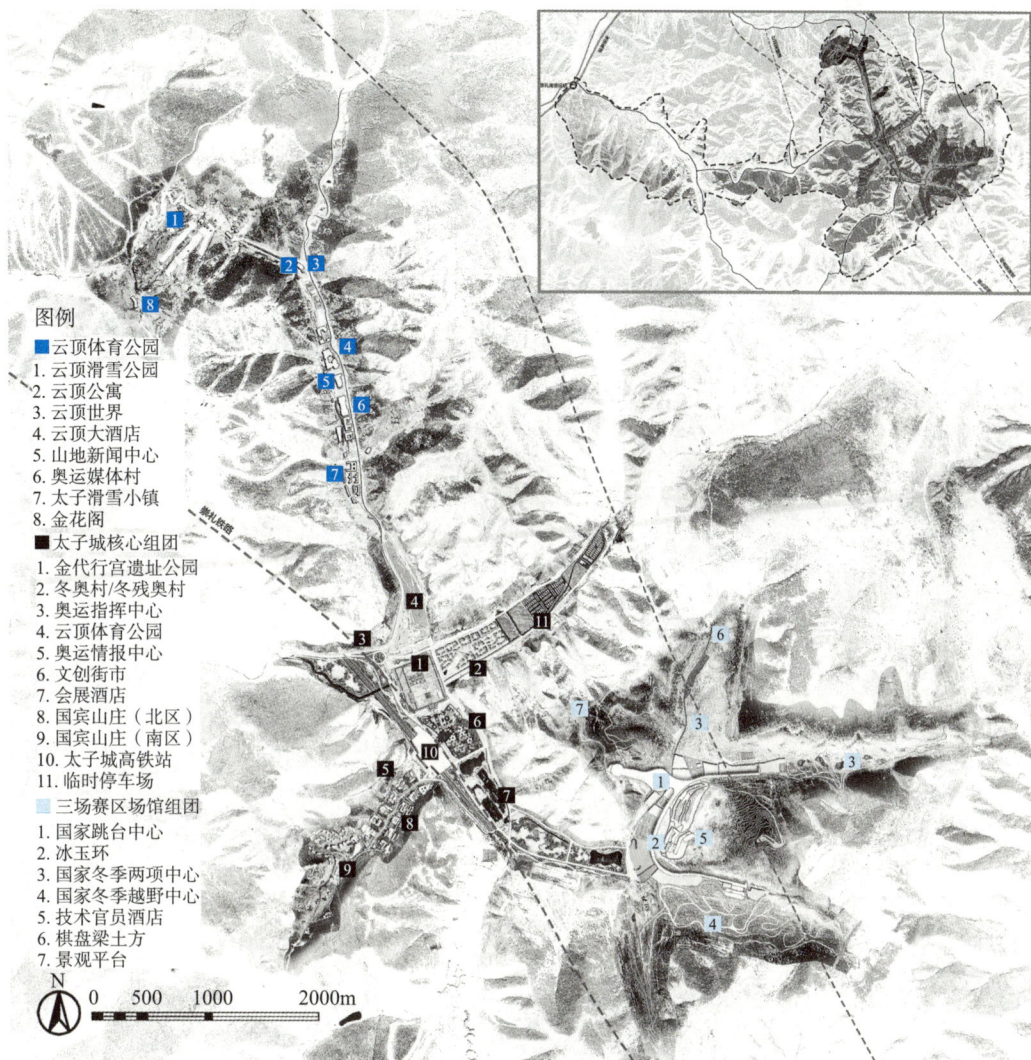

图例
■云顶体育公园
1. 云顶滑雪公园
2. 云顶公寓
3. 云顶世界
4. 云顶大酒店
5. 山地新闻中心
6. 奥运媒体村
7. 太子滑雪小镇
8. 金花阁
■太子城核心组团
1. 金代行宫遗址公园
2. 冬奥村/冬残奥村
3. 奥运指挥中心
4. 云顶体育公园
5. 奥运情报中心
6. 文创街市
7. 会展酒店
8. 国宾山庄（北区）
9. 国宾山庄（南区）
10. 太子城高铁站
11. 临时停车场
■三场赛区场馆组团
1. 国家跳台中心
2. 冰玉环
3. 国家冬季两项中心
4. 国家冬季越野中心
5. 技术官员酒店
6. 棋盘梁土方
7. 景观平台

N
0 500 1000   2000m

图 7-2　张家口赛区核心区生态景观规划设计平面图

①赛区场馆圈层　位于张家口赛区太子城北侧及东南侧，包含云顶与三场两个功能组团（"云顶"指云顶滑雪公园，"三场"即国家冬季两项中心、国家越野滑雪中心和国家跳台滑雪中心）。赛区场馆圈层约9km²，聚焦工程扰动区生态修复和赛区山林风貌重塑2项核心任务。

②配套设施圈层　位于张家口赛区崇礼市区东南向，承接延崇高速，是连接北京与崇礼市、张家口的交通枢纽。配套设施圈层约14km²，聚焦赛时赛后景观协同、乡土性近自然风貌构建、太子城行宫遗址文化景观营建3项核心任务。

③生态基底圈层　位于张家口市崇礼区的东南方向，西起张承高速和头道营村，东至太子城村，辐射范围包含太子城沟域周边可视区域，规划总面积约30km²，辐射面积约100km²。聚焦山水林田湖草居系统治理、生态风景道塑造、山水风景驿站植入3项核心任务。

7.1.3 赛区场馆圈层的生态修复

赛区场馆圈层立地条件较好，景观空间疏朗，但因赛场工程的建设对周边环境造成了程度不等的破坏，亟须进行整治，此外应考虑如何构建完善的赛区整体景观风貌（图7-3）。

图 7-3　赛区场馆圈层基址现状

通过对生态本底的研判并提出工程扰动区域的生态修复策略，在实现赛场周边环境修复以及整体景观品质提升的基础上，该圈层实现了从减碳排与增碳汇两个层面服务于碳中和的目标。

（1）生态本底研判

崇礼自然条件优越，生态本底良好，具有服务冬奥会赛事开展与碳中和的重要条件。植物、土壤、水体是固碳的重要载体：植物在起到增强碳汇的同时有稳固土壤，减缓土壤有机质损失的积极作用；健康的水生态系统能够提高水中和水边的动植物碳吸收量，同时抑制土壤中碳的分解。

通过对调查样地的绿地类型，群落结构，植物的种类、胸径、树高、冠幅，土壤容重和有机碳含量等进行调查，利用异速生长方程、根冠比法、室内实验分析等方法，分别获取了规划设计范围地上、地下生物量和土壤有机碳含量，明确了碳储量特征。

（2）修复工程扰动，构建赛区低碳山林景观

坡脚缘线区域因地势陡峭，植物难以固着，因此存在大量裸露岩壁及土质边坡。结合破损地块不同的立地条件，综合考虑坡度坡向等要素，运用种植穴、水平沟、鱼鳞坑等多种技术手段，以实现稳固边坡并对其进行覆绿。护坡植被经过生长繁殖，其根系能够稳固土壤，以实现现有土壤固碳能力的保持，并减少二次修复带来的碳排放。

结合人眼最适宜观测角度30°，坡脚向上55m距离为划定的山麓草本生态修复区。利用地理信息系统、无人机倾斜摄影技术等对施工扰动区进行精准识别，在此基础上通过播撒草籽以改善生态环境基底，恢复植被群落的固碳能力。针对海拔更高的山体，对现有造林质量进行评估并清理现有生长状况较差的植物，通过补植山桃、樟子松等植物进行山体景观修复与固碳能力的提升（图7-4、图7-5）。

图 7-4　山体生态修复工程实景

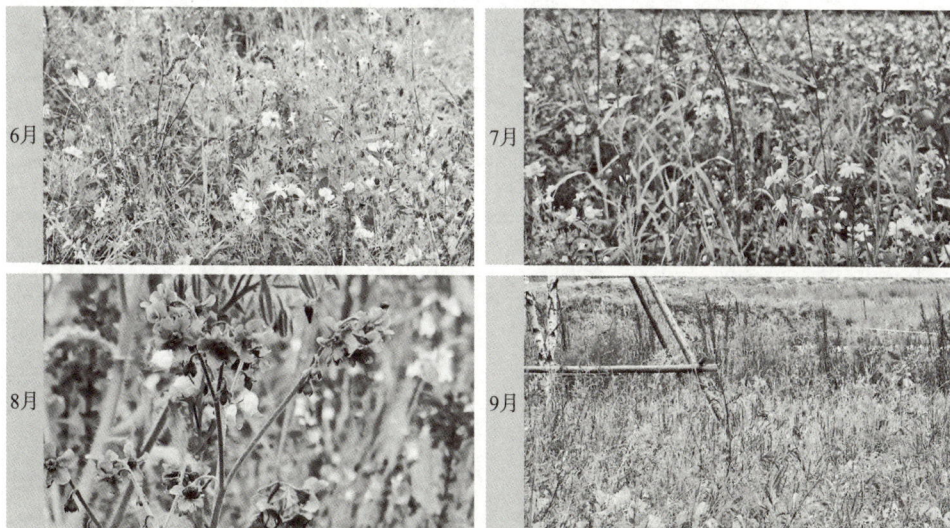

图 7-5　花甸实景

本项目中施工土方量较大，使用土方转运的方式将增加施工难度并造成过量的碳排放。因此采用内部平衡土方的方法，利用场地现状弃土进行就地平整，在此基础上塑造微地形空间，形成近自然的景观形式。

7.1.4　配套设施圈层的绿色空间体系构建

以"全域不留白，绿色全覆盖"规划设计总体目标为指引，通过绿色空间体系的构建以及高固碳能力乡土植被选育、景观营造等策略，修复工程破损面，打造太子城核心区完整的生态绿地体系，塑造冬奥会赛时生态景观风貌，实现了本圈层服务于碳中和的目标并有利于赛后持续发展（图7-6）。

（1）构建绿色空间体系，协同服务碳中和

在实现生态本底修复的基础上，依托现有山水脉络，结合配套设施功能布局和景观视域分析对配套设施圈层全域进行设计研判。综合考虑赛时景观需求和赛后土地利用变更需求，对永久性绿地和临时性绿地制定了差异化设计策略，以构建绿色空间服务体系。

图 7-6　配套设施圈层基址状况

图 7-7　公共绿地、防护绿地建成实景（上图）**与临时性绿地建成实景**（下图）

　　防护绿地以注重防护效益为原则，选取兼具防护效能与高效固碳能力的植被类型，构建高郁闭度的防护林带；公共绿地以突出观赏特征为原则，通过乔灌草等乡土植被的组合，构建低成本、易于养护的植物景观；临时性绿地以保证景观效果的同时兼具低成本与易拆改性为原则，减少施工过程的碳排放并通过赛后改造实现土地功能置换与再利用（图7-7、图7-8）。

（2）专利技术保障生态景观的"全生命链条"

　　生态建设是崇礼筹办冬奥会的重要方面，也是服务于碳中和的重要举措。通过组建规划设计、森林树木养护、生态修复等6个专家技术团队，实现了从树种选择、种植施工、成活养护到保存养护的前、中、后期集成系列关键技术支持，以减少树木种植养护阶段的碳排放并增强植物组群的整体固碳能力。

图 7-8　配套设施圈层春景（上图）与冬景（下图）

通过栽前充分研判立地条件，明确了栽植地现有立地条件及其土壤理化性状。采用土壤快速改良和基肥配施、树木全冠栽植以及针对不同规格树木实施不同移栽策略等以实现植被存活率的提高。通过严控栽植质量与创新专利技术，在起苗、运输以及栽植过程加强了苗木保护。北京林业大学拥有较多草、花建植专利（表7-1），通过建植专利技术的运用解决了大面积地被景观成景时间长的问题（图7-9）。

表 7-1　北京林业大学建植专利

类　型	应用方式	建植专利
草	滑雪道	滑雪场雪道坡面植被恢复及养护管理系统
	草坪	缀花草坪组合配方
		一种天然草与人造草混合系统草坪建植方法
		延长草坪绿色期的方法
	草甸	北方草甸群落结构和组成分析及野花组合模拟构建

（续）

类　型	应用方式	建植专利
花	花甸	野花组合播种及养护方法
		一种"北国风光"野花组合的播种及养护方法
		一种林间花境野花组合的播种及养护方法
		宿根组合配方
		一种"临冬寄子"野花组合及其种植方法
		一种观赏期长的花卉混播组合

注：临冬寄子是一种将草花种子在土壤封冻前进行露地播种的播种方式。

图 7-9　花卉快速建植成果

通过栽后精准管护与保障绿色发展，为每一株树木采用针对性的土壤处理、固持保护、疏枝修剪、营养液补充、水分管理、抗蒸腾措施、防风防寒等方法进行养护，避免因生理干旱等而造成的生长不良或死亡现象。

7.1.5　生态基底圈层的统筹系统治理

生态基底圈层场地现状自然条件较好，地形多样，可结合场地内保留的大量植被绿化、完整的农田、村落肌理作为基础进行规划建设。但场地仍有较大面积的待修复山体破损面，亟须以自然资源为基底，以近自然风貌为特色进行系统治理（图7-10）。

通过对于生态基底要素"山水林田湖草居"的统筹治理以及慢行体系构建的策略，该圈层实现了从增碳汇与减碳排两个层面服务于碳中和的目标。

图 7-10　生态基底圈层基址状况

图 7-11　"山—林—草"系统建成实景

（1）山水林田湖草居统筹治理

山水林田湖草居是构成生态基底圈层及服务碳中和的基本要素，针对"山—林—草""水—湖"以及"田—居"等不同要素组团进行治理策略的提出。

①"山—林—草"系统　是生态基底圈层固碳能力的重要来源，也是实现生态修复目标的基础。覆绿植被类别的选取与植物景观的营造在满足乡土性、近自然、多季相等基本要求的基础上，还应以低维护与高固碳能力为选择标准（图7-11）。

②"水—湖"系统　是调节小气候、改善植被生长环境的关键，采用海绵体系构建的策略，在"渗滞蓄净用排"的全流程实现"水—湖"系统的统筹治理（图7-12）。

在明确径流总量控制率与可调蓄水体容积的基础上，选用砂石为铺装材料最大限度渗透雨水，结合集雨边沟等滞留设施、湿地等蓄水设施以及芦苇、香蒲等植被的种植对雨水进行滞留与高效净化，并将其用于水体景观的营造之中。海绵体系的构建在实现雨水资源高效利用的同时，还将改善周边植被的生长环境，有利于养护管理的减碳排与植被固碳能力的提升。

③"田—居"系统　其提升改造是服务于生态基底圈层修复与实现乡村振兴的重要举措，生态基底圈层中村庄分布较为

图 7-12　"水—湖"系统建成实景

广泛，依据其区位及现状特征分为临奥涉奥类、冰雪产业类以及会后开发类3种改造类型，并遵循不大面积拆迁村民房屋、减少建设成本以及对村庄原址进行临时覆绿的原则进行改造，以实现改造过程的减碳排与改造后高固碳能力的实现（图7-13）。

图 7-13　"田—居"系统改造实景

（2）构建全域慢行体系

自行车慢行体系的构建以线路体系化、景观多元化以及建设分期化三大原则与理念为指引，形成了一大环与三小环的规划格局（图7-14）。其中，一大环为山城环，全长约55.2km，串接长城岭沟、崇礼区、城区、太子城公路和东部山林地；三小环分别为两个乡野环与一个冬奥环，增加山城环的连通性。慢行体系的建设减少了汽车等交通工具的出行带来的碳排放，实现了高效的碳减排，同时促进了市民健康生活方式的形成。

图 7-14　自行车慢行道建成实景

7.1.6　意义与价值

规划设计深入贯彻习近平总书记提出的"绿色办奥"理念，充分发挥了北京林业大学一流学科优势和协同交叉特色，聚焦空间、时间、景观3条主线，以服务"双碳"战略目标为宗旨，在绿地系统规划建设、生态景观修复与提升以及乡村振兴发展等层面实现了创新。

（1）生态低碳的赛区绿地系统规划建设

在赛区绿地系统规划建设中采取源头减碳的策略。通过土方就地平衡，实现施工过程的减碳排；通过专利技术保障建设过程，实现植被种植管理养护过程的减碳排；通过全域慢行体系的构建，推动人民群众健康生活方式的形成并实现日常生活的减碳排。这一策略体系的形成将为今后大型活动景观营造中，如何通过减碳排服务碳中和提供借鉴参考。

（2）全局统筹的区域生态景观修复与提升

张家口赛区具有良好的承办冬奥会并服务于碳中和的生态本底，针对赛区场馆圈层、配套设施圈层以及生态基底圈层通过提质覆绿的策略实现生态修复与景观提升，改善赛区整体固碳能力与潜力，形成多层次、全覆盖的生态景观格局。

（3）辐射周边的核心区乡村振兴发展

冬奥会的开展不仅实现了我国国家形象的宣传、赛区生态环境高效治理与"双碳"建设，更辐射带动了周边区域经济发展，推动太子城沟沿线村庄的土地置换与村庄整治提升工作，实现73.3hm²土地的高效集约利用。具体表现为对基础设施的改善、对冰雪经济的推动、对就业机会的提升以及对可持续发展理念的推广等，为乡村的长期、可持续发展奠定了基础。

7.2　面向碳中和的建造过程——河北省第三届园林博览会廊坊城市展园

模块化建设指的是把传统建造方式中的大量现场作业转移到工厂进行，在工厂加工制作出构件和配件并运输到施工现场，通过可靠的连接方式装配安装而成的建设方法（刘心怡，2022）。该方法兴起于建筑行业，通过采用标准化设计、工厂化生产、装配化施工、信息化管理、智能化应用显著降低能源消耗和碳排放，最大限度地保护环境。近年来，在碳中和的背景下，模块化建设的应用探索也成了风景园林领域的热点。

7.2.1　项目概况

"晴空园"是2021年由北京林业大学园林学院设计的河北省第三届园林博览会的廊坊城市展园，位于河北省邢台市，总面积8500m^2。河北省园林博览会是我国华北地区园林绿化行业层次最高、规模最大的盛会，为了突出廊坊市一贯提倡的现代、创新的城市面貌，廊坊市提出希望突破传统园林的表现手法，立足城市特色，展现廊坊市对新时代美好人居环境的追求与探索（钟姝、肖遥，2022）。

设计团队结合廊坊市的设计诉求，从廊坊市"把森林引入城市、在森林中建设城市"的城市环境建设目标入手，以"晴空园"为主题，以参数化与模块化相结合的方法在园中建造了5个分别以蓝天、宁静、绿化、净土、碧水为主题的"盒子"，依次展示廊坊市在空气治理、城市降噪、园林绿化、土壤修复、水体净化这5个方面取得的丰硕成果（图7-15、图7-16），同时这一方式还降低了建造成本和技术难度。从美学角度看，"晴空园"表达了对廊坊这座城市的理解，塑造了一个引人遐想、富有艺术气息和丰富体验的花园；从技术角度看，它探索了项目如何实现全生命周期的低碳、美观、可实施和可持续发展。

7.2.2　设计方案

设计方案应用了平面形态不断变化、立面层次丰富的曲线景观墙来围合空间，采用模块化设计的方法将复杂的曲面切割成规则的单元（图7-17）。此外，此设计还创新了堆叠方式，使立面和平面同时实现动态变化，突破了传统的单一曲面实现曲率变化的局限。在此基础上，将参数化设计基本原则与模块化建设方式相结合，呈现出与设计理念相一致的建设效果。

全园设有5个节点：

（1）"天之净"

"天之净"位于晴空园主入口，连接园区主路与内部空间。通过利用参数化设计模拟云层，模块化构建线性优美的曲面景墙，在平面和立面均有动态变化，形成了具有

土之净：土壤修复

水之净：水体净化

园博园水系

次入口

主出入口

天之净：空气治理

绿之净：城市绿化

园博园北路

声之净：城市降噪

图 7-15　展园内 5 个主题花园的位置分布

塑造仰望蓝天的空间
结构和环境基底

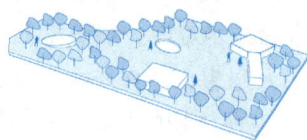

应用智慧设计，表达美好人居
环境建设的丰富成果，展现廊
坊市现代、创新的城市愿景

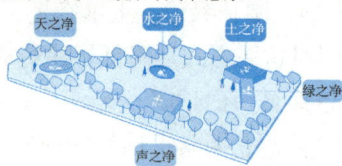

利用科技手段解决非线性景观的设计
与施工；规划清楚、明晰的观展游
线，串联各主题花园

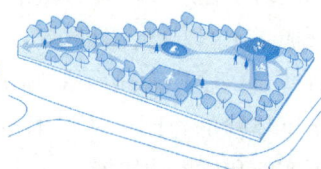

天之净　水之净　土之净

绿之净

声之净

图 7-16　设计理念生成过程

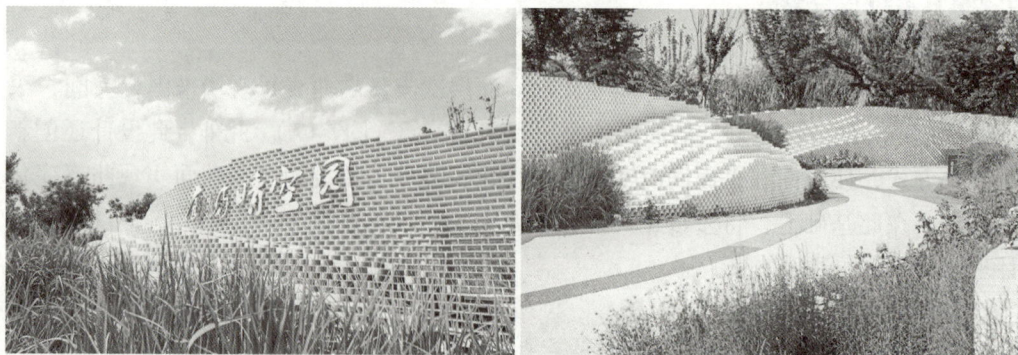

图 7-17　晴空园入口处曲面墙

围合感的入口空间，中心的镜面水池采用黑色抛光面花岗岩，映射天空景观的同时展示了廊坊市空气治理成果（图7-18）。

（2）"声之净"

"声之净"是一处四周均为白色构筑物的围合空间。该节点的白色方钢构筑物通过参数化的方式设计出了拥有紧凑到疏朗渐变效果的景观立面，以声景观与林荫花园的形式体现噪声治理主题（图7-19）。此外，利用参数化模拟声波的效果，形成能够跟随阳光变化的美妙光影，于统一中富于变化。

（3）"绿之净"

"绿之净"是一处以月季花丛为背景的长廊。该节点由绿化长廊和月季花园组成，使用月季新优品种10余个，营造出生机盎然的景观氛围（图7-20）。

图 7-18 "天之净"平面（上图）和"天之净"镜面水池（下图）

图 7-19 "声之净"平面（上图）和"声之净"长廊（下图）

图 7-20 "绿之净"月季长廊

（4）"土之净"

"土之净"与"绿之净"相连，以净土为主题，是展园中参数化设计的重点区域。节点整体由一个形态不断变化的曲面盒子组成，通过连续的变化呈现轻盈通透的效果，配合花园内铺装和条石坐凳的进退变化，形成以观赏草为主体，结合耐盐碱植物、水土保持植物、耐旱植物展示，且具有观赏性的地被花境花园（图7-21）。

图 7-21　"土之净"平面（上图）和"土之净"曲面墙（下图）

（5）"水之净"

"水之净"是全园的主景，位于展园核心位置的凹陷处。主要由蓝天花田、雨水花园、景观湿地和亲水平台组成，通过模拟廊坊的洼淀生境，在池底雕刻水生、湿生植物纹样等方式，真实地展示了水体净化的过程（图7-22）。

图 7-22 "水之净"雨水花园

7.2.3 建造过程减碳排策略

为了更好地实现节能减排，该项目引入模块化技术，帮助项目在全流程中真正实现全面"低技化"。利用选定好的模块统一施工并控制组合搭建，可以大幅减少资金投入、缩短施工时间、提高施工质量、降低项目成本。

（1）模块化建设

结合参数化技术采用模块化的建设方法，使用5根粗方形钢管作为模块，通过控制模块的排列和组合实现了立面和平面的丰富变化（图7-23）。这种方法加工简单，不需要在工厂定制模具，有效减少了材料生产过程中的碳排放。

（2）可视化的图纸表达

变量表格的使用使得每层模块均可对照表格找到对应的信息，以实现基于变量表格的模块搭建。此外，通过增加位移对照表的方法，显示每组中的每个方钢管相对于基线的位移数值，在施工时只需确定一条基线，即可对照表格找到每层方钢管应安装的具体位置（图7-24）。

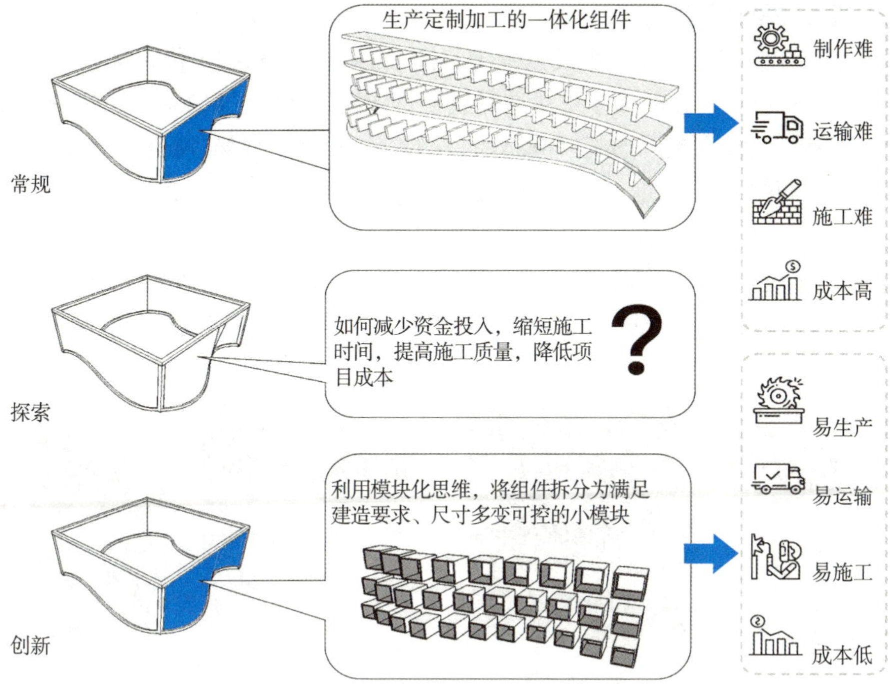

图 7-23　模块化设计及建设

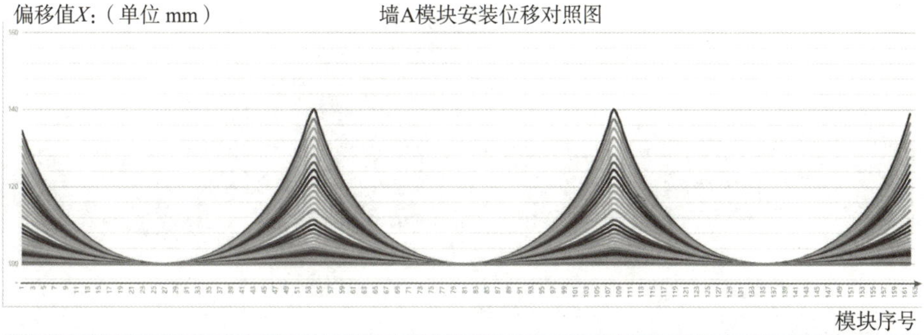

偏移值 X：（单位 mm）　　　　　　　　墙A模块安装位移对照图

模块序号

注：①表中数值代表位移值 X；②表中为第一组数据局部，完整表格为35列，共6组数据。

图 7-24　曲面景墙安装位移对照图及对照表

实践证明，变量表格能够高效推进施工进度，提高设计完成度，易于施工团队理解，以实现施工图纸的轻量化，同时在低精度、"低技化"施工的条件下，弹性地控制施工误差。

（3）适宜的材料处理方式

设计团队在前期通过计算机模拟确定了模块的横截面积和单位长度，并结合型钢的尺寸进行了调整。建造时为了更快地完成项目建设，选取了以2000mm为最大长度单位加工方钢管，只需在工厂加工5种模数的方钢管，在施工现场进行分类、组装后即可形成10余种不同的组合方式，打造丰富的立面变化（图7-25、图7-26）。

除此之外，计算机还能模拟出所需模块的数量和损耗，这种方式不仅简化方钢管型材的生产加工过程，降低生产成本，还能根据施工的实际情况及时调整切割尺寸，避免过多尺寸的方钢管造成施工混乱和材料浪费，从而减少建造过程中的碳排放。

1. 定材 → 2. 切割 → 3. 喷涂 → 4. 组装

图 7-25　方钢管材料的处理流程

图 7-26　施工装配过程

7.2.4　意义与价值

由于不能简单地照搬其他学科的实践经验，因此风景园林设计师在风景园林设计领域中参数化设计的应用面临着许多困难和挑战。这些挑战主要集中在高定制化加工、高技术施工带来的高经济成本和高碳排放，以及高精度装配和高标准化流程带来的高时间成本。

"晴空园"采用参数化的设计方法与模块化的建设理念，探索"低技化"的应用模式，极大降低了在施工过程中的碳排放量，使风景园林参数化项目拥有更高的完成度、更好的建成效果，并在建造的过程中实现节能减排，为碳中和赋能。

7.3　面向碳中和的管理运营——北京温榆河公园·未来智谷

7.3.1　项目概况

北京温榆河公园·未来智谷坐落在北京市昌平区，是温榆河公园的重要组成部分，也是全国首座以"碳中和"为主题的公园，总面积约126hm²，一期工程占地48hm²，是北京六环内最大的城市绿地之一，不仅是首都的生态绿肺，也承担了城市绿色转型和生态科普教育的重要使命（图7-27）。

项目充分利用了未来科学城"能源谷"的科研优势，立足于实现"双碳"战略目标，将碳中和理念贯穿于设计、建设与运营全过程，强调了公园的科技性、参与性和设计感，打造了一个集合科普教育、休闲娱乐、生态保育多功能为一体，覆盖各年龄段的绿色生活体验场，为市民提供了一个深入了解和实践碳中和理念的理想场所（图7-28）。

7.3.2　管理运营减碳排策略

北京温榆河公园·未来智谷在减碳排的具体策略上，采取了多维度、全方位的方法，通过技术创新、智慧管理、科普教育和低碳行为引导，成功实现了公园的低碳运营与服务升级。

（1）智能化公园管理系统的构建

项目依托物联网、云计算、移动互联网、大数据、人工智能等先进技术手段，构建了智能化的公园管理系统，实现了对生态监测、运营管理和养护管理的精准高效管控。

在生态监测方面，公园引入先进的设备和系统，对园区的生态效益和水质状况进行实时监测，确保了环境质量的不断提升。运营管理方面，通过智能化管控平台，显著减少了园区的综合能耗和人力巡检成本，实现了分钟级别的快速响应，大大提升了安防、交通、能耗管理、智慧照明多方面的运营效率，有效降低了碳排放。养护管理

图 7-27　北京温榆河公园·未来智谷（一期、二期）平面图（黄通 等，2022）

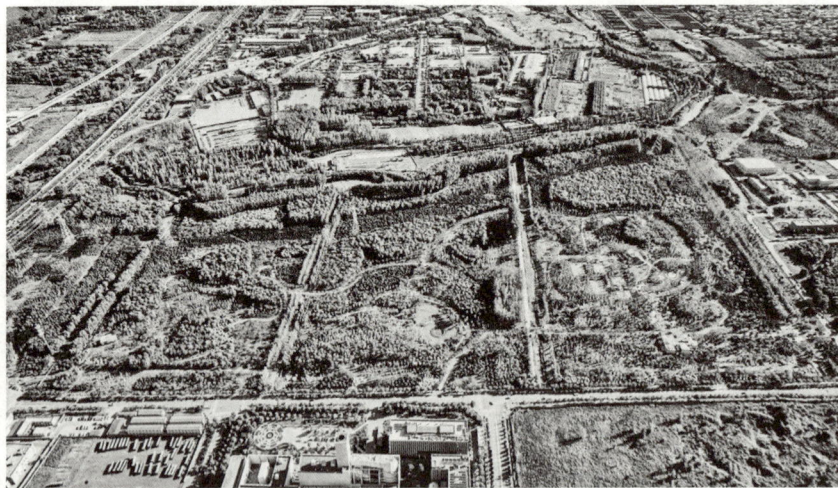

图 7-28　北京温榆河公园·未来智谷（一期）实景航拍图（黄通 等，2022）

方面，通过提高养护问题发现速度、延长设备设施寿命以及减少人力巡检消耗等措施，显著降低了综合能耗并提高了作业效率。同时，智能采集设备与系统的应用为科学作业提供了判定依据，并通过实时动态监测对植物生长环境进行了数字化管控，为园林养护和病虫害防治等应用提供了有力支持（图7-29）。

温榆河公园昌平一期智慧系统设计 Changping phase I intelligent system scheme of Wenyuhe Park

规划生态优先区

生态监测 成本精益
- 园区生态效益：提高30%
- 水质提升：提高35%

运营管理 成本精益
- 园区综合能效：下降45%
- 设备设施寿命：延长30%
- 人力巡检消耗：减少55%
- 响应时间：实现分钟级响应，提高60%
- 智慧应用：

养护管理 精准高效
- 养护问题发现速度：提速85%
- 设备设施寿命：延长30%
- 人力巡检消耗：减少55%
- 综合能耗：

大气监测
水质和水位监测
土壤监测

安防管理
信息发布
交通管理
智慧照明
能耗管理
场馆管理

智慧灌溉
病虫害监测
智慧保洁

图 7-29　未来智谷智能化管控平台功能模块

（2）新材料及新技术的应用

在基础设施建设上，公园严格遵守低碳环保原则，广泛应用低碳材料和技术。广场、道路铺设中大量使用透水混凝土、透水砖和再生骨料，减少了对石材的依赖，减轻了生产过程中的碳足迹。建筑则采用高开窗通风、Low-E玻璃幕墙、垂直绿化和屋顶绿化等技术，以及屋顶雨水收集再利用系统，通过这些集成的低碳建筑设计，有效降低了建筑的日常能耗和水资源消耗。

在能源供应和消费端，未来智谷积极引入并推广清洁能源和智慧节能技术。作为全国首个氢燃料电池观光车和氢燃料电动自行车的试点应用场地，公园在清洁能源交通工具的推广上走在了前列。同时，在低碳驿站等管理服务建筑上采用碲化镉（CdTe）光伏玻璃，这种高性能的光电转换材料能够显著降低建筑用电的碳排放（图7-30）。此外，公园还创新地设置了薄膜太阳能光伏伞，这种集遮阳、充电与照明功能于一体的设施，不仅让游客亲身体验清洁能源的魅力，而且为公园运营提供了绿色能源。

（3）碳主题的空间化及数字化演绎

在项目运营阶段，公园推出了极具实用价值的低碳运营管理策略，围绕碳中和主题，推动公共空间从单一物理形态向多重功能融合、智能化感知、互动体验和趣味性相结合的方向转型升级，数字化技术的深度融合极大丰富了公园内的活动内容，通过引导游客在游玩中养成低碳生活习惯，赋予了公共空间崭新的活力内涵。

公园内的智慧化设施巧妙地将科普教育融入游客的游玩体验中。例如，"碳宝导览管家"通过语音互动，为游客提供碳知识讲解和导航服务；"碳知识问答"设备则通过互动游戏的形式，让游客在解答问题中深化对碳中和知识的理解；而"低碳照相机""低碳望远镜"等设备，则通过模拟现实情境，向游客展示低碳行为与碳排放的关系，以及生态碳汇的重要性。此外，公园内还设有诸多低碳环保主题的特色景点，用

图 7-30 光伏发电玻璃及雨养型屋顶绿化技术在公园建筑中的运用（黄通 等，2022）

以唤起公众对气候变化问题的关注和对碳中和目标的认识。例如，通过"气候变化的警讯""北极熊的故事""二〇三〇碳达峰"以及"一辆车的故事"等互动景观，生动呈现了气候变化的严重性、生物多样性的重要性以及个体行为对碳排放的影响，引导游客理解和接受低碳生活方式（图7-31、图7-32）。

图 7-31 "气候变化的警讯"碳中和知识廊架

图 7-32　"北极熊的故事"互动景观装置

　　此外，公园构建了一套完整的碳中和智慧积分系统，并配合数字运营策略，通过线上碳积分小程序与线下设施联动，推出了"获取积分—使用积分"的激励机制，鼓励和推动游客在日常活动中采纳低碳生活方式和行为。游客在游园过程中，可以通过与公园内15类智慧景观互动设施进行互动，如低碳虚拟骑行、低碳马拉松、低碳竞速跑、碳宝导览管家、低碳百科启蒙、碳知识问答、低碳望远镜等，以及参与碳心广场、"碳"索之路等特色低碳互动场景，通过这些活动赚取碳积分。这些积分可以作为公园内的"货币"，用于兑换零售折扣、停车费、文创礼品等各种奖励，形成了一个闭环的低碳行为奖励机制，鼓励游客在享受游园乐趣的同时，主动践行低碳行为。这种创新的管理模式不仅提升了公园整体的活跃度，还通过积分兑换带动了公园增值服务和文创产品的销售，为公园的可持续经营和发展提供了扎实的经济效益支撑（图7-33、图7-34）。

7.3.3　管理运营增碳汇策略

　　在增碳汇方面，公园充分融合了现代科技与生态环境保护的理念，实施了一系列具有创新意义的增碳汇策略。

　　公园在园林绿化设计和养护上，秉承生态优先的原则，选择了固碳能力强、适应性强且易于维护的乡土树种，通过合理的种植布局与密度调控，最大限度地提高植物群落的碳汇性能。同时，与专业机构合作，对园区内的林地和新增绿化区域进行了碳汇计量与监测研究，证实公园已产生可观的碳汇量。截至2021年8月，未来智谷（一期）已累计产生碳汇量4032t，预计至2060年累计碳汇量将进一步增长至12 646t。通过

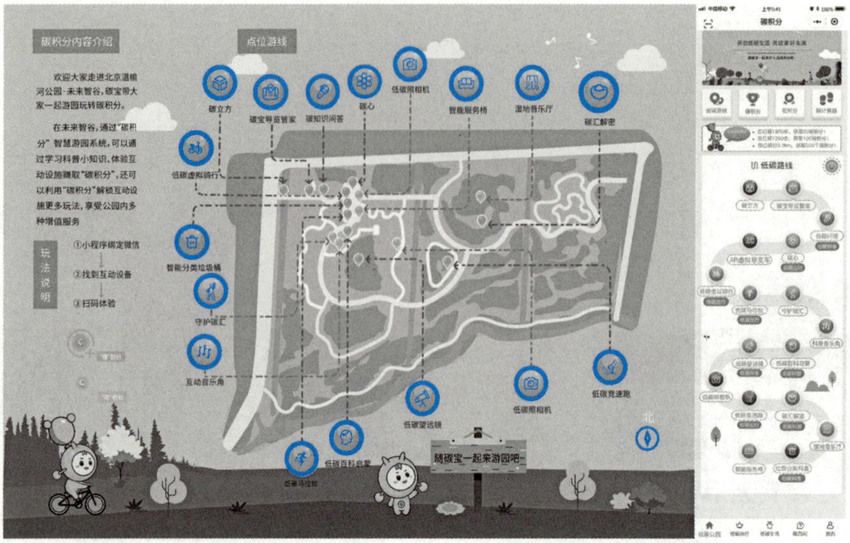
碳积分内容介绍
欢迎大家走进北京温榆河公园·未来智谷，碳宝带大家一起游园玩转碳积分。
在未来智谷，通过“碳积分”智慧游园系统，可以通过学习科普小知识、体验互动设施赚取“碳积分”，还可以利用“碳积分”解锁互动设施更多玩法，享受公园内多种增值服务
玩法说明
①小程序绑定微信
②找到互动设备
③扫码体验
点位游线
碳立方
碳宝导览管家
碳知识问答
碳心
低碳照相机
智能服务桥
湿地音乐厅
碳汇解密
低碳虚拟骑行
智能分类垃圾桶
守护碳汇
互动音乐角
低碳望远镜
低碳照相机
低碳竞速跑
低碳百科启蒙
低碳马拉松
随碳宝一起来游园吧~
碳积分
低碳路线
图 7-33　温榆河公园 · 未来智谷“碳中和”的智慧积分体系图

激励促进
低碳生活+低碳科普——赚积分
碳汇解密
低碳虚拟骑行
智能分类垃圾桶
低碳马拉松
低碳望远镜
趣味体验+智慧服务——花积分
清洁电能小车
低碳便利店
垃圾分类科普活动
参加全民植树活动
碳积分售卖
图 7-34　温榆河公园 · 未来智谷“碳中和”的智慧积分线下活动模式图

科学的植物配置和长期的生态监测，公园有效地提升了自身生态系统服务功能，成为城市绿地对碳中和目标的重要贡献者。

公园运用智慧化管理手段优化资源分配，通过精准灌溉、智能病虫害监测、智能施肥等措施，提升植物生长速率和存活率，进而增强其碳汇能力。同时，利用大数据和遥感技术，定期进行生态效益评估与优化调整，确保公园绿化带始终保持高效的碳汇状态。

此外，公园中的智慧化设备与科普互动设施，也从多个层面促进了碳汇的增加与保护。“碳汇解密”和“守护碳汇”等一系列智慧互动设施通过趣味性的互动游戏，让游客在轻松愉快的氛围中深入探究植物碳汇的秘密。通过多种科普展示、模拟互动体验，向游客介绍如何通过植树造林、保护现有森林资源等途径，直接或间接地增加生态系统碳汇能力。如游客可运用AR望远镜来识别并了解园区内碳汇植物的相关信息，获取特定物种的碳汇量变化曲线、访问详细图集资料，同时还能累积个人碳积分（图 7-35）。

图 7-35　AR 低碳望远镜科普互动装置

7.3.4　意义与价值

北京温榆河公园·未来智谷将"双碳"战略目标与公园绿地的生态本底相结合，开创性地构建了一个集科普教育、绿色生活体验、低碳行为引导于一体的新型城市公共空间。

公园在具体技术和设施建设上大胆尝试和应用了清洁能源、低碳材料和智慧节能技术，如太阳能光伏设施、低碳智慧设施和低碳驿站等，不仅降低了公园自身的能耗和碳排放，还为市民提供了亲身体验清洁能源和绿色生活的宝贵机会，对推动新能源和节能环保技术的普及与推广起到了积极作用。在智慧化管理与运营方面，通过智慧科技与低碳行为的深度融合，打造了一整套涵盖游客行为引导、科普教育、碳排放监测、碳汇培育等功能在内的"碳积分"智慧游园系统，有效促进了市民绿色低碳意识的觉醒和行为习惯的转变。这种创新的运营模式不仅提升了公园自身的碳汇能力，还通过积分激励机制扩大了低碳行动的覆盖面和社会影响力，有力地推动了碳中和目标在微观个体层面的落地实施。在风景园林设计中，巧妙融入了碳中和相关的科普知识体系，通过主题空间的演绎，强化了科普研学旅游功能，生动展示了碳中和的实现路径及其对人类命运共同体的意义。

北京温榆河公园·未来智谷在智慧园林管理和运营助力碳中和的道路上走出了一条兼顾科技含量与人文关怀的新路，它的成功实践不仅为未来中国城市的绿色发展和公园建设树立了新的标杆，也为城市公共空间的低碳转型提供了可复制、可推广的经验样本，对于推动我国乃至全球碳中和公园的建设和发展具有重要的意义。

思考题

1. 集约的土地利用是服务碳中和的重要举措之一，请举例说明城市规划尺度下实现土地集约利用的具体途径。

2. 街区是城市设计的重要尺度，请思考在街区方案设计能够提升碳汇或降低碳排的措施。

3. 请结合具体案例，分析公园绿地建造过程中使用的碳中和技术。

4. 在社区存量更新的过程中，是否可以通过活动组织促进居民对碳中和的了解？请举例说明。

拓展阅读

《城乡碳中和生态环境规划设计》.李倞，林广思.中国林业出版社，2024.

《景观规划的环境学途径》.威廉·M.马什.中国建筑工业出版社，2006.

《景观建造全书：材料·技术·结构》.阿斯特里德·茨莫曼.华中科技大学出版社，2016.

《景观设计师便携手册》.尼古拉斯·T.丹尼斯，凯尔·D.布朗.中国建筑工业出版社，2006.

参考文献

埃比尼泽·霍华德，2020. 明日——真正改革的和平之路 [M]. 北京：中国建筑工业出版社.

安永碳中和课题组，2021. 一本书读懂碳中和 [M]. 北京：机械工业出版社.

BCG 中国气候与可持续发展中心，2021. 中国碳中和通用指引 [M]. 北京：中信出版集团.

包志毅，马婕婷，2011. 试论低碳植物景观设计和营造 [J]. 中国园林，27（1）：7-10.

鲍海君，张瑶瑶，吴绍华，2022. 低碳国土空间规划：机理、方法与路径 [J]. 中国土地科学，36（6）：1-10.

北京园林学会，北京市园林绿化局，北京市公园管理中心，2009. 2008 北京奥运园林绿化的理论与实
  践 [M]. 北京：中国林业出版社.

蔡昉，2009. 中国经济转型 30 年（1978—2008）[M]. 北京：社会科学文献出版社.

曹立，2022. 数字时代的碳达峰与碳中和 [M]. 北京：新华出版社.

常娜，2018. 咫尺空间·芥纳须弥——论珠三角高密度城市中心区微绿地的空间价值 [J]. 华南师范大
  学学报（社会科学版）（1）：185-188，192.

常青，李双成，李洪远，等，2007. 城市绿色空间研究进展与展望 [J]. 应用生态学报，18（7）：1640-
  1646.

车生泉，郑丽蓉，宫宾，2009. 城市自然遗留地景观保护设计的方法 [J]. 中国园林，25（4）：20-25.

陈春娣，荣冰凌，邓红兵，2009. 欧盟国家城市绿色空间综合评价体系 [J]. 中国园林，25（3）：66-69.

陈红敏，2009. 包含工业生产过程碳排放的产业部门隐含碳研究 [J]. 中国人口资源与环境，19（3）：
  25-30.

陈乐，张福平，司建华，等，2023. 贺兰山地区植被固碳功能空间分异特征及其驱动因素 [J]. 生态学
  报，43（24）：10250-10262.

陈利顶，傅伯杰，赵文武，2006. "源""汇"景观理论及其生态学意义 [J]. 生态学报（5）：1444-1449.

陈明星，先乐，王朋岭，等，2021. 气候变化与多维度可持续城市化 [J]. 地理学报，76（8）：1895-
  1909.

陈万年，2023. 在国土空间规划中如何落实"三区三线"——以《武汉市蔡甸区国土空间分区规划》
  为例 [J]. 城市建筑，20（16）：107-109.

陈自新，苏雪痕，刘少宗，等，1998. 北京城市园林绿化生态效益的研究（2）[J]. 中国园林（2）：49-52.

成超男，胡杨，赵鸣，2020. 城市绿色空间格局时空演变及其生态系统服务评价的研究进展与展望 [J].
  地理科学进展，39（10）：1770-1782.

储安婷，宁卓，杨红强，2023. 林业碳汇对人工林最优轮伐期的影响——以杉木和落叶松为例 [J]. 南
  京林业大学学报（自然科学版），47（3）：225-233.

褚琳，张欣然，王天巍，等，2018. 基于 CA-Markov 和 InVEST 模型的城市景观格局与生境质量时空
  演变及预测 [J]. 应用生态学报，29（12）：4106-4118.

褚芷萱，马锦义，邵海燕，等，2022. 不同应用类型园林树木固碳能力 [J]. 中国城市林业，20（1）：
  126-129.

揣小伟，黄贤金，郑泽庆，等，2011. 江苏省土地利用变化对陆地生态系统碳储量的影响 [J]. 资源科
  学，33（10）：1932-1939.

崔世钢，等，2023. 碳中和导论 [M]. 北京：清华大学出版社.

邓旭，谢俊，滕飞，2021. 何谓"碳中和"？[J]. 气候变化研究进展（1）：107-113.

董鉴泓，2004. 中国城市建设史 [M]. 4 版. 北京：中国建筑工业出版社.

董利虎，刘永帅，宋博，等，2020. 立木含碳量估算方法比较 [J]. 林业科学，56（4）：46-54.

董鸣，1997. 陆地生物群落调查观测与分析 [M]. 北京：中国标准出版社.

董楠楠，吴静，石鸿，等，2019. 基于全生命周期成本—效益模型的屋顶绿化综合效益评估——以 Joy Garden 为例 [J]. 中国园林，35（12）：52-57.

方精云，王效科，刘国华，等，1995. 北京地区辽东栎呼吸量的测定 [J]. 生态学报（3）：235-244.

方云皓，顾康康，2024. 城市通风廊道研究综述：特征与进展 [J]. 生态学报（13）：1-15.

付凤杰，刘珍环，刘海，2021. 基于生态安全格局的国土空间生态修复关键区域识别——以贺州市为例 [J]. 生态学报，41（9）：3406-3414.

付允，马永欢，刘怡君，等，2008. 低碳经济的发展模式研究 [J]. 中国人口·资源与环境，18（3）：14-19.

傅一程，2015. 温哥华的可持续实践：从区域共识到空间模式 [C]// 中国城市规划学会，贵阳市人民政府. 新常态：传承与变革——2015 中国城市规划年会论文集（06 城市设计与详细规划）. 深圳：中国城市规划设计研究院深圳分院：13.

富伟，刘世梁，崔保山，等，2009. 景观生态学中生态连接度研究进展 [J]. 生态学报，29（11）：6174-6182.

甘海华，吴顺辉，范秀丹，2003. 广东土壤有机碳储量及空间分布特征 [J]. 应用生态学报（9）：1499-1502.

高兵强，2011. 工艺美术运动 [M]. 上海：上海辞书出版社.

高君亮，罗凤敏，高永，等，2016. 典型陆地生态系统土壤碳储量计算研究进展 [J]. 生态科学，35（6）：191-198.

耿超，2019. 基于城市修补的北京老城小微绿地现状改造提升研究 [D]. 北京：北方工业大学.

顾朝林，庞海峰，2008. 基于重力模型的中国城市体系空间联系与层域划分 [J]. 地理研究（1）：1-12.

郭锋，2023. 生境多样性导向下的街区尺度绿地结构模式研究 [D]. 西安：西安建筑科技大学.

郭丽峰，2006. 园林工程施工便携手册 [M]. 北京：中国电力出版社.

国家林业局应对气候变化和节能减排工作领导小组办公室，2008. 造林项目碳汇计量与监测指南 [M]. 北京：中国林业出版社.

韩大元，2000. 依法治国与完善监督机制的基本思路 [J]. 法学论坛（5）：23-29.

韩会然，杨成凤，宋金平，2015. 北京市土地利用空间格局演化模拟及预测 [J]. 地理科学进展，34（8）：976-986.

韩晋榕，2013. 基于 InVEST 模型的城市扩张对碳储量的影响分析 [D]. 长春：东北师范大学.

韩依纹，戴菲，2018. 城市绿色空间的生态系统服务功能研究进展：指标、方法与评估框架 [J]. 中国园林，34（10）：55-60.

何凯红，张伟，祁玉婷，等，2022. 商业建筑采用"EPC+O"模式的招标管控要点 [J]. 建筑（24）：32-34.

何丽鸿，王海燕，雷相东，2016. 基于 BIOME-BGC 模型的长白落叶松林净初级生产力模拟参数敏感

性 [J]. 应用生态学报, 27（2）: 412-420.

何林倩, 刘倩, 王德彩, 等, 2021. 基于数字土壤制图技术的土壤有机碳储量估算 [J]. 应用生态学报, 32（2）: 591-600.

洪歌, 吴雪飞, 蔡锐鸿, 2023. 最佳网格分析尺度下城市绿色基础设施的景观格局对碳汇绩效的影响研究 [J]. 中国园林, 39（3）: 138-144.

侯梅芳, 程敏华, 赵蒙, 2022. 世界主要发达经济体碳中和战略举措及对我国的启示 [J]. 石油科技论坛, 41（6）: 17-25.

侯青青, 张云, 2022. 战术都市主义视角下昆明金星立交桥下空间更新策略研究 [J]. 绿色科技, 24（5）: 54-58, 62.

胡锦涛, 2012. 坚定不移沿着中国特色社会主义道路前进 为全面建成小康社会而奋斗——在中国共产党第十八次全国代表大会上的报告. 新华网. http : //www. xinhuanet. com//18cpcnc/2012-11/17/c_113711665. html.

胡婷, 孙颖, 2021. IPCC AR6 报告解读: 人类活动对气候系统的影响 [J]. 气候变化研究进展, 17（6）: 644-651.

华晓宁, 吴琅, 2009. 当代景观都市主义理念与实践 [J]. 建筑学报（12）: 85-89.

黄承梁, 2019. 中国共产党领导新中国 70 年生态文明建设历程 [EB/OL]. 中国共产党新闻网, http : //theory. people. com. cn/n1/2019/0930/c40531-31381902. html.

黄林琳, 王一, 邓雪湲, 2020. 美国非营利组织参与管运公共空间的模式与比较 [J]. 城市设计（2）: 32-39, 41.

黄柳菁, 张颖, 邓一荣, 等, 2017. 城市绿地的碳足迹核算和评估——以广州市为例 [J]. 林业资源管理（2）: 65-73.

黄玫, 季劲钧, 曹明奎, 等, 2006. 中国区域植被地上与地下生物量模拟 [J]. 生态学报（12）: 4156-4163.

黄奇, 于冯, 权伟, 等, 2023. 温州城市绿地的土壤呼吸特征及影响因素 [J]. 山西农业大学学报（自然科学版）（1）: 79-88.

黄通, 曹悦, 刘峰, 2022. 碳中和主题公园——北京温榆河公园·未来智谷（一期）设计探索与实践 [J]. 风景园林, 29（5）: 59-63.

冀媛媛, 罗杰威, 2016. 景观全生命周期日常使用和维护阶段碳排放影响因素研究 [J]. 风景园林（9）: 121-126.

冀媛媛, 罗杰威, 王婷, 等, 2020. 基于低碳理念的景观全生命周期碳源和碳汇量化探究——以天津仕林苑居住区为例 [J]. 中国园林, 36（8）: 68-72.

贾海霞, 汪霞, 李佳, 等, 2019. 新疆焉耆盆地绿洲区农田土壤有机碳储量动态模拟 [J]. 生态学报, 39（14）: 5106-5116

姜利杰, 周焕, 周慧慧, 等, 2016. 初期雨水污染控制的弃流系统研究 [J]. 低温建筑技术, 38（6）: 131-133.

金珊, 李云, 伍惠婷, 2018. 纽约高线公园作品解读——略论城市公共空间的复兴与转型 [J]. 建筑师（4）: 69-75.

孔令桥, 郑华, 欧阳志云, 2019. 基于生态系统服务视角的山水林田湖草生态保护与修复——以洞庭

湖流域为例 [J]. 生态学报，39（23）：8903-8910.

雷永勤，2005. 工程建设项目管理体制（模式）探讨 [D]. 西安：西安理工大学.

黎夏，李少英，刘小平，等，2009. 地理模拟优化系统 GeoSOS 原理及软件开发 [C]// 中国地理学会.
百年庆典学术论文摘要集. 北京：中国地理学会.

李飞，2018. 全球气候治理存在的问题及对策研究 [D]. 济南：山东师范大学.

李锋，王如松，2004. 城市绿色空间生态服务功能研究进展 [J]. 应用生态学报，15（3）：527-531.

李冠衡，戈晓宇，郝培尧，2014. 园林铺装施工设计与实例解析 [M]. 武汉：华中科技大学出版社.

李合生，2006. 现代植物生理学 [M]. 北京：高等教育出版社.

李晖，易娜，姚文璟，等，2011. 基于景观安全格局的香格里拉县生态用地规划 [J]. 生态学报，31（20）：
5928-5936.

李瑾璞，夏少霞，于秀波，等，2020. 基于 InVEST 模型的河北省陆地生态系统碳储量研究 [J]. 生态与
农村环境学报，36（7）：854-861.

李倞，吴佳鸣，汪文清，2022. 碳中和目标下的风景园林规划设计策略 [J]. 风景园林，29（5）：45-51.

李恺丹，胡传伟，赵强民，等，2016. 冰裂纹铺装的模块化施工技术研究 [J]. 广东园林，38（4）：85-
88.

李敏，1987. 中国现代公园——发展与评价 [M]. 北京：北京科学技术出版社.

李明辉，何风华，刘云，等，2003. 林分空间格局的研究方法 [J]. 生态科学（1）：77-81.

李胜，2012. 园林驳岸构造设计与实例解析 [M]. 武汉：华中科技大学出版社.

李王鸣，叶信岳，祁巍锋，2000. 中外人居环境理论与实践发展述评 [J]. 浙江大学学报（理学版）（2）：
205-211.

李鑫豪，张德怀，张赵森，等，2023. 北京密云油松人工林碳通量组分季节变化及其对环境因子的响
应 [J]. 林业科学，59（7）：35-44.

李雄，张云路，2018. 新时代城市绿色发展的新命题——公园城市建设的战略与响应 [J]. 中国园林，
34（5）：38-43.

李学林，胡广宇，2016. 改革开放初期邓小平绿化祖国思想探析 [J]. 党的文献（3）：63-69.

李昱烨，唐红，2024. 基于低碳理念下的居住区景观全生命周期碳平衡研究 [J]. 园林，41（2）：111-
118.

李岳岩，陈静，2020. 建筑全生命周期的碳足迹 [M]. 北京：中国建筑工业出版社.

李铮生，2019. 城市园林绿地规划设计原理 [M]. 3 版. 北京：中国建筑工业出版社.

梁慧，武孟，刘文昌，等，2024. 基于海绵城市理念的雨水设施在市政工程中的应用研究进展 [J]. 市
政技术，42（2）：181-188.

林彤，杨木壮，吴大放，等，2022. 基于 InVEST-PLUS 模型的碳储量空间关联性及预测——以广东
省为例 [J]. 中国环境科学，42（10）：4827-4839.

林玮，白青松，陈雪梅，等，2020. 华南主要造林树种碳汇能力评价体系构建及优良碳汇树种筛选 [J].
西南林业大学学报（自然科学版），40（1）：28-37.

林雪岩，2012. 低成本造园的设计途径初探 [J]. 中国园林，28（9）：94-96.

刘滨谊，周晓娟，彭锋，2001. 美国自然风景园运动的发展 [J]. 中国园林（5）：89-91.

刘法建，张捷，陈冬冬，2010. 中国入境旅游流网络结构特征及动因研究 [J]. 地理学报，65（8）：

1013-1024.

刘方馨，赵纪军，韩依纹，2021. 改革开放初期"生态观"视角下中国城市绿地发展与实践特点研究 [J]. 园林，38（12）：68-74.

刘华，2022. 碳中和知识学 [M]. 广州：华南理工大学出版社．

刘蕾，刘颂，2017. 美日城市绿地规划中公众参与机制研究与启示 [C]// 中国城市规划学会，东莞市人民政府. 持续发展理性规划——2017 中国城市规划年会论文集（14 规划实施与管理）. 上海：上海市同济大学建筑与城市规划学院景观学系：13.

刘秋雨，2018. 三种典型植被类型下 Biome-BGC 生态过程模型与遥感观测 LAI 的数据同化研究 [D]. 杨凌：西北农林科技大学．

刘绍辉，方精云，1997. 土壤呼吸的影响因素及全球尺度下温度的影响 [J]. 生态学报（5）：19-26.

刘颂，张浩鹏，2022. 多尺度城市绿地碳汇实现机理及途径研究进展 [J]. 风景园林，29（12）：55-59.

刘颂，邹清华，张浪，2023. 城市绿地冷岛效应测度方法比较与验证 [J]. 园林，40（2）：116-124.

刘为华，2009. 上海城市绿地土壤碳储量格局与理化性质研究 [D]. 上海：华东师范大学．

刘心怡，2022. 风景园林装配化营建研究初探 [D]. 北京：北京林业大学．

刘学之，孙鑫，朱乾坤，等，2017. 中国二氧化碳排放量相关计量方法研究综述 [J]. 生态经济，33（11）：21-27.

刘艳丽，2023. 森林碳汇计量关键技术应用研究 [J]. 林业勘查设计，52（2）：86-90.

刘阳，梁淑榆，蔡怡然，2020. 北京市浅山区森林生态系统服务功能评估 [J]. 中国城市林业，18（2）：88-94.

刘毅，王婧，车轲，等，2021. 温室气体的卫星遥感——进展与趋势 [J]. 遥感学报，25（1）：53-64.

柳星，贺海波，刘再华，2023. 水体 CO_2 施肥及其碳增汇和富营养化缓解效应 [J]. 第四纪研究，43（2）：573-585.

卢欣晴，张秀英，汪振，等，2024. 中国稻田生态系统固碳效应模拟研究 [J]. 云南农业大学学报（自然科学版），39（1）：141-152.

罗上华，毛齐正，马克明，等，2012. 城市土壤碳循环与碳固持研究综述 [J]. 生态学报，32（22）：7177-7189.

骆天庆，王敏，戴代新，2008. 现代生态规划设计的基本理论与方法 [M]. 北京：中国建筑工业出版社．

骆亦其，周旭辉，2007. 土壤呼吸与环境 [M]. 北京：高等教育出版社．

吕文宝，徐占军，郭琦，等，2024. 黄土高原陆地生态系统碳储量的时间演进与空间分异特征 [J]. 水土保持研究，31（2）：252-263.

马锦义，2002. 论城市绿地系统的组成与分类 [J]. 中国园林（1）：23-26.

马克明，傅伯杰，黎晓亚，等，2004. 区域生态安全格局：概念与理论基础 [J]. 生态学报（4）：761-768.

孟凡鑫，樊兆宇，王东方，等，2022. 生命周期视角下城市碳足迹核算及实现碳中和的路径建议——以深圳市为例 [J]. 北京师范大学学报（自然科学版），58（6）：878-885.

孟兆祯，2012. 风景园林工程 [M]. 北京：中国林业出版社．

南楠，2018. 城市绿地系统规划实施评估的理论和方法 [D]. 北京：北京林业大学．

聂道平，徐德应，王兵，1997. 全球碳循环与森林关系的研究——问题与进展 [J]. 世界林业研究（5）：

34-41.

彭建, 赵会娟, 刘焱序, 等, 2017. 区域生态安全格局构建研究进展与展望 [J]. 地理研究, 36（3）: 407-419.

平晓燕, 王铁梅, 卢欣石, 2013. 农林复合系统固碳潜力研究进展 [J]. 植物生态学报, 37（1）: 80-92.

朴世龙, 方精云, 郭庆华, 2001. 1982—1999 年我国植被净第一性生产力及其时空变化 [J]. 北京大学学报（自然科学版）(4): 563-569.

钱宝, 刘凌, 肖潇, 2011. 土壤有机质测定方法对比分析 [J]. 河海大学学报（自然科学版）, 39（1）: 34-38.

钱新锋, 赏国锋, 沈国清, 2012. 园林绿化废弃物生物质炭化与应用技术研究进展 [J]. 中国园林, 28（11）: 101-104.

邱红, 金广君, 林姚宇, 2011. 碳排放评估方法在城市设计中的应用 [J]. 规划师, 27（5）: 21-27.

曲建升, 陈伟, 曾静静, 等, 2022. 国际碳中和战略行动与科技布局分析及对我国的启示建议 [J]. 中国科学院院刊, 37（4）: 444-458.

任超, 袁超, 何正军, 等, 2014. 城市通风廊道研究及其规划应用 [J]. 城市规划学刊（3）: 52-60.

任永星, 2023. 面向碳中和的中国沼泽湿地有机碳空间格局与储量研究 [D]. 长春: 吉林大学.

上海市黄浦区建设和管理委员会, 2017. 黄浦滨江公共空间综合管理办法（试行）. 黄建管〔2017〕128 号.

上海市规划和自然资源局, 2016. 上海市 15 分钟生活圈规划导则 [Z]. 2016-08-15.

邵壮, 陈然, 赵晶, 等, 2022. 基于 FLUS 与 InVEST 模型的北京市生态系统碳储量时空演变与预测 [J]. 生态学报, 42（23）: 9456-9469.

沈守云, 2009. 现代景观设计思潮 [M]. 武汉: 华中科技大学出版社.

沈玉麟, 1989. 外国城市建设史 [M]. 北京: 中国建筑工业出版社.

施伊晟, 2020. 基于绿色基础设施理念的城市慢行系统规划设计策略研究——以北京奥运会马拉松赛道为例 [D]. 杭州: 浙江大学.

石铁矛, 王迪, 汤煜, 等, 2023. 城市生态系统碳汇固碳能力计算方法与影响因素研究进展 [J]. 应用生态学报, 34（2）: 555-565.

石小亮, 张颖, 韩争伟, 2014. 森林碳汇计量方法研究综述——基于北京市的选择 [J]. 林业经济, 36（11）: 44-49.

史芳宁, 刘世梁, 安毅, 等, 2019. 基于生态网络的山水林田湖草生物多样性保护研究——以广西左右江为例 [J]. 生态学报, 39（23）: 8930-8938.

史琰, 葛滢, 金荷仙, 等, 2016. 城市植被碳固存研究进展 [J]. 林业科学, 52（6）: 122-129.

司彦杰, 2007. 城市景观水体维护及优化运行研究 [D]. 天津: 天津大学.

孙东平, 黄洋, 2023. 碳中和技术与绿色发展 [M]. 北京: 科学出版社.

孙嘉麟, 杨新海, 吕飞, 2022. "双碳"目标下乡镇国土空间存在问题与优化路径 [J]. 规划师, 38（1）: 41-48.

孙筱祥, 胡绪渭, 1959. 杭州花港观鱼公园规划设计 [J]. 建筑学报（5）: 19-24.

孙雪东, 2023. 国土空间规划体系中"三区三线"的基本考虑 [J]. 城市规划, 47（6）: 51-56, 88.

孙一帆, 徐梦菲, 汪霞, 2023. 基于 InVEST-PLUS 模型的郑州市碳储量时空演变及空间自相关分析

[J]. 水土保持通报，43（5）：374-384.

谭菲，2018. 立体绿化节能环保技术及生态效益研究 [J]. 科技创新与应用（21）：136-138.

碳达峰碳中和工作领导小组办公室，2023. 碳达峰碳中和政策汇编 [M]. 北京：中国计划出版社 .

汤煜，石铁矛，卜英杰，等，2020. 城市绿地碳储量估算及空间分布特征 [J]. 生态学杂志，39（4）：1387-1398.

陶远瑞，姚楚怡，2023. 北京环球影城地区景观廊道低碳建设途径研究 [J]. 林业调查规划，48（4）：115-119，212.

田野，冯启源，唐明方，等，2019. 基于生态系统评价的山水林田湖草生态保护与修复体系构建研究——以乌梁素海流域为例 [J]. 生态学报，39（23）：8826-8836.

田英姿，李友明，2003. TOC（总有机碳）分析仪测定原理及应用 [J]. 造纸科学与技术（2）：45-47.

涂秋风，2012. 低碳与城市园林 [M]. 北京：中国建筑工业出版社 .

屠越，刘敏，高婵婵，等，2022. 大都市区生态源地识别体系构建及国土空间生态修复关键区诊断 [J]. 生态学报，42（17）：7056-7067.

汪洁琼，朱安娜，王敏，2016. 城市公园滨水空间形态与水体自净效能的关联耦合：上海梦清园的实证研究 [J]. 风景园林（8）：118-127.

汪军，陈曦，2011. 西方规划评估机制的概述——基本概念、内容、方法演变以及对中国的启示 [J]. 国际城市规划，26（6）：78-83.

王保忠，王彩霞，何平，等，2004. 城市绿地研究综述 [J]. 城市规划汇刊（2）：62-68，96.

王斌，刘某承，周志春，2022. 1999—2008 年间中国森林土壤碳汇功能初步估算 [J]. Journal of Resources and Ecology，13（1）：17-26.

王灿，陈吉宁，邹骥，2005. 基于 CGE 模型的中国 CO_2 减排对中国经济的影响 [J]. 清华大学学报（自然科学版）（12）：1621-1624.

王丹丹，2019. 华北土石山区植被水碳耦合机制研究 [D]. 北京：北京林业大学 .

王迪生，2009. 关于城市园林绿地碳汇问题的初步探讨 [C]// 北京园林学会，北京市园林绿化局，北京市公园管理中心 . 2008 北京奥运园林绿化的理论与实践 . 北京：中国林业出版社 .

王迪生，2010. 基于生物量计测的北京城区园林绿地净碳储量研究 [D]. 北京：北京林业大学 .

王凡，廖娜，曹银贵，等，2020. 基于生物炭施用的土壤改良研究进展 [J]. 新疆环境保护，42（2）：12-23.

王佳，武琳苑，赵秀芳，2023. 基于建筑废弃物和园林废弃物利用的立体绿化栽培基质研究 [J]. 广东园林，45（6）：83-86.

王晶懋，齐佳乐，韩都，等，2022. 基于全生命周期的城市小尺度绿地碳平衡 [J]. 风景园林，29（12）：100-105.

王鹭莹，李小马，甘德欣，2024. 基于 InVEST 模型的碳储量时空变化研究——以长株潭城市群为例 [J]. 农业与技术，44（8）：97-100.

王敏，石乔莎，2015. 城市绿色碳汇效能影响因素及优化研究 [J]. 中国城市林，13（4）：1-5.

王敏，宋昊洋，2022. 影响碳中和的城市绿地空间特征与精细化管控实施框架 [J]. 风景园林，29（5）：17-23.

王敏，宋昊洋，2023. 碳中和背景下的城市绿地适应性规划探索：国际经验与前沿技术 [J]. 园林，40

（1）：10-15.

王敏，朱雯，2021. 城市绿地影响碳中和的途径与空间特征——以上海市黄浦区为例 [J]. 园林，38（10）：11-18.

王培红，2020. 节能环保 [M]. 南京：江苏凤凰科学技术出版社.

王松霈，2013. 生态经济建设大辞典（下册）[M]. 南昌：江西科学技术出版社.

王天博，陆静，2012. 国外生物量模型概述 [J]. 中国农学通报，28（16）：6-11.

王蔚，2022. 景观施工图设计实用手册 [M]. 南京：江苏凤凰科学技术出版社.

王现领，2013. 天津市景观水体自净能力及自净规律实验研究 [J]. 节水灌溉（8）：50-51，59.

王向荣，林箐，2002. 西方现代景观设计的理论与实践 [M]. 北京：中国建筑工业出版社.

王小涵，何潇，史景宁，2023. 气候变化背景下华北落叶松人工林最优轮伐期的经济分析 [J]. 林草资源研究（5）：40-47.

王小涵，张桂莲，张浪，等，2022. 城市绿地土壤固碳研究进展 [J]. 园林，39（1）：18-24.

王晓玉，冯喆，吴克宁，等，2019. 基于生态安全格局的山水林田湖草生态保护与修复 [J]. 生态学报，39（23）：8725-8732.

王昕歌，尹正，2021. 基于 Pathfinder 的城市绿地碳汇效益估算及优化——以西安市小雁塔改建前景区为例 [J]. 城市建筑，18（17）：166-168.

王修信，高凤飞，刘馨，等，2019. 北京城市绿地三种常见林木冠层光合作用特征 [J]. 科学技术与工程，19（20）：104-109.

王旭东，杨秋生，张庆费，2016. 城市绿地植物群落构建与调控策略探讨 [J]. 中国园林，32（1）：74-77.

王旭烽，2012. 生态文化辞典 [M]. 南昌：江西人民出版社.

王乙喆，王兴平，陈秋伊，2024. 城市碳排放测算方法研究评述及启示 [J/OL]. 城市规划，1-15.

王永华，高含笑，2020. 城市绿地碳汇研究进展 [J]. 湖北林业科技，49（4）：69-76.

王振坤，董心悦，邵明，等，2023. 国内外城乡绿色空间碳汇研究进展与展望 [J]. 风景园林，30（2）：115-122.

韦宝婧，苏杰，胡希军，徐凯恒，朱满乐，刘路云. 基于"HY-LM"的生态廊道与生态节点综合识别研究. 生态学报，2022，42（7）：2995-3009.

卫泽柱，董斌，许海锋，等，2023. 鄱阳湖地区典型湿地碳储量时空演变与情景预测 [J]. 水土保持通报，43（3）：290-300.

魏书精，罗碧珍，魏书威，等，2014. 森林生态系统土壤呼吸测定方法研究进展 [J]. 生态环境学报，23（3）：504-514.

温家石，葛滢，焦荔，等，2010. 城市土地利用是否会降低区域碳吸收能力？——台州市案例研究 [J]. 植物生态学报，34（6）：651-660.

温全平，2010. 城市森林规划理论与方法 [M]. 南京：南京大学出版社.

吴良镛，2011. 住房·完整社区·和谐社会——吴良镛致辞 [J]. 住区（2）：18-19.

吴人韦，2000. 支持城市生态建设——城市绿地系统规划专题研究 [J]. 城市规划（4）：31-33，64.

吴绍洪，黄季焜，刘燕华，等，2014. 气候变化对中国的影响利弊 [J]. 中国人口资源与环境，24（1）：7-13.

吴亚华，肖荣波，王刚，等，2016. 城市绿地土壤呼吸速率的变化特征及其影响因子 [J]. 生态学报，

36（22）：7462-7471.

吴岩，王忠杰，束晨阳，等，2018.“公园城市”的理念内涵和实践路径研究 [J]. 中国园林，34（10）：30-33.

吴志强，2010. 城市规划原理 [M]. 4 版 . 北京：中国建筑工业出版社 .

吴志强，李德华，2010. 城市规划原理 [M]. 北京：中国建筑工业出版社 .

伍海峰，李月辉，李娜娜，2012. 中性景观模型在景观生态学中的应用和发展 [J]. 生态学杂志，31（12）：3241-3246.

习近平，2017. 决胜全面建成小康社会 夺取新时代中国特色社会主义伟大胜利——在中国共产党第十九次全国代表大会上的报告 [EB/OL]. 中国政府网，http://www. gov. cn/zhuanti/2017-10/27/content-5234876. htm.

习近平，2022. 高举中国特色社会主义伟大旗帜 为全面建设社会主义现代化国家而团结奋斗——在中国共产党第二十次全国代表大会上的报告 [EB/OL]. 中国政府网，http://www. gov. cn/xinwen/2022-10/25/content-5721685. htm.

肖复明，汪思龙，杜天真，等，2005. 湖南会同林区杉木人工林呼吸量测定 [J]. 生态学报（10）：2514-2519.

谢剑锋，2022. 碳达峰碳中和知识手册 [M]. 北京：经济日报出版社 .

谢立军，白中科，杨博宇，等，2023. 碳中和背景下国内外陆地生态系统碳汇评估方法研究进展 [J]. 地学前缘，30（2）：447-462.

熊健，卢柯，姜紫莹，等，2021.“碳达峰、碳中和”目标下国土空间规划编制研究与思考 [J]. 城市规划学刊（4）：74-80.

徐锭明，李金良，盛春光，2022. 碳达峰碳中和理论与实践 [M]. 北京：中国环境出版集团 .

徐昉，李明慧，施以，等，2023. 基于双碳目标的园林植物景观营建策略研究——以北京市海淀公园为例 [J]. 园林，40（1）：34-41.

徐干君，吴胜义，李伟，等，2023. 陕西黄河湿地自然保护区碳储量估算 [J]. 植物生态学报，47（4）：469-478.

徐丽，何念鹏，于贵瑞，2019. 2010s 中国陆地生态系统碳密度数据集 [J]. 中国科学数据（中英文网络版），4（1）：90-96.

许信旺，方金生，张永兰，2017. 园林绿地固碳能力分析与研究进展 [J]. 安徽农业科学，45（26）：58-62.

薛海丽，唐海萍，李延明，等，2018. 北京常见绿化植物生态调节服务研究 [J]. 北京师范大学学报（自然科学版），54（4）：517-524.

杨帆，刘海龙，尹芳，等，2016. 基于城市碳氧均衡的绿地生态效应评估机制研究——以株洲市为例 [J]. 生态经济，32（10）：145-150.

杨赉丽，2019. 城市园林绿地规划 [M]. 5 版 . 北京：中国林业出版社 .

杨建初，刘亚迪，刘玉莉，2021. 碳达峰、碳中和知识解读 [M]. 北京：中信出版社 .

杨明基，2015. 新编经济金融词典 [M]. 北京：中国金融出版社 .

杨锐，曹越，2019.“再野化”：山水林田湖草生态保护修复的新思路 [J]. 生态学报，39（23）：8763-8770.

杨阳，赵红红，2015. 低碳园林相关理论研究的现状与思考 [J]. 风景园林（2）：112-117.

杨园园，戴尔阜，付华，2012. 基于 InVEST 模型的生态系统服务功能价值评估研究框架 [J]. 首都师范大学学报（自然科学版），33（3）：41-47.

杨云峰，余春华，2024. 植被空间类型对城市绿地碳中和绩效的影响 [J]. 南京林业大学学报（自然科学版），48（2）：209-218.

杨振山，张慧，丁悦，等，2015. 城市绿色空间研究内容与展望 [J]. 地理科学进展，34（1）：18-29.

姚亚男，李树华，2018. 基于公共健康的城市绿色空间相关研究现状 [J]. 中国园林，34（1）：118-124.

叶林，2016. 城市规划区绿色空间规划研究 [D]. 重庆：重庆大学 .

依兰，王洪成，2019. 城市公园植物群落的固碳效益核算及其优化探讨 [J]. 景观设计（3）：36-43.

易昌良，唐秋金，2023. 中国碳达峰碳中和战略研究 [M]. 北京：研究出版社 .

殷炜达，苏俊伊，许卓亚，等，2022. 基于遥感技术的城市绿地碳储量估算应用 [J]. 风景园林，29（5）：24-30.

于贵瑞，方华军，伏玉玲，等，2011. 区域尺度陆地生态系统碳收支及其循环过程研究进展 [J]. 生态学报，31（19）：5449-5459.

于贵瑞，伏玉玲，孙晓敏，等，2006. 中国陆地生态系统通量观测研究网络（ChinaFLUX）的研究进展及其发展思路 [J]. 中国科学（S1）：1-21.

于贵瑞，孙晓敏，2006. 陆地生态系统通量观测的原理与方法 [M]. 北京：高等教育出版社 .

于洋，王昕歌，2021. 面向生态系统服务功能的城市绿地碳汇量估算研究 [J]. 西安建筑科技大学学报（自然科学版），53（1）：95-102.

余碧莹，赵光普，安润颖，等，2021. 碳中和目标下中国碳排放路径研究 [J]. 北京理工大学学报（社会科学版），23（2）：17-24.

余红辉，2021. 碳中和理论与实践 [M]. 北京：中国环境出版集团 .

袁竞峰，程立，李启明，2011. FIDIC-DBO 合同保险条款研究 [J]. 建筑（19）：19-22.

张宝鑫，2004. 城市立体绿化 [M]. 北京：中国林业出版社 .

张桂莲，邢璐琪，张浪，等，2022. 城市绿地碳汇计量监测方法研究进展 [J]. 园林，39（1）：4-9，49.

张京祥，2005. 西方城市规划思想史纲 [M]. 南京：东南大学出版社 .

张丽，刘子奕，麻欣瑶，等，2023. 植物群落特征对城市公园绿地碳汇效能的影响研究 [J]. 园林，40（4）：125-134.

张美琪，陈波，赵敏，2023. 贵州省湿地碳储量与碳中和潜力分析 [J]. 地质科技通报，42（2）：315-326.

张琴，李贝娜，张磊，等，2023. BIM+ 三维扫描技术在土方工程测量中的应用 [J]. 建筑技术，54（5）：623-625.

张晴华，霍家怡，王麟春，2010. 人工景观水体自净系统的研究 [J]. 内蒙古水利（5）：27-28.

张泉，2011. 低碳生态与城乡规划 [M]. 北京：中国建筑工业出版社 .

张诗童，2023. 北京市正式启动"百园百师"绿隔公园质量提升行动 . 中国青年报 . https://news. cyol. com/gb/articles/2023-07/07/content_xajVoxIVxa. html.

张锁江，2022. 低碳零碳建材是实现碳中和的关键 [J]. 可持续发展经济导刊（4）：24-25.

张伟，车伍，王建龙，等，2011. 利用绿色基础设施控制城市雨水径流 [J]. 中国给水排水，27（4）：22-27.

张伟畅，盛浩，钱奕琴，等，2012. 城市绿地碳库研究进展 [J]. 南方农业学报，43（11）：1712-1717.

张雅欣，罗荟霖，王灿，2021. 碳中和行动的国际趋势分析 [J]. 气候变化研究进展，17（1）：88-97.

张影，谢余初，齐姗姗，等，2016. 基于 InVEST 模型的甘肃白龙江流域生态系统碳储量及空间格局特征 [J]. 资源科学，38（8）：1585-1593.

张永民，赵士洞，VERBURG P H，2003. CLUE-S 模型及其在奈曼旗土地利用时空动态变化模拟中的应用 [J]. 自然资源学报，6（3）：310-318.

张悦，郭海，2019. 健康城市理念下的城市滨水空间活力评价研究 [J]. 城市住宅，26（12）：79-84.

张云路，李雄，2017. 基于城市绿地系统空间布局优化的城市通风廊道规划探索——以晋中市为例 [J]. 城市发展研究，24（5）：35-41.

张志，田昕，陈尔学，等，2011. 森林地上生物量估测方法研究综述 [J]. 北京林业大学学报，33（5）：144-150.

赵彩君，刘晓明，2010. 城市绿地系统对于低碳城市的作用 [J]. 中国园林，26（6）：23-26.

赵仁竹，汤洁，梁爽，等，2015. 吉林西部盐碱田土壤蔗糖酶活性和有机碳分布特征及其相关关系 [J]. 生态环境学报，24（2）：244-249.

赵荣钦，黄贤金，2013. 城市系统碳循环：特征、机理与理论框架 [J]. 生态学报，33（2）：358-366.

郑钧天，张曼麟，2019. "临江不见江"成历史，上海杨浦滨江从生产岸线向生活岸线转变，新华社. https://baijiahao.baidu.com/s?id=1645916142880842359&wfr=spider&for=pc.

郑琦，王成坤，廖晓卉，等，2022. 基于碳排放核算的城市片区碳中和路径研究 [J]. 城市规划学刊（S1）：248-253.

中国科学院可持续发展战略研究组，2021. 2020 中国可持续发展报告：探索迈向碳中和之路 [M]. 北京：科学出版社.

中国气象局气候变化中心，2023. 中国气候变化蓝皮书（2023）[M]. 北京：科学出版社.

中国天气，腾讯 SSV 碳中和实验室，2023. 碳中和全民科普指南 [M]. 重庆：重庆大学出版社.

中国长期低碳发展战略与转型路径研究课题组，清华大学气候变化与可持续发展研究院，2021. 读懂碳中和中国 2020—2050 年低碳发展行动路线图 [M]. 北京：中信出版社.

中华人民共和国住房和城乡建设部，2019.《园林绿化养护标准》（CJJ/T 287—2018）[S]. 北京：中国建筑工业出版社.

中金公司研究院，2021. 碳中和经济学 [M]. 北京：中信出版社.

钟乐，王伟峰，龚鹏，等，2015. 风景园林建设中"低碳理念"的实践途径 [J]. 江西科学，33（3）：396-401.

钟诗雨，2023. 产业关联视角下我国碳流动网络结构与路径研究 [D]. 北京：中国环境科学研究院.

钟姝，肖遥，2022. 廊坊展园参数化设计 [J]. 风景园林，29（9）：67-70.

钟祥浩，2008. 中国山地生态安全屏障保护与建设 [J]. 山地学报（1）：2-11.

周国模，刘恩斌，佘光辉，2006. 森林土壤碳库研究方法进展 [J]. 浙江林学院学报（2）：207-216.

周开乐，丁涛，张弛，等，2022. 能源碳中和概论 [M]. 北京：科学出版社.

周珂慧，姜劲松，2013. 西方城市规划评估的研究述评 [J]. 城市规划学刊（1）：104-109.

周兰萍，叶华军，2020. EPC+F 模式的实施风险及应对策略 [J]. 建筑（16）：50-53.

周维权，2008. 中国古典园林史 [M]. 3 版. 北京：清华大学出版社.

周文昌，史玉虎，许秀环，等，2023. 湖北省湿地碳汇潜力及其碳增汇措施初探 [J]. 湿地科学与管理，19（3）：29-32，37.

朱建宁，赵晶，2019. 西方园林史 [M]. 3 版 . 北京：中国林业出版社 .

朱钧珍，2012. 中国近代园林史（上篇）[M]. 北京：中国建筑工业出版社 .

朱文泉，2005. 中国陆地生态系统植被净初级生产力遥感估算及其与气候变化关系的研究 [D]. 北京：
北京师范大学 .

朱文泉，潘耀忠，阳小琼，等，2007. 气候变化对中国陆地植被净初级生产力的影响分析 [J]. 科学通
报（21）：2535-2541.

住房和城乡建设部，2019. GB/T 51366—2019 建筑碳排放计算标准 [S]. 北京：中国建筑工业出版社 .

住房和城乡建设部，2019. 城市绿地规划标准 [S]. 北京：中国建筑工业出版社 .

祝建华，2011. 中外园林史 [M]. 重庆：重庆大学出版社 .

祝月茹，李青青，祝遵凌，2023. 居住区树种碳汇效益测算及环境优化提升——以南京市丁家庄为例
[J]. 中南林业科技大学学报，43（10）：129-139.

邹长新，王燕，王文林，等，2018. 山水林田湖草系统原理与生态保护修复研究 [J]. 生态与农村环境
学报，34（11）：961-967.

ANJALI K，KHUMAN Y，SOKHI J，et al.，2020. A review of the interrelations of terrestrial carbon
sequestration and urban forests[J]. AIMS Environmental Science，7（6）：464-485.

ARMSTRONG A K，KRASNY M E，SCHULDT J P，2018. Communicating Climate Change：A Guide
for Educators[M]. Ihaca：Cornell University Press，7-20.

BOTKIN D B，DELWKHE C C，LIKENS G E，et al.，1978. The biota and the world carbon budget[J].
Science，199（4325）：141-146.

Brighton Architecture Diray，2024. Ebenezer Howard's garden city schematic [DB/OL]. https://brighton.
architecturediary. org/event/agm-and-utopia/.

BROECKER W S，1975. Climatic change：are we on the brink of a pronounced global warming?[J].
Science，189（4201）：460.

CHANG I C，LULT，LIN S S，2005. Using a set of strategic indicator systems as a decision-making
support implementation for establishing a recycling-oriented society—a Taiwan case study[J].
Environmental Science and Pollution Research，12（5）：96-108.

CHEN L，LIU Y，ZHOU G，et al.，2019. Diurnal and seasonal variations in carbon fluxes in bamboo
forests during the growing season in Zhejiang Province，China[J]. Journal of Forestry Research，30（2）：
657-668.

CHEN Z，YU G，WANG Q，2020. Effects of climate and forest age on the ecosystem carbon exchange of
afforestation[J]. Journal of Forestry Research，31（8）：365-374.

CHURKINA G，2008. "Modeling the carbon cycle of urban systems" [J]. Ecological Modelling，216（2）：
107-113.

CUI Y，2024. Estimation for refined carbon storage of urban green space and minimum spatial mapping
scale in a plain city of China[J]. Remote Sensing，16（2）：217.

DONG W，WANG M，2023. Achieving Carbon Neutrality through Urban Planning and Design[J].
International Journal of Environmental Research and Public Health，20（3）：2420.

EGGLESTON H S，BUENDIA L，MIWA K，et al.，2006. 2006 IPCC guidelines for national greenhouse gas inventories[R]. National Greenhouse Gas Inventories Programme. IGES, Japan.

EHRLICH P R, HOLDREN J P, 1971. Impact of population growth : complacency concerning this component of man's predicament is unjustified and counterproductive[J]. Science, 171（3977）: 1212-1217.

FINN S, KEIFFER S, KORONCAI B, et al., 2011. Assessment of in, VEST 2. 1 Beta : ecosystem service valuation software[J]. Assessment, 1 : 1-25.

FORNARA D A, TILMAN D, 2008. Plant functional composition influences rates of soil carbon and nitrogen accumulation[J]. Journal of Ecology, 96（2）: 314-322.

GAO J, YAO Y, 2023. Research on promoting carbon sequestration of urban green space distribution characteristics and planting design models in Xi'an[J]. Sustainability, 15（1）: 572.

GRIMM N B, FAETH S H, GOLUBIEWSKI N E, et al., 2008. Global change and the ecology of cities[J]. Science, 319（5864）: 756-760.

GUO H O, DU E Z, TERRER, et al., 2024. Global distribution of surface soil organic carbon in urban greenspaces[J]. Nature Communications, 15（1）: 806.

HUANG B X, CHIOU S C, Li W Y, 2021. Landscape Pattern and Ecological Network Structure in Urban Green Space Planning : A Case Study of Fuzhou City. Land, 10, 769. https://doi. org/10. 3390/land10080769.

HUXLEY J S, 1932. Problems of relative growth[M]. Methuen.

International facility management association. What is FM [EB/OL]. [2007-10-1]. http : //www. ifma. org/what_is_fm/index. cfm.

IPCC, 2006. 2006 IPCC guidelines for national greenhouse gas inventories[R]. Prepared by the National Greenhouse Gas Inven-tories Programme.

JANSSON M, KARLSSON J, JONSSON A, 2012. Carbon dioxide supersaturation promotes primary production in lakes[J]. Ecology letters, 15（6）: 527-532.

JO H K, MCPHERSON G E, 1995. Carbon storage and flux in urban residential greenspace[J]. Journal of Environmental Management, 45（2）: 109-133.

JÜRGEN BREUSTE, 2022. The Green City[DB/OL]. https://link. springer. com/chapter/10. 1007/978-3-662-63976-4_2.

LIANG X, GUAN Q, CLARKE K C, et al., 2021a. Understanding the drivers of sustainable land expansion using a patch-generating land use simulation（PLUS）model : A case study in Wuhan, China, Computers[J]. Environment and Urban Systems, 85（1）: 101569.

LIANG X, GUAN Q, CLARKE K C, et al., 2021b. Mixed-cell cellular automata : A new approach for simulating the spatio-temporal dynamics of mixed land use structures[J]. Landscape and Urban Planning, 205 : 103960.

Library of Congress Blogs.Nouveau Paris monumental : itinéraire pratique de l'étranger dans Paris[EB/OL]. （2023-3-24）[2025-1-7].https://blogs.loc.gov/maps/2023/05/exploring-haussmannian-paris/.

LIN S S, SHEN S L, ZHOU A, et al., 2020. Assessment and management of lake eutrophication : A case study in Lake Erhai, China[J]. Science of The Total Environment, 751（1）: 141618.

LIU P, ZHA T, ZHANG F, et al., 2023. Environmental controls on carbon fluxes in an urban[J]. Agricultural and Forest Meteorology, 333 : 109412.

LIU X, WANG S, WU P, et al., 2019. Impacts of urban expansion on terrestrial carbon storage in China[J]. Environmental science & technology, 53（12）: 6834-6844.

LIU Y, ZHOU G, DU H, et al., 2018. Response of carbon uptake to abiotic and biotic drivers in an intensively managed Lei bamboo forest[J]. Journal of Environmental Management, 223 : 713-722.

MEI SHANG, HAOCHEN GENG, 2021. A study on carbon emission calculation of residential buildings based on whole life cycle evaluation[C]//2021 7th International Conference on Energy Materials and Environment Engineering（ICEMEE 2021）: 1-7.

MEXIA T, VIEIRA J, PRíNCIPE A, et al., 2018. Ecosystem services : Urban parks under a magnifying glass[J]. Environmental Research, 160 : 469-478.

MONTAGNINI F, NAIR P K R, 2004. Carbon sequestration : An underexploited environmental benefit of agroforestry systems[J]. Agroforestry Systems, 61 : 281-295.

NOWAK D J, CRANE D E, 2002. Carbon storage and sequestration by urban trees in the USA[J]. Environmental pollution, 116（3）: 381-389.

Olmsted Network. Delaware Park plan[EB/OL].（2025-1-7）[2025-1-7]. https://olmsted.org/sites/buffalo-park-system/.

POTERE D, SCHNEIDER A, 2007. A critical look at representations of urban areas in global maps[J]. Geojournal, 69（1-2）: 55-80.

POTTER C S, RANDERSON J T, FIELD C B, et al., 1993. Terrestrial ecosystem production : A process model based on global satellite and surface data[J]. Global Biogeochemical Cy-cles, 7（4）: 811-841.

RACITI S M, HUTYRA L R, FINZI A C, 2012. Depleted soil carbon and nitrogen pools beneath impervious surfaces[J]. Environmental Pollution, 164 : 248-251.

SAJDAK M, VELÁZQUEZ-MARTÍ B, LÓPEZ-CORTéS I, et al., 2014. Prediction models for estimating pruned biomass obtained from Platanus hispanica Münchh. used for material surveys in urban forests[J]. Renewable energy, 66 : 178-184.

SARAH P, RODEH Y, 2004. Soil structure variations under manipulations of water and vegetation[J]. JOURNAL OF ARID ENVIRONMENTS, 58（1）: 43-57.

SHI Y, GE Y, CHANG J, et al., 2013. Garden waste biomass for renewable and sustainable energy production in China : Potential, challenges and development[J]. Renewable and Sustainable Energy Reviews, 22 : 432-437.

SINGH J S, GUPTA S R, 1977. Plant decomposition and soil respiration in terrestrial ecosystems[J]. The botanical review, 43 : 449-528.

VESALA T, EUGSTER W, OJALA A, 2012. Eddy Covariance : A Practical Guide to Measurement and Data Analysis[M]. Springer Science & Business Media.

TAO P, LIN Y, WANG X, et al., 2023. Optimization of Green Spaces in Plain Urban Areas to Enhance Carbon Sequestration. Land, 12, 1218. https://doi. org/10. 3390/land12061218.

The Emerald Necklace Conservancy. Emerald Necklace Map[EB/OL].（2025-1-7）[2025-1-7]. https://www.

emeraldnecklace.org/park-overview/emerald-necklace-map/.

THUILLER W，LAFOURCADE B，ENGLER R，et al.，2009. BIOMOD–a platform for ensemble forecasting of species distributions[M]. Ecography，32（3）：369-373.

TOWNSEND SMALL A，CZIMCZIK C I，2010. Carbon sequestration and greenhouse gas emissions in urban turf[J]. Geophysical Research Letters，37（2）：L0270.

WALLER L P，ALLEN W J，BARRATT B I P，et al.，2020. Biotic interactions drive ecosystem responses to exotic plant invaders[J]. Science，368（6494）：967-972.

WANG J，ZHENG L，LIU H，et al.，2020. The effects of habitat network construction and urban block unit structure on biodiversity in semiarid green spaces[J]. Environmental Monitoring and Assessment，192（3）.

WHITTAKER R H，MARKS P L，1975. Methods of assessing terrestrial productivity[J]. Primary productivity of the biosphere：55-118.

WU W H，XU L Y，ZHENG H Z，et al.，2023. How much carbon storage will the ecological space leave in a rapid urbanization area? Scenario analysis from Beijing-Tianjin-Hebei Urban Agglomeration[J]. Resources Conservation and Recycling 189：106774.

XU W，XIAO Y，ZHANG J，et al.，2017. Strengthening protected areas for biodiversity and ecosystem services in China [J]. Proceedings of the National Academy of Sciences of the United States of America，114（7）：1601-1606.

XUGUANG ZHANG，HENGSHUO HUANG，KETU RUI LI，et al.，2024. Effects of plant community structural characteristics on carbon sequestration in urban green spaces[J]. Scientific Reports，14：7382.

YANG S，YANG D，SHI W，et al.，2023. Global evaluation of carbon neutrality and peak carbon dioxide emissions：current challenges and future outlook[J]. Environmental Science and Pollution Research，30（34）：81725-81744.

YIQI LUO，XUHUI ZHOU，2006. Soil Respiration and the Environment[M]. Boston: Academic Press.

YUXIN F，FANG W，2022. Contributions of Natural Carbon Sink Capacity and Carbon Neutrality in the Context of Net-Zero Carbon Cities：A Case Study of Hangzhou[J]. Sustainability，14（5）：2680.

ZAID S M，PERISAMY E，HUSSEIN H，et al.，2018. Vertical Greenery System in urban tropical climate and its carbon sequestration potential：A review[J]. Ecological Indicators，91：57-70.

ZHANG P，WANG Y，SUN H，et al.，2021. Spatial variation and distribution of soil organic carbon in an urban ecosystem from high-density sampling[J]. Catena，204：105364.

ZHAO R，HUANG X，ZHONG T，et al.，2014 Carbon flow of urban system and its policy implications：the case of Nanjing[J]. Renewable and Sustainable Energy Reviews，33：589-601.